U0958442

现代铝加工生产技术丛书

主编 赵世庆 周 江

铝合金热轧及热连轧技术

赵世庆 王华春 郭金龙 潘 祯 编著

北 京
冶 金 工 业 出 版 社
2020

内容简介

本书是《现代铝加工生产技术丛书》之一，详细介绍和论述了铝及铝合金热轧及热连轧的工作原理，分类与特点，生产工艺、技术、设备及产品质量控制等。全书共分5章，内容包括：概论、热轧原理、热轧设备、铝及铝合金热轧工艺、铝合金热轧产品的质量控制等。本书在内容组织和结构安排上，力求理论联系实际，突出实用性、先进性和行业特色，为读者提供一本实用的技术著作。

本书是铝加工生产企业工程技术人员和管理人员必备的技术读物，也可供从事有色金属材料与加工的科研、设计、教学、生产和应用等方面的技术人员与管理人员使用，同时可作为大专院校有关专业师生的参考书。

图书在版编目(CIP)数据

铝合金热轧及热连轧技术/赵世庆等编著. —北京：冶金工业出版社，2010.6(2020.1重印)
(现代铝加工生产技术丛书)
ISBN 978-7-5024-5274-2

Ⅰ.①铝… Ⅱ.①赵… Ⅲ.①铝合金—热轧—生产工艺 Ⅳ.①TG339

中国版本图书馆CIP数据核字(2010)第085048号

出版人 陈玉千
地 址 北京市东城区嵩祝院北巷39号 邮编 100009 电话 (010)64027926
网 址 www.cnmip.com.cn 电子信箱 yjcbs@cnmip.com.cn
责任编辑 张登科 美术编辑 彭子赫 版式设计 孙跃红
责任校对 栾雅谦 责任印制 李玉山
ISBN 978-7-5024-5274-2
冶金工业出版社出版发行；各地新华书店经销；北京虎彩文化传播有限公司印刷
2010年6月第1版，2020年1月第2次印刷
148mm×210mm；8.625印张；252千字；259页
30.00元
冶金工业出版社 投稿电话 (010)64027932 投稿信箱 tougao@cnmip.com.cn
冶金工业出版社营销中心 电话 (010)64044283 传真 (010)64027893
冶金工业出版社天猫旗舰店 yjgycbs.tmall.com
(本书如有印装质量问题，本社营销中心负责退换)

《现代铝加工生产技术丛书》

编辑委员会

主　　编　赵世庆　周　江
常务副主编　谢水生　刘静安
副 主 编　吕新宇　尹晓辉　李建荣　熊柏青
　　　　　杨焕文　吴小源　李学朝
编　　委　（按姓氏笔画排列）
　　　　　马英义　王华春　尹晓辉　方清万
　　　　　王德满　田　树　左宏卿　李　迅
　　　　　李　响　李学朝　李建荣　李念奎
　　　　　李建湘　刘　庆　刘玉珍　刘志铭
　　　　　刘静安　朱　毅　闫维刚　吕新宇
　　　　　何　峰　吴小源　陈昌云　陈思仁
　　　　　杨志兵　杨焕文　张宏伟　张登科
　　　　　宋晓辉　苏堪祥　周　江　单长智
　　　　　范生艳　武红林　周学博　钟　利
　　　　　侯　绎　侯　波　姜文举　赵世庆
　　　　　郭金龙　贺金宇　段瑞芬　凌　杲
　　　　　聂　波　唐　剑　黄　凯　黄国杰
　　　　　谢水生　谢延翠　谭学余　熊柏青
　　　　　樊建中　魏长传

《现代铝加工生产技术丛书》

主要参编单位

西南铝业(集团)有限责任公司

东北轻合金有限责任公司

中国铝业股份有限公司西北铝加工分公司

北京有色金属研究总院

广东凤铝铝业有限公司

广东中山市金胜铝业有限公司

上海瑞尔实业有限公司

《丛书》前言

节约资源、节省能源、改善环境越来越成为人类生活与社会持续发展的必要条件，人们正竭力开辟新途径，寻求新的发展方向和有效的发展模式。轻量化显然是有效的发展途径之一，其中铝合金是轻量化首选的金属材料。因此，进入21世纪以来，世界铝及铝加工业获得了迅猛的发展，铝及铝加工技术也进入了一个崭新的发展时期，同时我国的铝及铝加工产业也掀起了第三次发展高潮。2007年，世界原铝产量达3880万t（其中：废铝产量1700万t），铝消费总量达4275万t，创历史新高；铝加工材年产达3200万t，仍以5%～6%的年增长率递增；我国原铝年产量已达1260万t（其中：废铝产量250万t），连续五年位居世界首位；铝加工材年产量达1176万t，一举超过美国成为世界铝加工材产量最大的国家。与此同时，我国铝加工材的出口量也大幅增加，我国已真正成为世界铝业大国、铝加工业大国。但是，我们应清楚地看到，我国铝加工材在品种、质量以及综合经济技术指标等方面还相对落后，生产装备也不甚先进，与国际先进水平仍有一定差距。

为了促进我国铝及铝加工技术的发展，努力赶超世界先进水平，向铝业强国和铝加工强国迈进，还有很多工作要做：其中一项最重要的工作就是总结我国长期以来在铝加工方面的生产经验和科研成果；普及和推广先进铝加工技术；提出我国进一步发展铝加工的规划与方向。

几年前，中国有色金属学会合金加工学术委员会与冶金工业出版社合作，组织国内20多家主要的铝加工企业、科研院所、大专院校的百余名专家、学者和工程技术人员编写出版了大型工具书——《铝加工技术实用手册》，该书出版后受到广大读者，特别是铝加工企业工程技术人员的好评，对我国铝加工业的发展起到一定的促进作用。但由于铝加工工业及技术涉及面广，内容十分丰富，《铝加工技术实用手册》因篇幅所限，有些具体工艺还不尽深入。因此，有读者反映，能有一套针对性和实用性更强的生产技术类《丛书》与之配套，相辅相成，互相补充，将能更好地满足读者的需要。为此，中国有色金属学会合金加工学术委员会与冶金工业出版社计划在“十一五”期间，组织国内铝加工行业的专家、学者和工程技术人员编写出版《现代铝加工生产技术丛书》(简称《丛书》)，以满足读者更广泛的需求。《丛书》要求突出实用性、先进性、新颖性和可读性。

《丛书》第一次编写工作会议于2006年8月20日在北戴河召开。会议由中国有色金属学会合金加工学术委员会主任谢水生主持，参加会议的单位有：西南铝业（集团）有限责任公司、东北轻合金有限责任公司、中国铝业股份有限公司西北铝加工分公司、北京有色金属研究总院、广东凤铝铝业有限公司、华北铝业有限公司的代表。会议成立了《丛书》编写筹备委员会，并讨论了《丛书》编写和出版工作。2006年年底确定了《丛书》的编写分工。

第一次《丛书》编写工作会议以后，各有关单位领导十分重视《丛书》的编写工作，分别召开了本单位的编写工作会议，将编写工作落实到具体的作者，并都拟定了编写大纲和目录。中国有色金属学会的领导也十分重视《丛书》的编写工作，将《丛书》的编写出版工作列入学会的2007~2008年工作计划。

为了进一步促进《丛书》的编写和协调编写工作，编委会于2007年4月12日在北京召开了第二次《丛书》编写工作会议。参加会议的有来自西南铝业（集团）有限责任公司、东北轻合金有限责任公司、中国铝业股份有限公司西北铝加工分公司、北京有色金属研究总院、广东凤铝铝业有限公司、上海瑞尔实业有限公司、广东中山市金胜铝业有限公司、华北铝业有限公司和冶金工业出版社的代表21位同志。会议进一步修订了《丛书》各册的编写大纲和目录，落实和协调了各册的编写工作和进度，交流了编写经验。

为了做好《丛书》的出版工作，2008 年 5 月 5 日在北京召开了第三次《丛书》编写工作会议。参加会议的单位有：西南铝业（集团）有限责任公司、东北轻合金有限责任公司、中国铝业股份有限公司西北铝加工分公司、北京有色金属研究总院、广东凤铝铝业有限公司、广东中山市金胜铝业有限公司、上海瑞尔实业有限公司和冶金工业出版社，会议代表共 18 位同志。会议通报了编写情况，协调了编写进度，落实了各分册交稿和出版计划。

《丛书》因各分册由不同单位承担，有的分册是合作编写，编写进度有快有慢。因此，《丛书》的编写和出版工作是统一规划，分步实施，陆续尽快出版。

由于《丛书》组织和编写工作量大，作者多和时间紧，在编写和出版过程中，可能会有不妥之处，恳请广大读者批评指正，并提出宝贵意见。

另外，《丛书》编写和出版持续时间较长，在编写和出版过程中，参编人员有所变化，敬请读者见谅。

《现代铝加工生产技术丛书》编委会

2008 年 6 月

前　言

热轧是变形铝及铝合金板带材生产流程中非常重要和关键的生产工序，通过热轧将铸造组织转变为加工组织。热轧不但为冷轧工序提供坯料，而且还能直接轧制成品厚板。热轧的组织、表面质量和板形状况对后部工序有着强烈的遗传性，甚至对最终产品的质量状况起着决定性作用。

热轧水平决定了一个企业生产优质铝及铝合金板带材的水平，我国在近几年通过从国外引进和自己设计制造等方式投入了多条热连轧生产线，较快提高了我国热轧装机水平和热轧板坯的质量水平。但从总体上来看，我国铝及铝合金热轧和热连轧生产技术与国际先进水平仍有一定差距。因此，在中国有色金属学会合金加工学术委员会与冶金工业出版社的组织下，作者参阅了国内外有关热轧和热连轧生产技术方面的大量文献资料，并到国内外许多热轧和热连轧生产线观摩学习，同时结合作者本人长期在生产一线的实践经验和科研成果，编写了本书，以期对我国铝及铝合金热轧和热连轧生产技术的发展有所帮助。

本书是《现代铝加工生产技术丛书》之一，详细介绍和论述了铝及铝合金热轧及热连轧的工作原理、分类与特点，生产工艺、技术、设备及产品质量控制等。全书共分5章，内容包括：概论、热轧原理、热轧设备、铝及铝合金热轧工艺、铝合金热轧产品的质量控制等。本书在内容组织和结构安排上，力求理论联系实际，突出实用性、先进性和行业特色，为读者提供一本实用的技术著作。

本书是铝加工生产企业工程技术人员和管理人员必备的技术读物，也可供从事有色金属材料与加工的科研、设计、教学、生产和应用等方面的技术人员与管理人员使用，同时可作为大专院校有关专业师生的参考书。

本书第1章由赵世庆编写，第2章由郭金龙编写，第3章由潘祯、郭金龙编写，第4、5章由王华春编写。全书由刘静安教授、谢水生教授审定。

本书在编写过程中，邓运来、罗建军、叶陶勇等同志做了大量工作，同时得到不少专家和工人师傅的指导，并参阅了国内外有关专家、学者的一些文献资料和一些生产实例、图表和数据等，在此一并表示衷心感谢。

由于作者水平有限，书中不妥之处，敬请广大读者批评指正。

作 者

2010年4月

目　录

1　概论 …… 1

1.1　铝及铝合金热轧的特点 …… 2

1.1.1　铝及铝合金热轧方法及分类 …… 2

1.1.2　铝及铝合金热轧组织与性能变化 …… 3

1.2　铝及铝合金热轧主要产品及常用合金 …… 5

1.2.1　铝及铝合金热轧产品的品种与规格 …… 5

1.2.2　铝及铝合金热轧用典型合金性能 …… 7

1.3　铝及铝合金热轧技术的发展概况与趋势 …… 9

1.3.1　世界铝热轧技术的发展概况与趋势 …… 9

1.3.2　我国铝热轧技术的发展概况与趋势 …… 20

2　热轧原理 …… 26

2.1　平辊轧制理论基础知识 …… 26

2.1.1　轧制过程与变形参数 …… 26

2.1.2　轧制时的金属流动与变形 …… 32

2.2　轧制压力和轧制力矩 …… 40

2.2.1　概述 …… 40

2.2.2　单位轧制压力的计算 …… 40

2.2.3　轧制力矩 …… 41

2.2.4　轧机主电机功率计算 …… 43

2.3　平辊轧制过程的控制 …… 44

2.3.1　轧制的弹塑曲线及板厚纵向控制 …… 44

2.3.2　板材横向厚差与板形控制 …… 53

3　热轧设备 …… 62

3.1　概述 …… 62

3.2　辅助设备 …… 62

3.2.1 铣床 …… 62
3.2.2 加热(均热)炉 …… 65
3.2.3 轧辊磨床 …… 69
3.3 热轧主机 …… 72
3.3.1 概述 …… 72
3.3.2 铝热连轧主体设备的组成 …… 73
3.3.3 铝热连轧辅助设备 …… 86
3.3.4 国内外典型热轧设备技术参数 …… 89

4 铝及铝合金热轧工艺 …… 95

4.1 铝及铝合金热轧坯料的准备与质量要求 …… 95
4.1.1 铸锭的制备与质量要求 …… 95
4.1.2 热轧前铸锭表面处理 …… 97
4.2 热轧工艺 …… 106
4.2.1 轧制方式与特点 …… 106
4.2.2 影响轧制的几个重要因素 …… 107
4.2.3 铝热连轧技术 …… 160
4.2.4 常规热轧工艺的制定 …… 168

5 铝合金热轧产品的质量控制 …… 186

5.1 厚度控制 …… 186
5.1.1 热粗轧厚度控制系统 …… 186
5.1.2 热精轧厚度控制系统 …… 190
5.2 板形与凸度控制 …… 195
5.2.1 板形板凸度调控手段和方法 …… 196
5.2.2 板形和凸度控制系统与控制模式 …… 202
5.2.3 板形和凸度控制技术的发展方向 …… 204
5.3 温度控制 …… 205
5.3.1 炉前测温与控制 …… 206
5.3.2 厚剪前测温与控制 …… 206
5.3.3 薄剪前测温与控制 …… 206

5.3.4 连轧机出口测温与控制 …… 206
5.3.5 卷材测温与控制 …… 211
5.4 乳液控制 …… 211
5.4.1 工作辊冷却与辊型控制 …… 211
5.4.2 工作辊咬入润滑 …… 213
5.4.3 轧制中的工艺润滑 …… 215
5.5 热轧常见缺陷与控制 …… 222
5.5.1 尺寸缺陷与控制 …… 222
5.5.2 板形缺陷与控制 …… 224
5.5.3 组织性能缺陷与控制 …… 225
5.5.4 表面缺陷与控制 …… 225
5.5.5 其他缺陷与控制 …… 229
5.5.6 剪切质量控制 …… 231

附录 …… 236

1. 变形铝及铝合金化学成分表 …… 236
2. 国内主要的铝合金热轧生产线 …… 252
3. 世界10大铝板带热连轧生产线 …… 254
4. 四台世界大型热连轧主机设备技术参数简介 …… 254

参考文献 …… 259

1 概　　论

铝元素在地壳中的含量仅次于氧和硅，居第三位，是地壳中含量最丰富的金属元素之一。在金属材料中，仅次于钢铁，为第二大类金属。铝及铝合金板带材具有质轻、比强度高、耐蚀、可焊、易加工、表面美观等优点而被广泛应用于国民经济的各行业，特别是航空航天、包装印刷、建筑装饰、电子家电、交通运输等领域。

第二次世界大战以后，铝材的应用从军事工业转向民用工业，继而进入人民生活的各个方面，成了发展科学技术和国民经济与提高人民物质生活、文化生活的重要基础材料。社会需求迅速增长，应用领域不断拓宽。在两次世界大战中，铝材作为重要的军事战略物质，主要用来制造飞机、舰艇、坦克、战车、火箭、导弹等军需品，几乎占去了铝材总量的70%以上。1950年以后，军品铝材急剧下降到20%以下，而民用铝材，如电气、电子、机械制造和日用消费品工业等用铝材的份量明显增加。20世纪60年代是建筑业迅速发展的年代，建筑用铝材占耗铝总量的25% 以上，其他民用工业用铝材仍在增加，而军用铝材比例则不断下降。20世纪70年代后，随着全铝易拉罐和软包装业的兴起，极大地促进了铝合金板带生产技术的快速发展和铝合金板带产能、产量的大幅度增长，使容器包装用铝材占耗铝总量的20%以上。而到20世纪80年代末、90年代初，由于铁道车辆的高速化，客、货列车与汽车的轻量化，使铝材在交通运输上用量达到耗铝总量的30%以上。

目前，全世界的铝消费量（原铝+再生铝）已超过4000万t，而铝材的消费量达3000万t以上，其中用于交通运输（包括铁道车辆、汽车、摩托车、自行车、舰艇船舶以及集装箱、桥梁等）的铝材约占36%左右，用于建筑工业的铝材约占20%左右，用于包装工业的铝材约占20% 左右，而用于军需工业的铝材已经下降到3%以下。铝板带世界平均消费量占铝材消费总量的约56%，美国铝板带消费量最高达66%、日本达47%，然而中国只有世界平均水平的1/3，可见差距十分明显。其原因主要之一是国内铝板带供坯结构、坯料质量等与国外相比存在很大差距,表现在热轧装备和生产技术水平落后,直接影响了国内铝板带高质量高效率的生产。

1.1 铝及铝合金热轧的特点

热轧是指在金属再结晶温度以上进行的轧制。热轧充分利用了金属的高温特性,能有效改善金属及其合金的组织结构和加工性能,且生产规模大、生产效率高,特别适合采用大铸锭生产高质量冷轧坯料。热轧过程由于在再结晶温度以上,轧制变形过程中金属加工硬化和回复同时进行,金属随变形程度的增加会有一定的加工硬化。但在热轧范围内,回复过程起主要作用,金属的再结晶通常不完全,其合金组织主要显现为再结晶组织并同时存在变形组织。热轧加工硬化不明显、塑性较高、变形抗力较低,金属能承受大的变形量且能耗少。

铝及铝合金热轧主要具有以下特点:

(1) 铝及铝合金热轧能耗低,热轧金属塑性加工性能良好,变形抗力低,加工硬化不明显,易进行轧制,大大减少了金属变形所需的能耗;

(2) 热轧通常采用大铸锭、大压下量轧制,生产节奏快,产量大,这样为规模化大生产创造了条件;

(3) 普通热轧产品由于精轧温度控制不稳定导致性能存在一定的差异,性能精确控制难度大;现代化热连轧道次分配、压下量和温度精准控制(不大于 ±8℃)对热轧产品性能稳定性有很大提高;

(4) 普通热轧由于检测和控制手段限制,而热轧产品厚度尺寸精确控制又较困难,其产品厚度尺寸偏差较大;现代化的热连轧机采用多种 AGC 控制和多级协调补偿控制,热轧产品尺寸精度大幅提升,厚度偏差不大于 ±0.7%,凸度偏差不大于 ±0.2%。

1.1.1 铝及铝合金热轧方法及分类

铝及铝合金热轧按产品形态分为块片式热轧和卷式热轧。块片式热轧又可分为二辊热轧和四辊热轧两种,四辊热轧机有专门为生产航空材料的专用热轧线。首条厚板专用热轧线如美国铝业公司达文波特轧制厂的 5580 mm 轧制线,这是全球最大的航空板带与中厚板厂,在可预见的未来时期,世界也不会再建第二条这么大规格的热轧生产线;另外有我国西南铝业(集团)有限责任公司的4300 mm 厚板生产线和东北轻合金有限责任公司在建的3950 mm 厚板生产线。铝铸锭热轧法是生产加工铝合金厚板与航空级铝合金板坯的唯一工艺,即使在民用铝板带占绝对优势的今天,中厚板和冷轧用热轧板坯的产量仍占铝及铝合金板带材总消费量的63.5% ~65%。

卷式热轧按轧辊数量分为两辊式热轧和四辊式热轧;按卷取方式又可以分为:"二人转"热轧、二辊热轧、单卷取热轧和双卷取热轧;按机架数量又可以分为单机架热轧、热粗轧 + 热精热轧(即:1 +1)和热粗轧 + 热连热轧(即:1 +3、1 +4、1 +5 等)。

单卷取热轧于最后一道次卷取,如东北轻合金有限责任公司的2000 mm 四辊可逆式热轧生产线,双卷取热轧如美铝昆山铝业有限公司的1650 mm 四辊可逆式热轧生产线。二辊可逆式热轧一般都用于生产普通1×××、3×××、部分8×××及个别5×××系软合金板、带材。四辊可逆式单机架热轧生产线的产品有两种,一种专业化程度较高,产品专一,轧制几种软合金产品,如巨科铝业有限公司的1850 mm可逆式热轧生产线;另一种是万能式的,用于生产所有的变形铝合金。

现代化高精尖铝热轧卷产品生产主要用热粗轧 + 热连轧方式生产,目前在热轧卷生产方面正逐渐取代老式热轧生产线。

1.1.2 铝及铝合金热轧组织与性能变化

1.1.2.1 热变形对铸态组织的改善

铝合金在高温下塑性高、抗力小,加之原子扩散过程加剧,伴随有完全再结晶,有利于组织的改善。在三向压缩应力状态占优势的情况下,热变形能最有效地改变铝及铝合金的铸态组织,给予适当的变形量,可以使铸态组织发生下述有利的变化:

一般热变形是通过多道次的反复变形来完成的。由于在每一道次中硬化和软化过程是同时发生的,变形破碎了粗大的柱状晶粒,反复的变形,使材料的组织成为较均匀细小的等轴晶粒,同时,还能使某些微小的裂纹得以愈合。

由于应力状态中静水压力的作用,可促进铸态组织中存在的气泡焊合,缩孔压实,疏松压密,变为较致密的组织结构。

由于高温原子热运动能力加强,在应力作用下,借助原子的自由扩散和异扩散,有利于铸锭化学成分的不均匀性相对地减少。

通过热变形,铸锭组织改变成了变形组织(或加工组织),并具有较高的密度、均匀细小的等轴晶粒及比较均匀的化学成分,因而塑性和强度指标都有明显的提高。

铝及铝合金的铸态组织与热轧组织如图 1-1 所示。

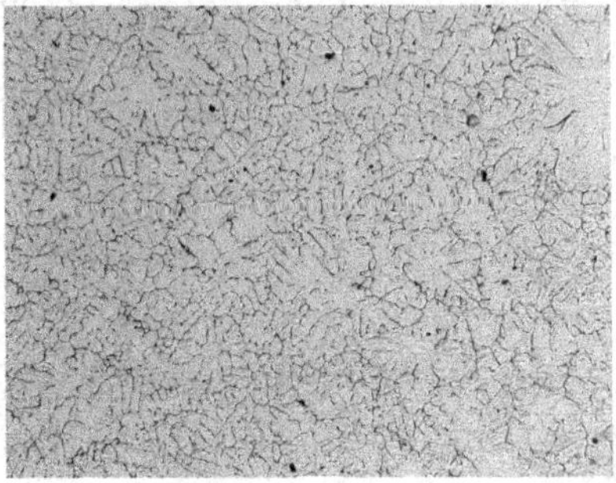

a

b

图 1-1　铸态组织与热轧组织

a—铸态组织;*b*—热轧组织

1.1.2.2　热变形制品晶粒度的控制

热变形后制品晶粒度的大小,取决于变形程度和变形温度(主要是加工终了温度)。在完全软化的温度范围内加工铝及铝合金材料时,为了获得均匀细小的晶粒,每道次的变形量应大于临界变形程度。通常每道次的变形量应大于10%,如 2024 合金的临界变形程度,在变形速度大时(如冲击变形时),为 2% ~8%,在变形速度小时(如在液压机上模锻或挤压时),应大于 10%。

1.1.2.3　热变形时的纤维组织

在热变形过程中,金属内部的晶粒、杂质和第二相及各种缺陷将沿最大延伸主变形方向被拉长、拉细,而形成纤维方向的强度高于材料其他方向的强度,材料表现出不同程度的各向异性。此外,热变形时也可能同时产生变形结构及再结晶结构,它们也会使材料出现方向性及不均匀性。

1.1.2.4 热变形过程中的回复与再结晶

热变形过程中,在应力状态作用下,铝及铝合金材料一般发生动态回复与再结晶。

铝及铝合金在热变形过程中的回复:铝及其合金在热变形过程中的堆垛层错能较大,自扩散能较小。在高温下,位错的滑移和攀移比较容易进行。因此,动态回复是它们在热变形过程中的唯一软化机构。高温变形后,对铝合金材料立即观察,在组织中可看到大量的回复亚晶。将动态回复的组织保持下来,已成功地用来提高6063合金建筑挤压型材的强度。

铝材在热变形过程中的再结晶:热变形进入稳态后,铝材内部发生全面的动态再结晶,随变形的继续,回复与再结晶又反复进行,其组织状态已不随变形量的增加而变化。但是由动态再结晶而导致软化的铝材,其组织一般难以保持,因为就在热变形完结后,静态再结晶即迅速发生而替代了那种“加工结构”,所以,热变形过程中的再结晶,包括与变形同时发生的动态再结晶和各道次之间变形完结后冷却时所发生的静态再结晶。但热变形时起软化作用的主要还是动态再结晶。

研究结果表明:动态再结晶的临界变形程度很大;动态再结晶易于在晶界及亚晶界处形核;由于动态再结晶的临界变形程度比静态再结晶大得多,因此,一旦变形停止,马上会发生静态再结晶;变形温度愈高,发生动态再结晶与静态再结晶所需时间就愈短。

1.1.2.5 铝及铝合金热轧的性能变化

通过热轧将铸态组织转变为加工组织,通过组织的转变使材料的塑性大幅度提高。轧制方式的特性决定了轧后板材性能存在着各向异性,一是材料的纵向、横向和高向有着明显的性能差异,二是存在着变形织构和再结晶织构,在冲制性能上存在明显的方向性。

1.2 铝及铝合金热轧主要产品及常用合金

1.2.1 铝及铝合金热轧产品的品种与规格

铝及铝合金热轧产品形态分为三大类:热轧卷、热轧厚板和变断面板。厚度小于7.0 mm铝及铝合金板带材通常采用热轧卷式生产,产品主要用作冷轧坯料。热轧厚板是指厚度不小于7.0 mm的铝及铝合金板材,热轧厚板通常采用块片法生产。

(1) 热轧带材的定义:横断面呈矩形,厚度均一的轧制产品。通常边部经过纵切,并成卷交货,厚度不超过宽度的1/10。

热轧卷按宽度分为:常用规格、大规格、超大规格。大规格指宽度大于1500 mm,超大规格指宽度大于2000 mm。

热轧卷按状态分为:R(F)状态和H112状态,H112状态对热轧产品有力学性能最小值的要求,R(F)状态对力学性能则不作要求。

热轧卷按合金分为:热处理可强化合金热轧卷和热处理不可强化合金热轧卷。热处理不可强化合金热轧卷这类合金基本上是固溶体组织,有第二相也不多,不能通过淬火时效使其强化。就是含有比较多的合金元素,热处理强化效果不大而不被利用的合金均属这一类。如1×××系、3×××系、4×××系、5×××系、8×××系合金热轧卷。热处理可强化合金热轧卷包括2×××系、6×××系、7×××系合金热轧卷。

热轧卷按产品用途分为:PS板坯料、制罐板坯料、罐盖板坯料、铝箔坯料、阳极氧化板、化铣板等热轧卷。

热轧卷按断面结构分为:多金属复合板和单金属板。多金属复合板指两种和两种以上的金属复合在一起形成两层或两层以上的界面结构。如为了顺利轧制实施工艺包铝,为了提高材料抗蚀性能进行的防腐包铝,作为特殊用途的钎焊材料等的热轧卷都属于这种类型。

(2) 热轧板材的定义:横断面呈矩形,厚度均一的热轧产品。通常边部经过剪切或锯切,并以平直状外形交货,厚度不超过宽度的1/10。

热轧板按宽度、长度分为:常用规格、大规格、超大规格热轧厚板。大规格热轧厚板指宽度大于1500 mm或长度大于4000 mm,超大规格热轧厚板指宽度大于2000 mm或长度大于6000 mm。

热轧板按厚度分为:厚板和超厚板。超厚板指厚度80 mm以上的板材。

热轧板按状态分为:R(F)状态和H112状态,H112状态对热轧产品有力学性能最小值的要求,R(F)状态对力学性能不作要求。

热轧板按合金分为:热处理可强化合金热轧板和热处理不可强化合金热轧板。热处理不可强化合金热轧板这类合金基本上是固溶体组织,有第二相也不多,不能通过淬火时效使其强化。就是含有比较多的合金元素,热处理强化效果不大而不被利用的合金均属这一类。如1×××系、3×××系、4×××系、5×××系、8×××系合金热轧板。热处理可强化合金包括2×××系、6×××系、7×××系合金热轧板。

热轧板按产品供货状态分为:淬火板、热轧板、退火板等。

热轧板按断面结构分为:多金属复合板和单金属板。

(3) 变断面板的定义:厚度沿板材长度方向均匀变化的热轧板材。

1.2.2 铝及铝合金热轧用典型合金性能

铝及铝合金热轧用典型合金性能如表1-1所示。

表1-1 铝及铝合金热轧用典型合金性能

合金牌号	状态	厚度/mm	抗拉强度 σ_b /MPa	屈服强度 $\sigma_{0.2}$ /MPa	伸长率 δ_{10} /%
			不小于		
1A97 1A93	R	5~20	力学性能附结果		
1A90 1A85	R	5~10	60	—	20
		11~20	60	—	18
1070A 1060 1035	R	5~10	70	—	15
		11~25	80	—	18
		26~80	65	—	10
1200	R	5~10	70	—	18
		11~25	80	—	18
		26~80	65	—	15
5A02	R	5~25	180	—	7
		25~80	160	—	6
5A03	R	5~10	190	80	16
		11~25	180	70	12
		26~50	170	60	11

续表 1-1

合金牌号	状态	厚度/mm	抗拉强度 σ_b /MPa	屈服强度 $\sigma_{0.2}$ /MPa	伸长率 δ_{10} /%
5A05	R	5 ~ 10	280	130	15
		11 ~ 25	270	120	13
		26 ~ 50	260	110	12
5A06	R	5 ~ 10	320	160	15
		11 ~ 25	310	150	11
		26 ~ 50	300	140	6
3A21	R	5 ~ 10	110	—	15
		11 ~ 25	120	—	15
		26 ~ 50	110	—	12
6A02	T4	5 ~ 25	180	—	14
		26 ~ 40	170	—	12
		41 ~ 80	170	—	10
	T6	5 ~ 25	300	—	7
		26 ~ 40	290	—	6
		41 ~ 80	280	—	6
2A14	T6	5 ~ 40	440	350	5
2A06	T4	11 ~ 25	430	280	7
		26 ~ 40	400	260	5
		41 ~ 70	380	250	4
		71 ~ 80	350	250	3
2A11	T4	5 ~ 10	360	190	12
		11 ~ 25	380	220	11
		26 ~ 40	340	200	8
		41 ~ 70	320	200	6
		71 ~ 80	290	200	4

续表 1-1

合金牌号	状态	厚度/mm	抗拉强度 σ_b /MPa	屈服强度 $\sigma_{0.2}$ /MPa	伸长率 δ_{10} /%
2024	T4	5 ~ 10	420	260	10
		11 ~ 25	430	280	7
		26 ~ 40	400	260	5
		41 ~ 70	380	250	4
		71 ~ 80	350	250	3
2A16	T6	11 ~ 80	380	280	8
	T4	11 ~ 80	280	—	12
7A04 7A09	T6	5 ~ 10	500	420	6
		11 ~ 25	500	420	4
		26 ~ 40	500	420	3

1.3 铝及铝合金热轧技术的发展概况与趋势

1.3.1 世界铝热轧技术的发展概况与趋势

热轧经过多年的发展，由最初的“二人转”轧制、单机架轧制、双机架轧制发展到现在的热连轧制为主导的热轧，但市场需求多样化，各式轧制方式又有各自的适用范围，所以目前除“二人转”轧制以外，其他各式轧制方式共存且用于生产。

1.3.1.1 几种热轧生产方式

A 单机架片式热轧

单机架片式轧制包括最早的“二人转”轧制和后期单机架无卷取可逆轧制。

“二人转”轧制是轧制的始祖，是最早出现的轧制。主要以两名工人分别转动上下工作辊，故此得名为“二人转”轧制。此种生产方式生产效率非常低（轧件小、压下量小）、质量也较粗糙、性能也较差。

单机架无卷取可逆轧制是专用的片材生产轧制（图 1-2），后来发展到主要生产热轧厚板和热轧薄板，随着机械加工技术和控制技术的提高，新型的单机架无卷取轧制被用于生产大规格热轧厚板，以满足航空航天等行业对大规格厚板的需求，生产能力一般在 8 万 t/a 以内。

B 单机架单卷取热轧

在 1 台可逆热轧机上，铸锭经过往复轧制成坯料或产品，最小厚度一般控制在 7 mm，年产量可达 15 万 t，其特点是热粗轧、热精轧共用 1 台设备。此类轧制生产板材的长度受辊道长度、带材终轧温度和轧出带材的平整质量限制，其铸锭重量不能过大，一般在 1 ~ 3 t 左右（图 1-3）。

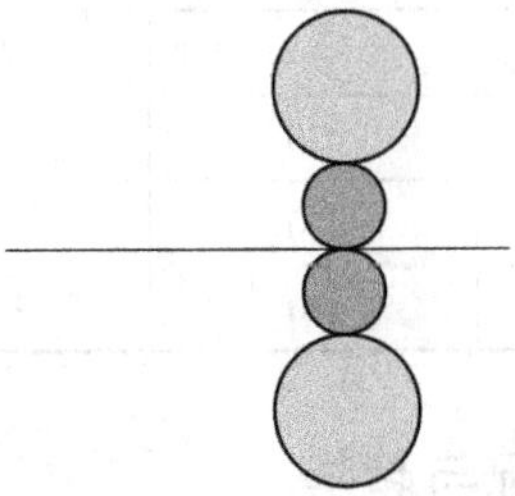

图 1-2 单机架片式热轧示意图

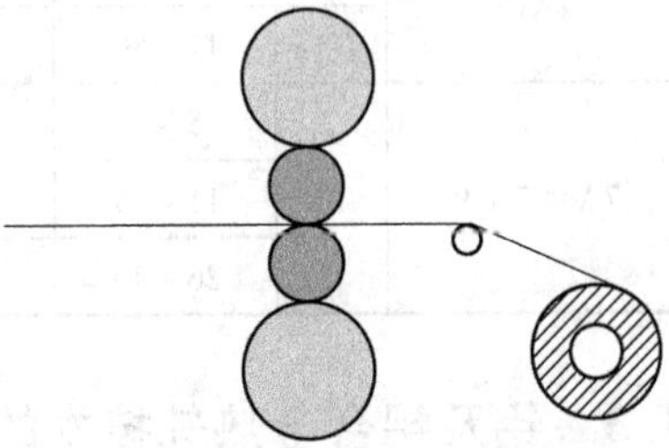

图 1-3 单机架单卷取热轧示意图

C 单机架双卷取热轧

单机架双卷取热轧是在轧制前后各有一台卷取机的轧制，将粗精轧合二为一，有双辊的也有四辊的，加热后的锭坯经多道次可逆轧制后，轧至 18 ~ 25 mm，然后进行可逆式精轧，轧 3 ~ 5 道次，可获得最薄厚度为 2.5 mm 的带材，年生产能力可达 15 万 t（图 1-4）。这种配置要求在操作工艺和轧制工艺方面非常有经验，因为：

（1）工作辊的选择不仅要考虑到热粗轧的压下量，也要考虑到轧制的最大厚度。

（2）清辊工艺必须适用于工作辊在整体轧制过程中的轧辊表面质量要求，以确保板带表面质量。

（3）冷却喷射、乳液质量和集中润滑必须同时适用于热粗轧和热精轧过程，要同时满足头几道次的高温大压下量和最终产品的表面质量。

（4）卷取机结构设计必须适用于轧制过程的张力控制，在可逆轧制过程中，不得损伤带材表面质量要求。

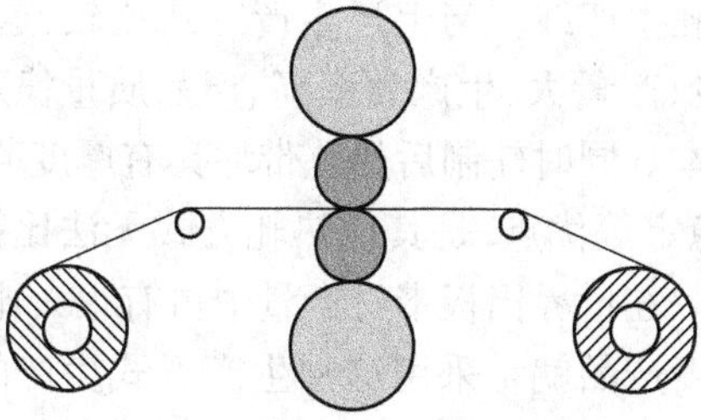

图 1-4 单机架双卷取热轧示意图

D "1+1"双机架热轧

"1+1"配置热粗轧+热精轧是将相距一定距离的1台热粗轧机和1台热精轧机串联起来构成双机架热轧，形成热连轧的雏形（图1-5）。它是将单机架热轧道次和时间合理分配到两台轧机，其产能是单机架的1.5~1.7倍。与单机架相比，双机架在轧制工艺上具有以下特点：

（1）轧制的带材厚度较薄，带材的长度增加，铸锭重量加大，达10 t多；在铸锭重量相同的条件下，机列的辊道长度可以缩短。

（2）带材在精轧卷式轧制时，因带材不与辊道接触可以避免机械损伤。

（3）因卷材带张力轧制，可使轧出的带材平整，与单机架轧制相比，产品质量可得到有效的提高。

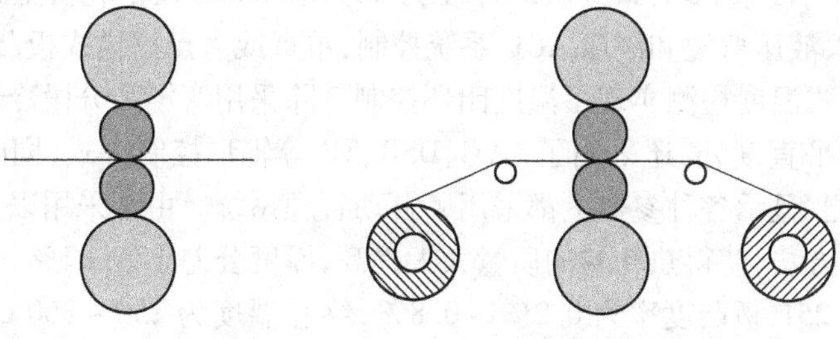

图 1-5 "1+1"双机架热轧示意图

E 多机架热连轧

由1~2台可逆热粗轧机和3~6台热精轧机串联起来轧制，构成了多机架连续热轧生产线。与上述生产方式比较，这种生产方式具有工艺稳定、工序少、产量大、生产效率高、产品质量稳定等特点，且能有效地降低生产成本。同时轧制后热轧带坯具有厚度薄，厚度、凸度及板形精度高、组织稳定等优点，是其他热轧方式无法比拟的，因而特别适用于大规模生产。在世界铝板带材产量中占有很大比例的制罐料以及优质铝箔等高精度产品就是采用这种生产方式生产的，并且多机架热连轧还可生产 2 × × ×、7 × × × 系等硬合金，又可生产 1 × × ×、3 × × ×、5 × × × 系等软合金的板坯。多机架热连轧轧制厚度最薄可达2. 0 mm，年生产能力 30 ~ 70 万 t（图 1-6）。

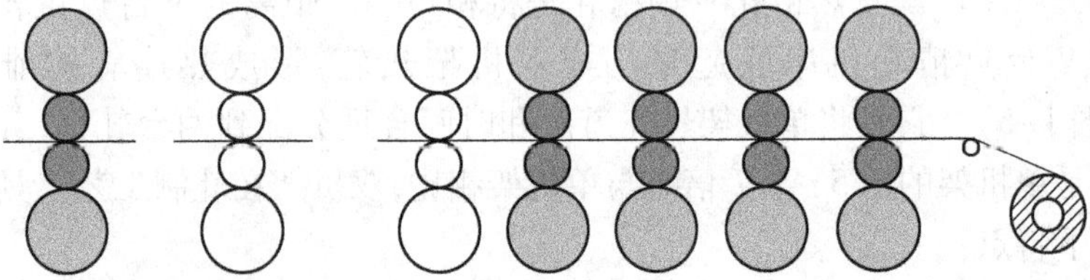

图 1-6 多机架串联式热轧示意图

多机架热连轧的粗轧机大多配有清刷辊，以改善坯料表面质量；有的还配有液压弯辊和液压 AGC；在线控制板形和提高板坯厚度精度；在轧制前后配有乳液喷淋装置以控制板坯温度。轧制开口厚度一般为 620 mm，德国 Alunorf 加工厂的铸锭最大尺寸为 610 mm × 2200 mm × 8650 mm，锭重 30 t，最终板坯厚度为 30 ~ 50 mm。在精轧机上也配有清刷辊、液压弯辊和液压 AGC 系统控制；单点或多点扫描式板凸度仪；非接触式温度检测实现了温度闭环控制。除采用弯辊和分段冷却控制凸度和平直度外，还采用了 CVC、DSR、TP 等辊形控制方式，同时在收集、检测、显示各种参数上都采用了自动管理系统。由于采用以上先进技术和方法，使得热轧卷的质量大大提高，厚度公差小于 ±1%，平直度不大于 25I，板凸度率为 0. 2% ~ 0. 8%，终轧温度为 250 ~ 360℃，温度偏差小于 ±10℃。

随着多机架冷轧（如 5 机架冷轧机）、高速度（最大 2500 m/min）、宽辊面（最大 3300 mm）、厚度、板形和边部状况自动控制的冷轧机和冷轧新技术的出现和发展，对热轧坯料提出了更高的要求，也促进和加速了多机架热连轧技术的发展。

表1-2为世界罐料板带主要生产企业的热轧机类型。由表可见，热连轧美国多采用5机架、6机架；法国多采用3机架、4机架；日本多采用4机架。世界上最宽的热轧机在美国达文波特厂。

表1-2　世界10大铝板带热连轧生产线

企业名称	粗轧机辊宽/mm	精轧机列，mm
美国铝业公司达文波特厂	5580	5机架，2640
美国铝业公司田纳西厂	3048	5机架，2248
美国铝业公司沃里克厂	2676	6机架，1828
美国凯撒及化学公司特伦特伍德厂	3315	5机架，2032
法国联合铝业公司诺伊斯轧制厂	3300	3机架，3050
法国普基铝业努布利轧克轧制厂	2840	4机架，2300
法国普基铝业公司伊苏瓦尔轧制厂	3400	3机架，2815
日本住友轻金属公司名古屋厂	3300	4机架，2286
日本神户钢铁公司真冈轧制厂	4000	4机架，2900
日本古河电气工业公司福井轧制厂	4300	4机架，2850

1.3.1.2　热轧的发展趋势

（1）生产专业化。专用的厚板生产线和生产高要求的热轧坯料生产线，厚板生产线向生产大规格产品方向发展，为了确保超厚板高向性能，采用“异步轧制”技术。高要求的热轧坯料具体目标主要是：热轧卷厚度公差±0.7%；横向凸度达到0.5%±0.3%；无明显板形缺陷；终轧温度与目标温度的偏差小于±8℃；均匀而稳定的表面质量；均匀而稳定的显微组织。

（2）采用新技术，设备更加自动化、智能化。热轧技术和装备水平的提高，紧紧围绕着提高产品性能、改善产品质量、实现各卷之间的稳定性、提高生产效率和降低成本等几个方面。概括起来，铝及铝合金热轧技术向以下方向发展。

1）集成化的测量系统。这种测量系统与闭环控制系统，完成厚度自动控制、横向厚度分布自动控制和板形自动控制。

2）板形测量。隐性板形测量和显性板形测量同时存在，形成更完善的板形测量。

3）温度自动控制。温度自动控制系统可以将最终出口温度偏差控制在10℃以内，在中间道次，轧件的温差控制在1~3℃以内。

4）表面质量检查。带有缺陷分析软件的高性能“视觉”检查系统已逐步进入实用阶段。

5）液压轧边机。它的主要优点为：可利用单一铸造宽度的坯料生产出多种不同宽度的产品；精确控制宽度；减少边部裂边，降低切边量，提高成品率。

6）热连轧的液压活套挑。最新的热连轧液压活套挑用在很多钢铁热连轧机上，活套辊上装有十分灵敏的测力装置，能对活套挑中的作用力精确控制，可以消除机架间的张力变化，显著改善尺寸控制能力，减小带材宽度上、纵向上的厚度变化。

7）可调式带材冷却系统。目前这种系统仅用于钢铁工业，但在铝带机列中的应用潜力很大。

8）集成控制系统。在线控制模型的综合应用；冶金模型的应用；集成化的横向厚度分布和板形控制系统。

随着科学技术的飞速发展，计算机控制、精密机械加工等现代化技术已广泛应用于铝及铝合金塑性加工设备之中。随着现代化加工技术的应用和发展，对产品的性能/价格比及产品的质量标准要求愈来愈高。以制罐料为例，随着制罐技术发展和市场需求的变化，3104罐料厚度由20世纪60年代0.45 mm，到80年代减至0.31~0.34 mm、90年代减至0.28 mm，预计不久将减至0.21 mm；厚差范围由过去的±0.010 mm，现在已减到±0.005 mm，预计将来可能减到±0.0025 mm；制耳率也从现在的2%降至1.5%。这种对铝板带的质量和成本的双重高需求只有对铝合金轧制工业在设备和技术上进行重大改进和创新，才能满足日益变化的市场需求，正是这种需求有力地促进了热轧技术的发展。

1.3.1.3 典型的热连轧工厂

A 法国普基公司雷那鲁工厂

热粗轧机为ϕ850 mm/ϕ1500 mm×2840 mm，工作辊上没有安装清辊器（清刷辊），热粗轧机有立辊，其轧制速度为80 m/200 m/min，纯铝厚度从 600 mm 轧到 35 mm 需 12 ~ 15 道次。1993 年由德马克在 3 连轧前加上了 1 个机架,形成了 4 连轧。新加的轧机 φ760(710)/φ1 525(1425)mm × 2300 mm,轧制速度 51 m/127 m/min,轧制力 41000 kN,主传动电机 5400 kW,最后一个机架轧制最高速度由 300 m/min 改为 400 m/min。安装有扫描式凸度仪,有凸度自动控制系统,设有温度自动控制系统。

B　美国铝业公司田纳西工厂

热粗轧机 1 台 φ889 mm/φ1499 mm × 3048 mm,无立辊,主传动功率 5200 kW,铸锭最厚 560 mm。热中轧机 1 台 φ991 mm/φ1524 mm × 2794 mm,无立辊,3 机架热连轧机 φ660 mm/φ1410 mm × 2030 mm,从 38.1 mm 轧到 3.175 mm 厚,最后一个机架的出口速度为 228 m/min。因为 3 机架热连轧机速度不高,生产铝罐料需要热轧后退火,1956 年将 3 机架热连轧拆除,安装了高速的 5 机架热连轧机 φ667 mm/φ1409 mm × 2247 mm,采用工作辊 CVC,终轧厚度 2.3 mm,宽度 2159 mm,最后道次轧制速度 366 m/min。

C　德国 Alunorf 工厂

德国 Alunorf 工厂 1967 年建成 1 + 3 热连生产线。热粗轧机 φ930 mm/φ1525 mm × 3300 mm,有立辊,速度 80 m/200 m/min,主传动 3000 kW,铸锭 600 mm × 2250 mm × 4500 mm,铸锭重 15 t。3 机架热连轧 φ760 mm/φ1525 mm × 3050 mm,最后一个机架出口速度 348 m/min。

1991 年,又新建了一条 1 + 4 的 2 号热连轧生产线,热粗轧机 φ1050 mm/φ1525 mm × 2500 mm/2400 mm,有立辊,速度 231 m/min。铸锭规格(610 ~ 540)mm × (950 ~ 2200)mm × (3500 ~ 8650)mm,最小锭重 4.8 t,最大锭重 30 t,最大轧制力 50 MN,主传动 2 × 5000 kW。4 机架热连轧机 φ(780 ~ 715)mm/φ(1450 ~ 1300)mm × 2700 mm/2 500 mm,终轧厚度 2 ~ 6 mm,材料宽度 950 ~ 2300 mm,卷材内外径 605 mm/2700 mm,最大卷重 29.9 t。热连轧速度 2.23\3.21\5.38\8.07 m/s,工作辊弯辊力 1750 kN,最大轧制力 45000 kN。它是 SMS 公司首台支承辊串动的 CVC 轧机,CVC 窜动 ± 150 mm。在第一个机架前预留了 1 台机架的位置和设备基础。

Alunorf 2 号热轧线有温度自动控制和板凸度自动控制(有多通道

凸度仪)装置。

D 日本神户制钢真冈工厂

真冈工厂有由美铝和神户制钢合资建设的 1 + 4 热连轧生产线。热粗轧机轧辊 ϕ965 mm/ϕ1530 mm × 3900 mm/3850 mm,主传动 2 × 2600 kW。4 机架热连轧 ϕ725/ϕ1530 mm × 2900 mm;轧制力 30 MN,主传动(1 × 3500 + 3 × 3 000)kW。

1.3.1.4 一台热粗轧机和一台热精轧机组成的热轧机组

这种机型也称作 1 + 1,生产能力一般在 150 ~ 250 kt/a。典型的工厂有:

(1) 南非 Hulett。1996 年南非 Hulett 花了 1.4 亿德国马克增加了 1 台热粗轧机和 1 台热精轧机,是目前最先进的铝合金 1 + 1 热轧机组。

热粗轧机 ϕ930(870)mm/ϕ1500(1400)mm × 2450 mm/2350 mm,轧机开口度 730 mm,铸锭(480 ~ 700)mm × 2250 mm × 5700 mm,最大卷重 21.5 t,轧制速度 90/180 m/min,最大轧制压力 45 MN,主传动 2 × 3700 kW,预留了立辊轧机的位置。

热精轧机 ϕ710(660)mm/ϕ1500(1400)mm × 3000 mm/2350 mm. 工作辊可沿轴向窜动,最大串动量 600 mm,轧制速度 120/330 m/min,最高卷取速度 360 m/min,最大轧制压力 40 MN,主传动 1 × 6000 kW,卷取功率 1 × 1550 kW。

(2) 澳大利亚 Comalco 公司。1963 年 Comalco 公司安装了 1 + 1 铝合金热轧机组,热粗轧机 ϕ875(750)mm/ϕ1370(1294)mm × 2030 mm,最大轧制压力 30 MN,最高轧制速度 180 m/min,无立辊轧机,热精轧机 ϕ875(750)mm/ϕ1370(1294)mm × 2030 mm,最大轧制压力 30 MN,最高轧制速度 320 m/min,主传动功率 2 × 2250 kW。

1998 年美铝收购了澳大利亚 Comalco 公司,拟将 1 + 1 铝合金热轧机组改造成为热连轧机。

1.3.1.5 单机架双卷取热轧机

这种机型设备投资少、产量规模小,有利于发展中国家铝加工工业的起步。如埃及铝加工厂:1986 年埃及在沙漠中建设了这一现代化工厂,有 1 台单机架双卷取热轧机 ϕ850 mm/ϕ1360 mm × 2300 mm,铸锭

(280~600)mm×(800~2100)mm×6000 mm，最大锭重13.5 t，轧制速度90/200 m/min，最大轧制力28 MN，主传动功率2×2500 kW。配有温度自动控制系统。年计划产量60 kt(两班制)。

1.3.1.6 世界铝热轧的主要先进技术

A 集成化的测量系统

一套现代化的测量系统要使用多个高精度、连续检测、高速和低噪声的射线源，对沿整个带材宽度上的每一个测量点，都要用两对相互独立的射线源检测器来进行检测，而且射线源的入射角互不相同，从而可以同时测量中央厚度、横向厚度分布、显性板形和轧件宽度。这种测量系统参与闭环控制系统，完成厚度自动控制、横向厚度分布自动控制和板形自动控制。

B 厚度自动控制

(1) 出口侧厚度和凸度测量仪：

1) 热粗轧机采用辊缝控制；

2) 热精轧机或热连轧机由出口侧厚度和凸度测量仪反馈控制。出口侧射线测厚仪厚度范围2.5~12 mm。

(2) 厚度自动控制系统包括：

1) 热粗轧机。手动设定、位置控制、轧制力控制、辊缝校正(轧机调零)、弹性曲线的测量、存储和补偿、辊缝设定。

2) 热精轧机。出口侧同位素厚度和凸度测量仪反馈控制、出口侧射线测厚仪反馈控制、位置传感器反馈控制、压力传感器反馈控制。

厚度自动控制系统还包括：轧辊偏心补偿(先对轧辊进行偏心测试，数据输入计算机，靠调整压下给予补偿)；弯辊影响补偿；辊缝校正(轧机调零)；弹性曲线的测量、存储和补偿。辊缝设定：轧制速度效应(轧制速度高，改变轴承润滑)。

C 断面凸度控制

近年来轧辊凸度可变技术已经广泛用于铝的热轧机上，主要是用在热精轧机和热连轧机上，也可用于热粗轧的支撑辊上。

TP辊——TP辊也是支撑辊，其表面也有一个套筒。套筒内有多个锥形活塞环，改变液压压力来移动锥形活塞环，以改变支撑辊的形状。辊身特别长，有多个锥形活塞环，制造难度大。

CVC 辊——CVC 辊可以是工作辊，也可以是 6 辊轧机的中间辊。CVC 辊被磨出复杂的曲线形状，CVC 辊可以轴向窜动，能够根据需要组合成不同的辊形，配合其他板形控制机构，可以得到很好的板形。有些设备公司也研制了轧辊轴向窜动机构，它们不叫 CVC 辊，但具有类似的特点和功能。

DSR 辊——DSR 辊是支撑辊，也是由轧辊内液压缸的作用改变轧辊形状的，它能够较大程度地改变辊形，对辊形起到明显的调节作用，特别适合在已有轧机上加装，能方便把原实心辊拆掉，换上 DSR 辊，具有更大的灵活性。

(1) 出口侧厚度和凸度测量仪。厚度和凸度测量仪是合并在一起的，一般只设在热精轧机或热连轧机上 2 个 射线(或同位素)厚度测量仪，其中 1 个固定，1 个横向移动即可形成扫描式凸度测量仪。法国普基公司的 Neuf Brisuch 和 Issoire 工厂都安装了扫描式凸度测量仪。2 个射线(或同位素)厚度测量仪，1 个固定在中间，1 个固定在边部，即可形成 3 点式凸度测量仪。多点式凸度测量仪沿测量宽度方向，在上方有几个发射头，下方有几十个接收通道(如上方 7 个发射头，下方 82 个通道)，可连续记录凸度数据。德国 Alunorf 工厂 2 号生产线、比利时的 Corus 工厂、Alcan Kgerstone 厂都安装了多点式凸度测量仪。

(2) 断面凸度控制手段。研磨好合适的原始辊型，合理地安排轧制程序表。把位置传感器、凸度反馈信号输入计算机进行计算，自动地调整轧辊的倾斜、正负弯辊和乳液喷射。不过，在线纠偏不是凸度控制的主要手段，根据检测的凸度值，对预设定重新调整是最主要的。

D 温度检测及温度自动控制系统

安装在热粗轧机上的 4 个接触式测温仪(也可少些)和 1 个非接触式测温仪：1 个用于检测上锭辊道上的铸锭温度，将此数据送入计算机，系统根据目标温度计算出每个道次的温降，修正各道次的轧制参数。2 个用于检测入口和出口的温度。每测一次温需要 10 s，不是每道次都测温，在整个热粗轧过程中只测几次，开环控制，测温数据输入计算机，在控制室显示。剩下的 1 个用于入口侧尾端。1 个非接触式测温仪(远红外测温仪)检测上锭辊道上的铸锭温度。

安装在热精轧机上的 4 个接触式测温仪(也可少些)和 3 个非接

触式测温仪:4 个接触式测温仪(1 个用于热精轧机入口辊道上检测入口温度,2 个用于检测轧机入口和出口的温度,1 个用于出口卷取机上的气缸推动测温仪)。

3 个非接触式测温仪用于检测前后卷取时的温度(比色双波红外线测温计)。1 个在热粗轧的轻型剪前,用于控制出热粗轧进热精轧前的热精轧机入口辊道上方的冷却喷淋装置,2 个位于卷取机上方(测量点在卷材宽度中心部位)。

温度控制:精轧时,闭环控制轧制速度的升高或降低;调节热精轧机入口辊道上方的冷却喷淋装置;闭环控制调节热精轧机的入口侧和出口侧板带冷却喷射装置。在线对温度纠正不是主要的,通过自学习对预设定重新调整是最主要的。

E 系统诊断和远程诊断

基础自动化的监视、记录和诊断;大功率传动装置的监视、记录和诊断。

用调制解调器通过电话线实现生产现场与计算机相连,设计人员在办公室就可进行远程诊断。

F 板形测量

隐性板形测量和显性板形测量同时存在,形成更完善的板形测量。

显性板形测量是指扫描式的测厚装置,如光学型的"显性板形仪",这种板形仪可以同时对板形、带边位置和带材宽度进行非接触式测量。其测量精度为:高度方向 ±0.2 mm、带边位置 ±0.5 mm、带材宽度 ±1 mm。

隐性板形测量是指安装在热精轧或热连轧机上的板形辊。安装在出口侧原偏导辊的位置上。其直径约 500 mm,带有驱动装置和冷却装置,允许的带材温度 400℃ 这种隐性板形测量装置已经在一些铝热连轧机上安装使用,取得了令人满意的效果。

G 表面质量检查

表面质量非常重要,但表面质量的检查研究工作基本上还处于初期阶段,然而带有缺陷分析软件的高性能"视觉"检查系统已经取得了成果,即将进入实用阶段。

H 热连轧的液压活套挑

最新的热连轧的液压活套挑用在很多钢铁热连轧机上,活套辊上带有十分灵敏的测力装置,能对活套挑中的作用力精确控制,可消除机架间的张力变化,显著改善尺寸控制能力,减小带材宽度与纵向上的厚度变化。

I 集成控制系统

利用现代化的手段,将各种子系统相互连接起来,将热轧生产线的整个工艺过程综合性地加以考虑,对工艺参数之间复杂的交互作用、中间目标值、最终热轧成品的目标值作出统筹安排。

(1) 在线控制模型的综合应用。已有的各种物理模型和数学模型可以对负载、功率、温度、横向厚度分布和板形作出计算和预测,提供轧机参数的设定和控制环的增益。采用自适应、专家系统和更先进的解决方案,可以做到在线控制模型的综合应用。

(2) 冶金模型的应用。随着显微组织模型化技术的不断发展,以及运算功能更强大的系统出现,有可能对显微组织演化过程进行直接控制。实际上,在钢铁行业已经有了简单的显微组织模型,并且得到了成功地运用。但就铝合金而言还必须进行开发和研究。

(3) 集成化的横向厚度分布和板形控制系统。为能在热轧生产线上有效地控制带材横向厚度分布和板形,需要一个集成化的解决方案,通盘考虑板形和横向厚度分布的演变。将各种模型包容在一个动态模拟离线系统中,可以开发出一系列的轧制程序表。而在线系统的自适应设定功能可提供良好的带材头尾性能和闭环控制效果。离线和在线系统相配合,将会使系统达到一个更高的水平。

1.3.2 我国铝热轧技术的发展概况与趋势

1.3.2.1 我国铝热轧技术发展概况

我国铝工业起步于20世纪50年代中期,但在80年代以前发展速度缓慢,90年代,我国的铝工业进入了一个高速发展时期,国家投入了上千亿资金,调动了中央与地方两个积极性,从矿山开采、选矿、氧化铝和电解铝生产到铝加工、深度加工及应用等各方面都得到了蓬勃的发展,形成了一个完整的工业体系和产业部门。2008年我国电解铝产量已达1400万t,连续7年超过美国。铝及铝合金加工材达1427万t,其中铝及铝合金板带箔材达550万t,位居世界前列。

我国铝热轧发展到20世纪90年代末期,在国内16条卷式热轧机中,最好的是西南铝业(集团)有限责任公司的1+1热轧生产线,主机能力可达20万t/a以上。热精轧机装备液压弯辊装置、AGC系统、乳液分段控制、清刷辊、支承辊偏心补偿;生产线在线温度监测;生产过程计算机自动控制,装机水平达到了当时国际同类生产线的先进水平。提高了国内热轧坯料的质量和扩展了国内热轧供坯品种结构,实现了制罐料、PS板基等高精产品的部分国产化,在一定程度上促进了我国铝加工特别是板带行业的发展。

国内"1+1"双机架热轧,经过多年的生产实践,以大量工业试验实测数据为依据,根据轧制的参数和原始轧制条件,运用非线性接触有限元理论,建立了辊缝的高精度分析、计算模型,并以此为基础运用动态规划方法建立了辊缝优化设计的系统软件,可预测轧制压下装置、弯辊装置、冷却系统、张力系统等最佳运行参数;由计算机进行在线监控,以控制热精轧带材的板形和断面几何精度。但"1+1"配置"热粗轧+热精轧"生产方式由于本身存在较大的局限性,同国外大型铝板带热连轧生产工艺相比,我国的热轧产品质量不稳定、性能稳定性也较差,生产效率和成品率较低、生产成本偏高。同进口的高精度铝板带材相比,缺乏足够的竞争力,仅能满足生产中低档产品的需要,不能完全适应高档PS版基、制罐料、铝箔坯料等高精度产品的生产。就国内"1+1"配置方式在多年的实际生产中反映的主要问题有:

(1) 单机架热精轧需对热粗轧坯料进行3~5道次可逆轧制,易造成终轧温度波动大,特别是制罐料终轧温度偏低。热精轧终轧温度的稳定和温度的保证乃是制罐料性能保证的关键因素之一。

(2) 由于多道次轧制,造成多次升速、减速,升减速阶段属于不稳定轧制阶段,这样必然造成板带头尾厚度波动大、性能不稳定或质量不合格。

(3) 由于多次卷取、开卷,造成热轧卷层间粘伤,致使热轧表面产生深度缺陷,严重影响PS板和铝箔表面质量,造成PS板腐蚀后出现白条,铝箔针孔多和轧制时易断带等问题。

(4) 由于热轧卷板形、板凸度波动大或达不到技术要求，造成冷轧板形差，更难以满足铝箔坯料板形、板凸度的技术要求，因而制约了冷轧高速轧制。

(5) 因热精轧的速度一般控制在 4 m/s 以内，且板带要经多道次轧制。对于生产制罐料来说，每道次变形速率偏低，难以提高终轧温度和保证必需的内部组织和织构，因而只能采取预先退火的办法，这就增加了工序，提高了生产成本。若采用热连轧，将终轧温度提高到再结晶温度以上，以保证罐料板的再结晶状态，则可减少预先退火工序，从而降低成本和缩短生产周期。

(6) 由于多道次轧制，辅助时间增多，生产效率较低，使热精轧能力与热粗轧能力不匹配，从而导致热粗轧能力不能充分发挥。

2005 年 6 月 28 日在西南铝业(集团)有限责任公司建成投产的我国第一条具有国际先进水平的高精度铝及铝合金板带“1 + 4”热连轧生产线，这标志我国已步入全球铝轧制大国的行业。

西南铝业(集团)有限责任公司、明泰铝业公司、南山铝业有限公司、亚洲铝业集团公司、渤海铝业有限公司、青海平安高精铝业有限公司等几条热连轧生产线全部建成以后，将使我国铝板带箔坯料的生产技术和产品质量迈上一个新台阶。这几条热连轧生产线预计可形成带坯能力 215 万 t/a，如表 1–3 所示。

表 1–3 我国已建和在建的铝板带热轧生产线的产能估算

企业名称	设备类型	试生产日期	生产能力/万 $t \cdot a^{-1}$
西南铝业(集团)有限责任公司	“1 +4”式	2005 年 6 月	40
明泰铝业公司	“1 +4”式	2003 年 1 月	25
南山铝业有限公司	“1 +4”式	2006 年	40
渤海铝业有限公司	“1 +3”式	2010 年	30
亚洲铝业集团公司	“1 +1 +5”式	2010 年	50
青海平安高精铝业有限公司	“1 +3”式	2010 年	30
合 计			215

1.3.2.2 我国铝热轧技术发展趋势

我国铝热轧技术起步较晚，前期发展较慢，一直以来较世界先进铝热轧技术有较大的差距，但是步入21世纪，随着西南铝业铝热连轧机和南山铝业铝热连轧机的相继投产，在国内掀起了一股铝热连轧机建设热潮，势必快速提升我国的铝加工技术水平，随着国内外各项控制技术和手段的提高，特别是计算机控制技术的飞速发展，我国铝热轧机的装备水平将得到进一步提高，而与之对应的计算机模拟技术和各种检测手段不断出现，铝热轧技术也将得到大幅提升。随着产业结构优化，我国部分老旧热轧设备因不能适应市场对产品质量和生产效率的要求将会被淘汰，取而代之的是先进的具有智能控制功能的现代化轧机。我国的铝热轧机将整体向大型化、控制自动化和精密化方向发展，将大大提高生产效率和产品质量。

A 热轧设备与工艺配备的发展

我国的铝板带箔轧制生产始于1932年上海华铝钢精厂的投产。1932~1960年是我国轧制厂建设起步阶段。1956年东轻厂从苏联引进1台2000 mm四辊可逆式热轧机以及配套齐全的辅助设备，可生产宽度1700 mm以下的1×××~8×××系的所有铝合金板带材。20世纪60年代，我国第一重型机器厂为西南铝业设计制造的2台四辊可逆式2800 mm热轧机于1970年投产。自此，我国可以生产宽度达2500 mm的各种加工铝合金板带材。西南铝业利用日本IHI技术对两台四辊可逆式热轧机进行了现代化技术改造，并建成我国第一条1+1式热轧生产线。明泰铝业有限公司的“1+4”式2000 mm热连轧生产线、中铝西南铝业板带有限公司的“1+4”式2000 mm热连轧生产线和南山铝业公司的“1+4”式2350 mm热连轧生产线均已相继投产。另外还有多条热连轧生产线在建。

我国铝加工业的生产规模较小，生产集中度低，总体水平和档次都不太高；产品品种不全，产品质量不高；产业和产品结构不甚合理；资源配置不太合理，能耗和资源浪费较大；环境保护较差，循环经济发展尚不充分；产业的整体综合技术水平低；基础研究、科技创新及自主开发能力弱；工艺技术、装备水平及技术改造能力较低；综合技术经济指标不高；生产效率较低；经济效益不高，与国际先进水平尚有一定的差距。

我国铝轧制设备虽多，但主机装配水平相对落后，辅机配套不全，技术更新周期长。虽然近十几年来引进了一批具有国际先进水平的热轧机（热连轧机），但从整体来看，不论在设备能力、装机水平、液压和电控系统方面，还是在配套水平方面，都与世界先进水平存在较大的差距。

B 铝热轧产品的产量、品种、规格与质量的发展

我国已成为一个名符其实的铝业大国，铝加工产业也发展十分迅猛，但还不是一个铝业强国，从综合水平来看，与国际先进水平还有一定的差距。为了缩小这种差距，尽快赶上或超过先进水平，成为真正的铝业强国，我们必须根据国情和世界铝业发展的趋势和国内外市场需求，合理制订我国铝加工产业的发展战略。在政府的宏观指导下，发挥各方面的积极性；合理配置资源，大刀阔斧调整产业与产品结构；节能降耗，发展循环经济；开展基础研究，加强科技创新与自主开发能力，不断提高铝加工产业的综合技术水平；加强与相关产业的联系，不断开拓铝材应用市场；调整铝加工企业的体制和机制，全面实现自动化、科学化、信息化、现代化、高效化和全球一体化管理，全面增强我国铝加工产业的国际竞争力。

目前，世界上共有近 40 条热连轧生产线，热粗 – 精轧生产线近 10 条，其他各型热轧机近百台（不包含块片轧机），累计生产产能超过 1900 万 t/a。我国现有 3 条热连轧生产线，2 条热粗 – 精轧生产线，其他各型热轧机近 20 台（不包含块片轧机），累计生产能力超过 290 万 t/a。

世界上已研发出各种铝合金 3000 余种，常用的有 450 种左右，热处理状态 300 多种，常用的有 100 多种，形成了完整的合金体系。我国常用的铝合金仅 100 种左右，状态 50 种左右，没有形成完整的体系，也几乎没有独创的合金。板带材广泛应用于航空航天、军工、交通运输、包装、建筑、机械制造、轻工等行业，如铝罐料、瓶盖、幕墙板、铝塑复合板（管）、天花板、屋面板、墙壁挂板、隔断板、成型板、装饰板、汽车车身板、铝制集装箱板、厢式冷藏车板、热交换器钎焊复合带、船舶部件、轻工模具；铝制品、家用电器、五金、PS 版基、CTP 版基；铝箔坯料等。

我国铝板带箔材的品种、规格及质量与国际先进水平仍有较大差距。中低档、普通用途产品产量过剩，而高质量、高性能及特殊用途产品却不能大量生产。例如，航空航天用高性能预拉伸板和中厚板，80%

以上仍依赖进口;高质量的特薄易拉罐坯料,75%以上需进口;CTP 高级 PS 版基的85%需要进口。交通运输、包装和建筑工程是铝材(特别是铝板带箔材)的三大用户,工业发达国家在这三大领域消耗的铝材比例分别为36%、21%、20%,而我国目前的消耗比例则分别为15%、12%、30%,可见,我国铝材在交通运输和包装业上的应用尚不十分广泛,主要原因之一是产品规格、性能方面尚存在一定问题。

2 热轧原理

2.1 平辊轧制理论基础知识

2.1.1 轧制过程与变形参数

图 2-1 为平辊轧制时轧件的受力情况，由图可见，轧制是借助旋转轧辊的摩擦力（T）将轧件拖入轧辊间，同时依靠轧辊施加的压力（N）使轧件在两个轧辊或两个以上的轧辊间发生压缩变形的一种材料加工方法。轧制所生产的产品主要有：板材、带材、箔材、型材、线杆、管材等许多常用金属材料。前三种材料用平辊轧制生产，后三种材料常用型辊轧制生产。除此以外，轧制也可用来加工某些变断面或周期断面的材料。本章主要介绍常用的平辊轧制（辊身为平直辊面）轧制的基本理论与有关知识。

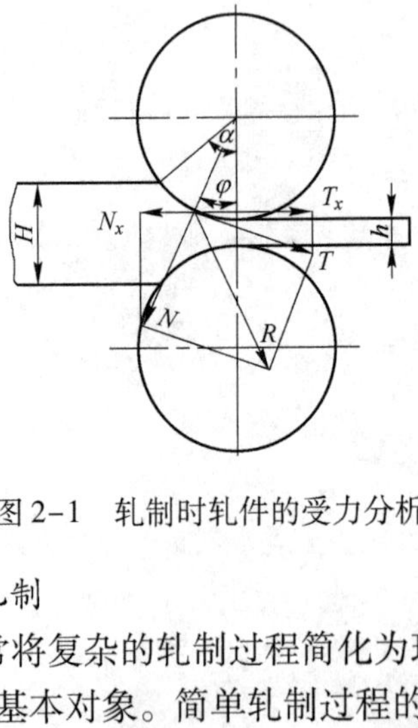

图 2-1 轧制时轧件的受力分析

2.1.1.1 简单轧制

为了便于研究，常将复杂的轧制过程简化为理想的简单轧制过程，它是轧制理论研究的基本对象。简单轧制过程的条件如下：

（1）两个轧辊为平辊，辊径相等，均为主动辊，转速相等，且轧辊为刚性；

（2）轧件除受轧辊作用外，不受其他任何外力（如张力或推力）的作用；

（3）轧件的温度、性能均匀一致；

（4）上下辊面接触摩擦相同，沿断面高向和宽向，轧件的变形与金属质点流动对称。

实际生产中很难全面满足上述条件，即使最简单的板带材平辊轧制过程，两轧辊的辊径加工精度不完全一致，因此辊面的线速也就不等；上下辊面润滑条件也往往不相同，更何况单辊驱动、辊径不等的非对称轧制过程等。

2.1.1.2 轧制过程的变形指数

轧制变形过程，高向压缩是主导变形，是轧制问题研究的基础。当轧件高向受到轧辊压缩时，将使金属发生沿纵向和横向流动，即轧件高向（厚度）上的受压缩，将引起轧件长度和宽度尺寸增大。但是纵向的延伸变形总是大大超过横向的扩展量（宽展），这是因为辊面摩擦力对宽向流动的阻碍总是大于纵向许多，即相对纵向变形而言，横向的宽展总是较小的。通常把表示变形程度大小的指标称为变形指数。轧制时常用的变形指数见表2-1。

表2-1 轧制过程常用的变形指数

变形方向	变形指数		计算公式	意义及应用
	名称	符号		
高向变形	绝对压下量	Δh	$\Delta h = H - h$	表示轧制前后轧件厚度绝对的变化量，便于生产操作上直接调整轧辊的辊缝值
	加工率	ε	1. $\varepsilon = \Delta h / H\ (\%)$ 2. $\varepsilon = \ln(H/h)$	1. 近似变形程度，生产现场使用方便 2. 真实变形程度，常用于理论分析与计算。虽然准确，但使用不方便
宽向变形	绝对宽展	ΔB	$\Delta B = B_1 - B_0$	生产现场用于表示宽度的绝对增加值
	相对宽展	ε_b	$\varepsilon_b = \Delta B / B_0$	常用于理论分析
纵向变形	伸长率	δ	$\delta = [(L_1 - L_0)/L_0] \times 100\%$	主要用来表示材料拉伸试验的延伸性能
	延伸系数	λ	$\lambda = L_1 / L_0$	用于理论分析与实际计算

根据金属塑性变形的体积不变条件，轧件轧制前后各变形指数间的关系为：

$$L_1/L_0=(H/h)\times(B_0/B_1) \quad 或 \quad H/h=(B_1/B_0)\times(L_1/L_0) \tag{2-1}$$

如以 F_0 与 F_1 表示轧制前后轧件的横断面积，则 $\lambda=F_0/F_1$ 或 $\lambda=(B_0/B_1)/(1-\varepsilon)$，冷轧时，常常可以忽略宽展，则

$$\lambda=h_0/h_1=1/(1-\varepsilon) \tag{2-2}$$

总变形量与各道次变形量之间的关系为：

$$F_0/F_n=(F_0/F_1)(F_1/F_2)(F_2/F_3)\cdots\cdots(F_{n-1})/F_n$$

或

$$\lambda_{总}=\lambda_1\lambda_2\lambda_3\cdots\lambda_n \tag{2-3}$$

以及

$$\ln\lambda_{总}=\ln\lambda_1+\ln\lambda_2+\ln\lambda_3+\cdots+\ln\lambda_n \tag{2-4}$$

式中 n——轧制道次；

$\lambda_{总}$——总延伸系数。

2.1.1.3 轧制过程的建立

轧件的轧制过程经历以下 4 个阶段：咬入阶段、曳入阶段、稳定轧制阶段和终了阶段。

(1) 咬入阶段（见图 2-2*a*）。轧件开始接触旋转的轧辊，轧辊开始对轧件施加作用，将其拖入轧缝间，以便建立轧制过程。

(2) 曳入阶段（见图 2-2*b*）。一旦轧件被旋转着的轧辊咬着后，轧辊对轧件的拖曳力增大，轧件逐渐充满辊缝，直至轧件前端到达两辊连心线位置为止。

(3) 稳定轧制阶段（见图 2-2*c*）。轧件前端从辊缝间出来后，继续依靠旋转轧辊摩擦力对轧件的作用，连续、稳定地通过辊缝，产生所需的变形：高向压缩而纵向延伸。

(4) 终了阶段（见图 2-2*d*）。从轧件后端进入辊缝间的变形区开始，直至轧件与轧辊完全脱离接触为止。

稳定阶段是轧制过程的主要阶段。金属在轧制区内的受力状态、流动和变形，以及轧制工艺控制、产品质量和精度控制、设备选择等，都是以稳定阶段作为研究板、带材轧制的主要对象。但咬入过程虽在瞬间完成，但它是关系到轧制过程能否建立的先决条件。至于其他两个阶段，由于对轧制过程没有至关紧要的影响，这里就不去讨论了。

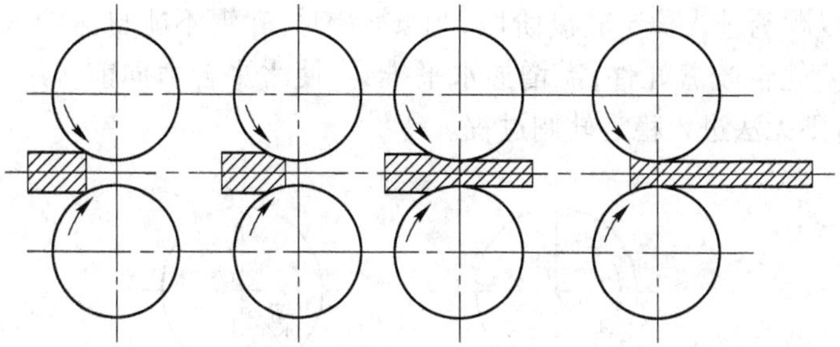

图 2-2 轧制过程的 4 个阶段

a—开始咬入阶段；b—曳入阶段；c—稳定阶段；d—结束阶段

A 咬入条件

简单轧制过程中，当轧件前端与旋转轧辊接触时，接触点 A 和 A' 处，轧件受到轧辊的正压力 N 和切向摩擦力 T 的作用（见图 2-3），按库仑摩擦定律，$T=fN$（f 为咬入时轧辊与轧件的接触摩擦系数）。现将 N 和 T 分解成垂直分量 N_y 与 T_y，以及水平分量 N_x 与 T_x。其中两力的垂直分量 N_y 和 T_y 使轧件上、下两个方向上受到压缩，产生塑性变形。两力的水平分量 N_x 和 T_x，方向不同，作用也不同，其中 N_x 是将轧件推出轧辊的力，而 T_x 是将轧件拖曳入轧辊的力。显然，当 N_x 大于 T_x 时，咬不着轧件；N_x 小于 T_x 时，轧件才能咬入。由此可见，咬入的力学条件是 $T_x > N_x$。

由图 2-3 可知：

$$T_x = T\cos\alpha \qquad N_x = N\sin\alpha$$

式中 α——咬入时的接触角。

将 $T=fN$ 代入上式，得咬入条件的表达式为：

$$fN\cos\alpha > N\sin\alpha \quad 或 \quad \tan\alpha < f \tag{2-5}$$

通常摩擦系数使用摩擦角 β 表示，即令 $\tan\beta = f$，于是咬入条件还可表达成

$$\alpha < \beta \tag{2-6}$$

当 $\alpha=\beta$ 时，称为咬入临界条件，并将此时的咬入角称为最大咬入角，用 α_{max} 表示。可见 $\alpha<\beta(=\alpha_{max})$ 为自然咬入轧件的充分条件，使轧

制可以顺利进入稳定轧制阶段；当 $\alpha > \beta$ 时，轧辊不能自然咬入轧件，如需使轧辊咬着轧件，需增加水平推力，使水平合力向前作用才能咬入，否则无法进入稳定轧制过程。

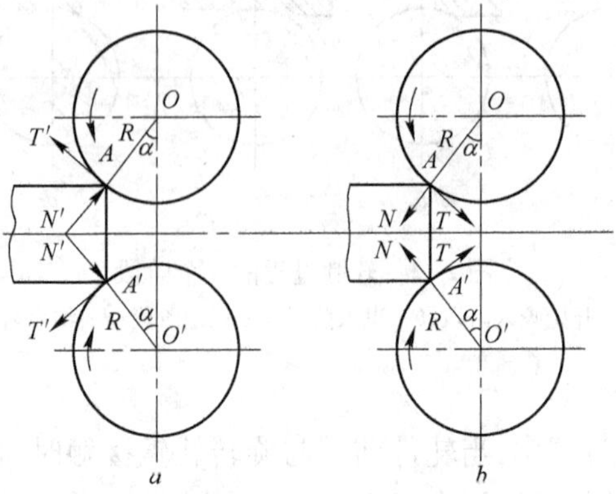

图 2-3 轧辊与轧件接触时的受力图

a—轧辊受力图；*b*—轧件受力图

上式中的咬入角 α，根据图 2－3 的轧制变形区的几何关系，可知：

$$\cos\alpha = 1 - \Delta h/2R \tag{2-7}$$

式中 R——轧辊半径；

Δh——绝对压下量，$\Delta h = H - h$，H、h 分别为轧制前后轧件的厚度。

B 稳定轧制条件

轧件咬入后，轧制进入曳入阶段，轧件与轧辊间的接触面随着轧件向辊间的充满而增加，因此轧辊对轧件的作用力点的位置也向出辊方向移动，使辊间的力平衡状态发生变化（见图 2－4），如用 $\alpha_z = (\alpha_m + \delta)/2$ 表示轧件充满辊缝时轧件法向力（OR）与轧辊中心连线（OO）的夹角，则参照以上分析方法，确保曳入能进行的充分力学条件为：

$$\tan\alpha_z < f \quad 或 \quad \alpha_z < \beta \tag{2-8}$$

当轧件完全充满辊间后，如果单位压力沿接触弧内均匀分布，可认为其合力作用点在接触弧的中点，即可取 $\alpha_z = \alpha/2$。于是，$\alpha < 2\beta$ 为稳定轧制的充分条件；$\alpha = 2\beta$ 为稳定轧制的临界条件。由以上分析可知：

当$\alpha<\beta$时,能自然咬入,并易于建立稳定轧制过程;

当$\beta<\alpha<2\beta$时,能顺利轧制,但不能顺利自然咬入,这时可实行强迫咬入(如对轧件施加水平推力),建立轧制过程;

当$\alpha>2\beta$时,无法咬入,也无法保证轧制过程顺利进行。

轧制时咬入角α的大小,可用调辊法(逐渐抬高辊缝直到能咬入为止)和楔形件法(小头先喂入辊缝后,直到大头进不去出现打滑为止)等方法实测。

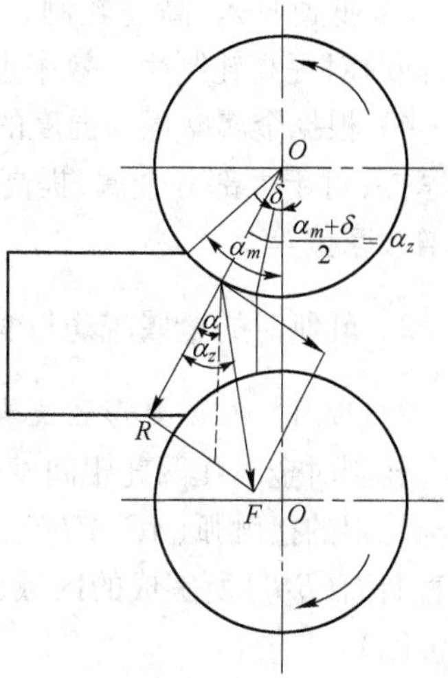

图 2-4 轧件充满辊缝间的受力图

根据以上分析可知,凡减小轧辊咬入角和增大辊面对轧件摩擦系数的因素均有利于强化咬入和建立稳定轧制过程,通常采用以下两种措施。

(1) 减小轧辊咬入角,改善咬入的措施:

1) 采用大直径轧辊,可减小接触角,并有利于加大压下量;

2) 减小压下量,虽可减小咬入角,但降低压下量,反要增加轧制道次;

3) 轧件前端做成楔形或圆弧形,以减小咬入角,可实行大压下量轧制;

4) 沿轧制方向施加水平推力进行强迫咬入,如用推锭机、辊道运送轧件的惯性力、夹持器、推力辊等对轧件施加水平推力,进行强迫咬入;

5) 咬入时抬高辊缝以利咬入,轧制时实行带负荷压下增大稳定轧制时的变形量。

(2) 增大辊面摩擦系数,改善咬入的措施:

1) 咬入时辊面不进行润滑,或喷洒煤油等涩性油剂,增大辊面摩擦;

2）粗轧时，将辊面打磨粗糙，增大摩擦，改善咬入条件；

3）低速咬入，高速轧制，也可以增大咬入时的摩擦，改善咬入条件，同时对提高轧制生产效率也有利；

4）根据金属摩擦与温度的关系特性，通过适当改变轧制温度来增大摩擦，对于大部分金属，提高轧制温度由于轧件表面氧化皮的存在，能增大摩擦等。

2.1.2 轧制时的金属流动与变形

2.1.2.1 轧制变形区及基本参数

轧制时金属在两轧辊间发生塑性变形的区域称为轧制变形区。轧件与轧辊的接触弧（AB、$A'B'$），及轧件进入轧辊垂直断面（AA'）和出口垂直断面（BB'）所围成的区域（见图2-5）称为几何变形区（也称理想变形区）。

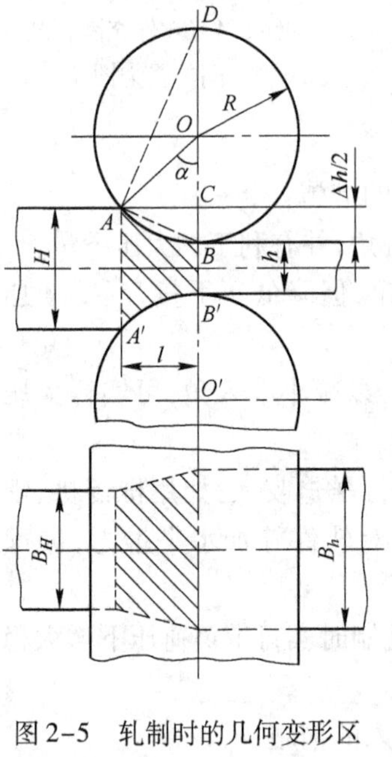

图2-5 轧制时的几何变形区

实际上，在几何变形区的入辊、出辊断面附近区域，轧件多多少少也有塑性变形存在，分别称为前、后非接触变形区。另外厚轧件热轧时，往往变形不易深透，所以几何变形区内，也有部分金属不发生塑性变形。

描述轧制几何变形区的基本参数有：接触角 α、变形区长度 l（接触弧 AB 的水平投影）、轧件的平均厚度 $h_{cp}=(H+h)/2$、及变形区形状系数（l/h_{cp} 和 B/h_{cp}），H、h 分别为轧件轧制前后的厚度，B 为轧件宽度。由图2-5的几何关系可知：

$$\cos\alpha = 1-\Delta h/2R \qquad (2-9)$$

当 $\alpha<10°\sim15°$ 时，由于 $1-\cos\alpha=2\sin^2\alpha/2\approx\alpha^2/2$，所以上式可简化为：

$$\alpha = \sqrt{\Delta h/R} \tag{2-10}$$

$$l = R\sin\alpha$$

当 α 很小时，$\sin\alpha \approx \alpha$，故

$$l = R\sin\alpha \approx R\alpha$$

将 $\alpha = \sqrt{\Delta h/R}$ 代入上式得变形区长度 l 的近似计算式为：

$$l = \sqrt{R\Delta h} \tag{2-11}$$

轧制时金属的流动和变形规律：

平辊轧制与斜锤间压缩楔形件时金属的流动和变形的基本规律相似，基本变形力学图都属于三向压应力状态，属于一向（高向）压缩、两向（轧向和宽向）延伸变形的应变状态，但也有许多自身的特点。其中最重要的一点是，轧制时金属的流动除金属质点的塑性流动外，还存在旋转轧辊的机械运动的影响，即轧制时金属质点的运动是以上两种运动速度的合成。

2.1.2.2 轧制时金属的纵向流动与前滑、后滑

轧制时与斜锤间压缩楔形件一样，二者间存在中性面（见图2-6），轧制时的情况类似于斜锤间压缩，同样也存在中性面。

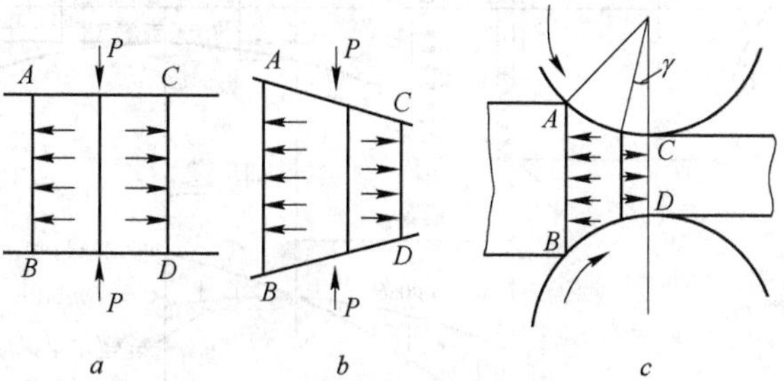

图2-6 轧制时与压缩时金属流动示意图

a—平锤压缩矩形件；*b*—斜锤间压缩楔形件；*c*—平辊轧制

当金属由轧前厚度 H 轧至轧后厚度 h 时，进入变形区的轧件厚度逐渐减薄，根据塑性变形的体积不变条件，则通过变形区内任意横断面的秒流量必然相等，即

$$F_0 v_0 = F_x v_x = F_1 v_1 = \text{常数} \tag{2-12}$$

式中 F_0、F_1、F_x——分别为入口、出口及变形区内任意横断面的面积；

v_0、v_1、v_x——分别为入口、出口及变形区内任意横断面上轧件的水平运动速度。

由式(2-12)可知,由于轧件越轧越薄,轧件运动的水平速度从入辊口至出辊口是越来越高的。其结果是,前滑区(轧制出口端)轧件的前进速度高于辊面线速,即轧件相对辊面向前滑动;反之,后滑区轧件的速度低于辊面线速;只有在中性面上二者的速度才相等(见图2-7)。因此,前滑定义为:

$$S_h = (v_1 - v_R)/v_R \times 100\% \tag{2-13}$$

式中 v_R——轧辊线速。

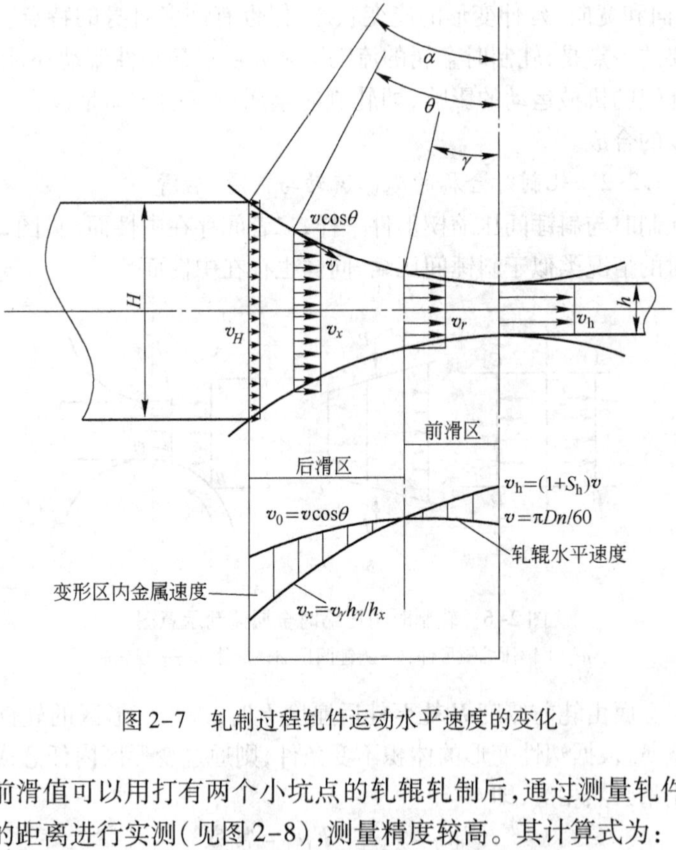

图2-7 轧制过程轧件运动水平速度的变化

前滑值可以用打有两个小坑点的轧辊轧制后,通过测量轧件上压痕点的距离进行实测(见图2-8),测量精度较高。其计算式为:

$$S_h = (v_1 - v_R)/v_R \times 100\%$$

$$=(l_h-l_0)/l_0\times100\% \tag{2-14}$$

式中 l_h——时间 t 内轧件上压痕点间距长度；

l_0——时间 t 内轧辊上小坑点间距长度。

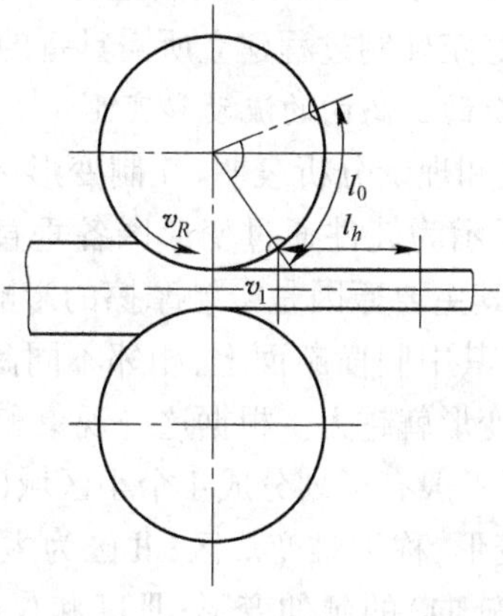

图 2-8 用压痕法测定前滑的原理图

通过理论分析，可以导出，简单轧制过程的前滑值的计算式为：

$$S_h=(R/h-1/2)\gamma^2 \tag{2-15}$$

实际上，轧制时的前滑值一般为 2% ~10%。前滑对于带材的轧制卷取，连轧时前后张力控制有重要使用意义。

式(2-15)中的中性角(γ)，可利用前、后滑区摩擦力方向不同。根据轧件受力平衡关系，即由 $\sum X=0$ 导出：

$$\sum X=T_{1x}-N_x-T_{2x}=0$$

若令接触弧上的平均单位压力与单位摩擦力分别为 p、t，则

正压力的水平分量之和 $N_x=pBR\alpha\sin(\alpha/2)$

前滑区水平摩擦力的和 $T_{2x}=fpBR\gamma\cos(\gamma/2)$

后滑区水平摩擦力的和 $T_{1x}=fpBR(\alpha-\gamma)\cos[(\alpha+\gamma)/2]$

将它们代入式 $\sum X=T_{1x}-N_x-T_{2x}=0$，并考虑到一般角 α、γ 均比较小，可取 $\cos(\alpha/2)\approx1$，$\sin(\alpha/2)\approx\alpha/2$，$\cos[(\alpha+\gamma)/2]\approx1$，以及摩擦角 $f=\tan\beta\approx\beta$ 等关系，经整理与化简后，得

$$\gamma=(\alpha/2)[1-\alpha/(2\beta)] \tag{2-16}$$

或

$$\gamma=(\alpha/2)[1-\alpha/(2f)]$$

式(2-16)反映了稳定轧制过程的接触角、中性角与摩擦角三个特征角之间内在联系,即它不仅反映了轧制过程的变形区几何参数之间的关系,而且也体现稳定轧制过程建立所需具备的力学条件。

2.1.2.3 轧件断面上高向的流动和变形

大量的实验研究和理论分析表明,轧制变形区内的流动和变形是不均匀的。图2-9所示为轧件通过变形区各垂直横断面沿高向水平速度是不均匀分布,其主要原因是接触摩擦的影响所致,摩擦越大,水平流速便越不均匀。其中同横断面上,相邻不同高度的两层面上质点间的流速差越大,则变形就越大。根据这一现象和其他变形实验结果,证实整个轧制变形区一般有可划分成4个小区域(见图2-10):Ⅰ区内几乎没有发生塑性变形,称为难变形区;Ⅱ区为主要变形区,易于发生高向的压缩和纵向(轧向)的延伸变形;Ⅲ区和Ⅳ区由于受到前、后刚端反力作用所致,产生了一定的纵向压缩和高向变厚变形。

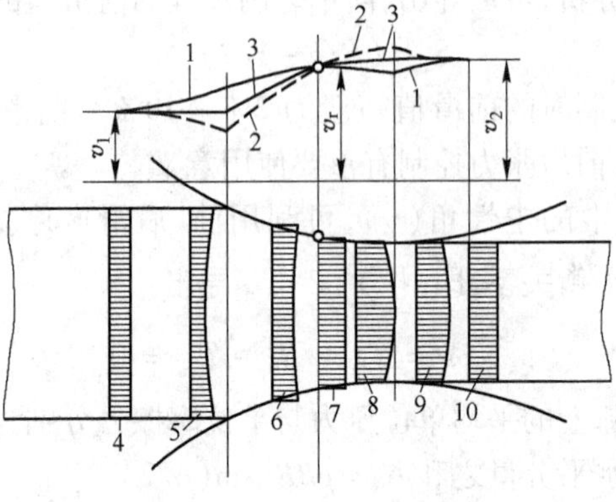

图2-9 薄轧件轧制时金属水平运动速度沿断面的变化

研究还表明,变形区的形状系数(l/h_{cp})对轧制断面高向上的变形分布情况影响很大:当$l/h_{cp}>0.5\sim1.0$,即轧件相对较薄时,压缩变形将深透到轧件心部,出现中心层变形比表层要大的现象;当$l/h_{cp}<0.5\sim1.0$,即轧件相对较厚时,随着变形区形状系数的减小,外端对变形过

程的影响变得突出，压缩变形难以深入到轧件心部，只限于表层附近区域发生塑性变形，出现表层的变形比心部大的现象。断面高向上金属的流动和应力分布证实了这点(见图2－9)。其次接触摩擦增高，将使金属沿辊面流动的阻力增加，增大Ⅰ区的范围，甚至出现金属粘辊现象，使变形的不均匀性加剧。特别是厚件轧制时，如某些金属的热轧，头几道次的变形量较小，加之摩擦大，容易出现粘辊，因而导致轧件头部“张嘴”，严重时还会缠辊。

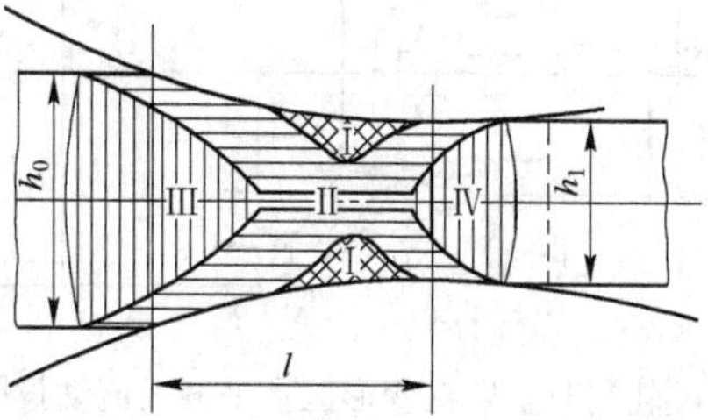

图2－10　轧制时的变形区小区分布示意图

2.1.2.4　轧制时的横向变形——宽展

轧制时金属除了高向压缩和沿纵向的延伸，也存在沿横向流动引起的横向变形，通常称之为宽展，不过平辊轧制过程中宽展比之纵向延伸变形要小得多。根据金属沿最小阻力方向流动的法则，由于摩擦阻力影响的不同，使得金属沿水平截面的流动可分成4个区域，如图2－11所示。变形区分为延伸区和宽展区两部分：在$ACC'A'$和$BCC'B'$区内，横向阻力大于纵向阻力，金属质点几乎全朝纵向流动，获得延伸变形；位于ABC和$A'B'C'$区内，横向阻力比纵向阻力小得多，金属质点朝横向流动产生宽展。可见，宽展主要发生在轧件边部，而且后滑区比前滑区要多。由于摩擦阻力从轧件边部向中心越来越大，所以越靠边部的金属质点，横向流动的趋势越大，反之中心部位的金属质点纵向流动的趋势越来越大，即中心部位的金属质点纵向流动快于边部，这就是为什么轧件头部呈扇形，而尾部呈鱼尾状的原因。如果中心与边部流速差所引起边部的附加拉应力超过了金属的强度极限，将出现边部裂纹。

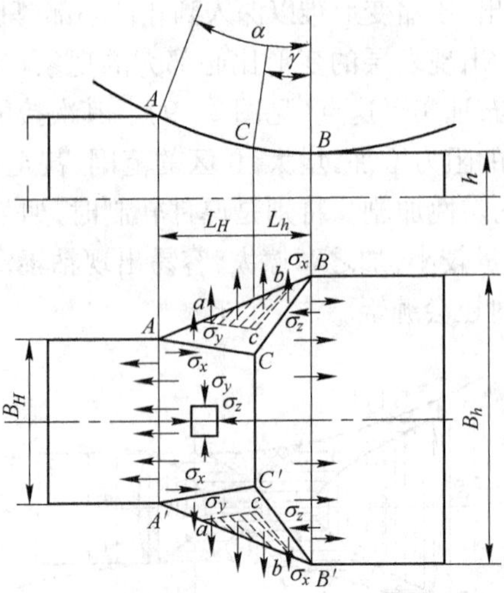

图 2-11 轧制时金属在变形区水平截面流动投影示意图

在轧件横截面上,由于接触摩擦的影响也是从表层到心部减弱的,所以金属的流动也是不均匀的。

如对于轧制 $B/h_{cp} \geqslant 1$ 的轧件时,其表层的流动比心部的慢,形成如图 2-12 所示的单鼓形;如果轧件的 $B/h_{cp} < 0.5$ 时,压下量也不大的话,变形不能深入到内部,主要限于表层,使轧件侧面呈现双鼓形。

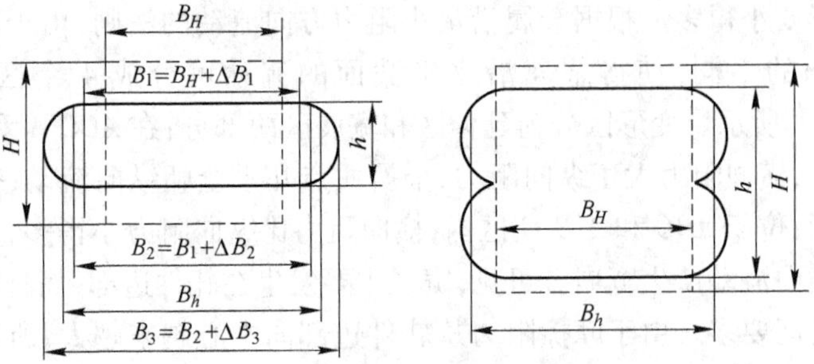

图 2-12 轧后轧件横截面的形状

a—单鼓形截面($B/h_{cp} \geqslant 1$);b—双鼓形截面($B/h_{cp} < 0.5$)

轧制时的宽展通常用$\Delta = b - B$ 表示(B、b 分别表示轧制前、后轧件宽度)。实验和理论分析表明,影响轧制宽展的主要因素及作用情况有:宽展随着接触摩擦的增加而增加(见图 2-13);宽展随压下量增加而增加;随着轧辊直径增大，宽展越大，因为大直径轧辊的接触弧长，使纵向阻力增大；轧件宽度与接触弧长的比值(B/l)对宽展有明显的影响：当比值(B/l)小于一定范围时，随着轧件宽度增加，宽展也增加；但当比值(B/l)超过某定值时，摩擦引起的横向阻力很大，宽展不再增加，而稳定为一较小的宽展量(见图2-14)。可见各因素对宽展的影响是比较复杂的，宽展的计算还停留在经验水平，有关计算方法请查有关金属材料加工手册。

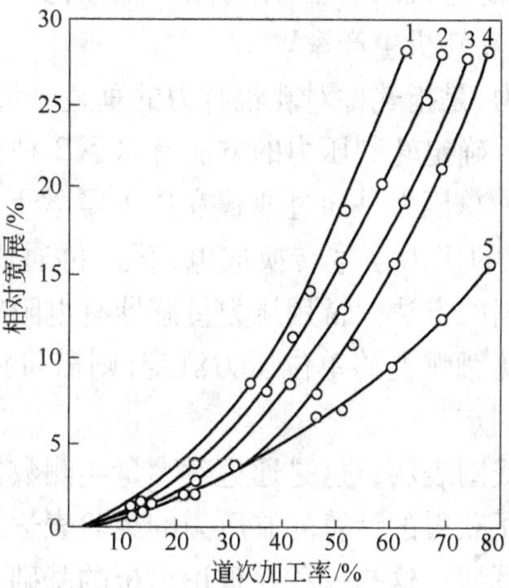

图2-13 宽展与接触摩擦系数的关系

1—干辊；2—煤油；3—乳液；4—锭子油；5—动物油

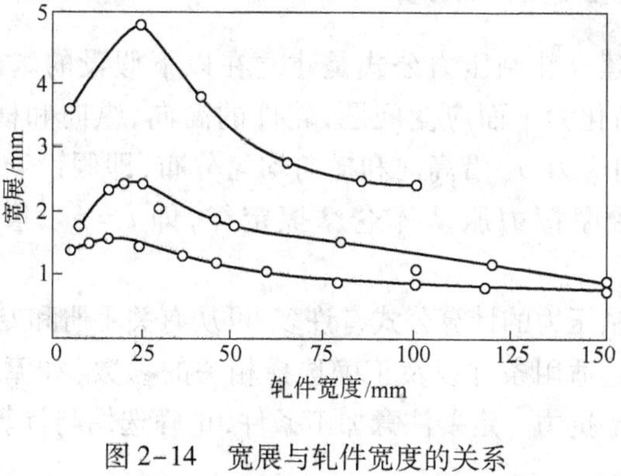

图2-14 宽展与轧件宽度的关系

2.2 轧制压力和轧制力矩

2.2.1 概述

轧制压力是轧制设备设计、工艺制定和产品质量控制的重要参数。计算和确定轧制压力的目的是:计算轧辊与轧机其他部件的强度和弹性变形;校核或确定电机的功率,制订压下规程;实现板厚和板形控制;挖掘轧机潜力,提高轧机生产率。

所谓轧制压力,是指轧件对轧辊合力的垂直分量,即轧机压下螺丝所承受的总压力。确定轧制压力的方法有以下3种:

(1) 实测法。总压力是通过放置在压下螺丝下的测压头(压力传感器)将轧制过程的压力信号转换成电信号,再通过放大和纪录装置显示压力实测数据的方法。常用压力传感器有电阻应变片测压头和压磁式测压头。沿接触弧上的单位压力测定,则需将针式压力传感器埋设在辊面内进行测定。

(2) 经验式或图表法。这是通过对大量实测数据的统计分析和经过一定数学处理所获得的计算轧制压力的经验表达式或曲线图。

(3) 理论计算法。这是一种在理论分析的基础上,建立计算公式,根据轧制条件计算单位压力的方法。工程实践中以工程法应用最广。本章主要讨论用工程法确定单位轧制压力和平均单位压力。

2.2.2 单位轧制压力的计算

工程法建立轧制压力公式是建立在以下假设的基础上的:忽略宽向变形,简化为平面应变问题;轧件的高向、纵向和横向的应力的主方向;纵向应力 σ_x 沿高向和横向均匀分布,即假设 σ_x 仅是 x 坐标的函数;接触摩擦力服从库仑摩擦定律,即 $t = fp_y$,摩擦系数为常数等。

关于轧制压力的计算公式有许多,可从有关手册和专著中查到,选用时应注意其适用条件以及正确选择相关的参数(如摩擦系数,尤其是金属的变形抗力一定要注意加工条件,正确选用与计算),这里不作详细叙述。

2.2.3 轧制力矩

2.2.3.1 轧制力矩

轧制力矩是校核现有轧机电机能力和设计新轧机的重要力能参数之一。

轧件对轧辊的作用力 P 相对轧辊中心的力矩,称为轧制力矩。其值与轧制压力 P 的大小、方向及其在接触弧上的作用点位置有关。

由于轧机结构的不同和轧制情况的不同,轧制力的方向亦不同。这里简要介绍二辊轧机轧制力矩的计算方法。

对于简单轧制过程,上下轧辊所承受的轧制压力 $P_1 = P_2 = P$,P_1 和 P_2 作用在同一直线上(见图 2-15),故简单轧制过程两个轧辊所承受的轧制力矩为:

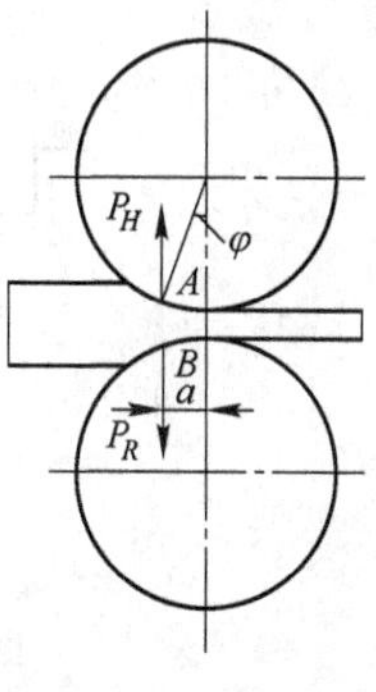

图 2-15 简单轧制过程轧辊受力图

$$M = M_1 + M_2 = PD\sin\beta = 2Pa = 2P\psi l \tag{2-17}$$

式中 β——轧制压力角,即轧制压力作用点对应的圆心角;

ψ——轧制力 P 相对于轧辊中心的力臂系数,$\psi = a/l$;

l——接触弧长。

目前,关于力臂系数 ψ 还没有一个好的确定方法,根据实验测定结果,一般取经验值,如热轧时取 $\psi = 0.45 \sim 0.5$;冷轧时取 $\psi = 0.3 \sim 0.45$。

2.2.3.2 带张力的轧制过程

带张力轧制不但可以减少作用在轧辊上的轧制压力,改善轧制条件,而且还可以起到矫直带材和提高表面质量的效果。此时作用在一个轧辊上总的水平力和总的垂直力(见图 2-16),分别为:

$$X = (Q_0 - Q_1)/2$$

和

$$Y = P$$

由上图可知,作用在两个轧辊上的轧制力矩为:

$$M = PD\sin\beta + (Q_0 - Q_1)R\cos\beta \tag{2-18}$$

式中 Q_1、Q_0——分别为前、后张力。

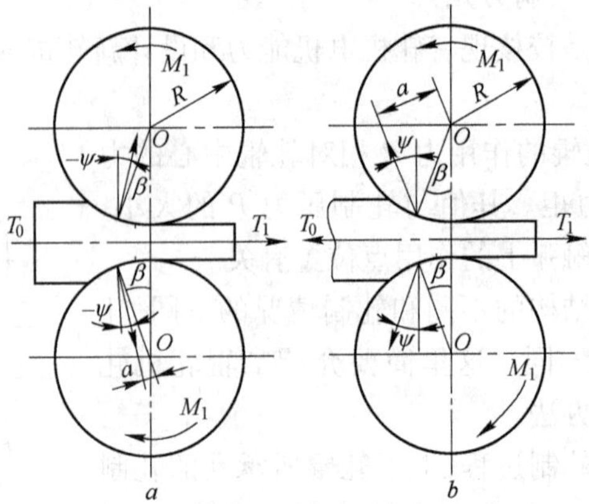

图 2-16 带张力轧制过程的轧辊受力图

a—有前张力；*b*—前、后带有张力

由此可见，此时的轧制力矩由两部分构成，上式右边第一项是简单轧制力矩，第二项为张力引起的附加力矩。若后张力 Q_0 大于前张力 Q_1，即 $Q_0 > Q_1$ 的话，则第二项为正值，说明此时的轧制力矩比简单轧制过程大，因而有碍轧制过程的进行；若 $Q_0 < Q_1$，说明此时的轧制力矩比简单轧制过程的力矩小，因而促使轧制过程的进行；只有 $Q_0 = Q_1$ 时，才与简单轧制的力矩相等。

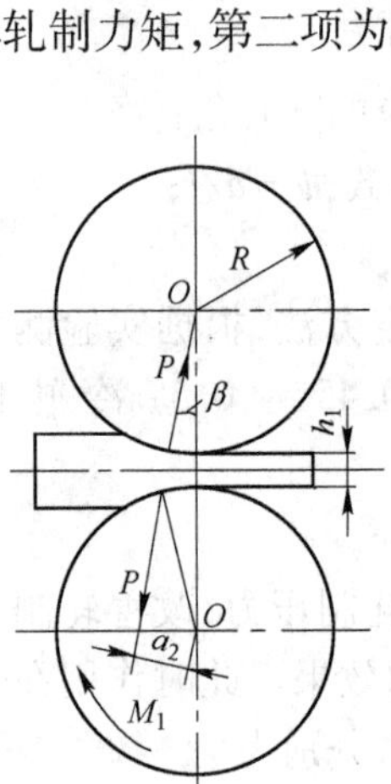

图 2-17 单辊传动轧机作用在轧辊上的力系

2.2.3.3 单辊传动轧制过程

在叠轧薄板或平整机上，往往采用单辊传动的轧机。上辊是由下辊通过轧件的摩擦带动的，根据力平衡条件，轧制压力的作用线应通过被动辊的中心线（见图 2-17）。而作用在主动辊上轧制力矩为：

$$M = Pa_2 = P(D + h)\sin\beta \tag{2-19}$$

式中 a_2——力臂，由图 2-16 可知，$a_2 = (D$

$+h)\sin\beta$

β——轧制压力角。

关于摩擦力矩和空转力矩的计算方法同上,这里不另外叙述。

2.2.4 轧机主电机功率计算

轧机主电机输出的传动力矩,主要用于克服以下4种阻力矩:(1)轧制力矩(M_j);(2)附加阻力矩(M_f),包括轧制时轧辊轴承及传动装置中所产生的摩擦力矩;(3)空转力矩(M_0),指轧机空转时在轴承及传动装置中产生的摩擦力矩;(4)动力力矩(M_d),指轧机加速与减速时的惯性力矩。由此可见,主电机轴上所输出的力矩应为:

$$M_{\sum} = M_j/i + M_f + M_0 + M_d \qquad (2\text{-}20)$$

式中 i——为主电机到轧辊的减速比(i=电机转速/轧辊转速)。

附加阻力矩(M_f) 精确计算相当繁琐,主要考虑轧辊轴承中的摩擦力矩,对二辊轧机为

$$M_f = Pd'f_1/I \qquad (2\text{-}21)$$

式中 P——轧制压力;

d'——轧辊轴颈直径;

f_1——轧辊轴承的摩擦系数。

对四辊轧机,还应考虑工作辊与支承辊间的传动比(D_1/D_2)为:

$$M_f = (Pd'f_1/i)(D_1/D_2) \qquad (2\text{-}22)$$

空转力矩(M_0)实际计算也相当繁琐,通常按经验取为:

$$M_0 = (0.03 \sim 0.05)M_h \qquad (2\text{-}23)$$

式中 M_h——电机额定转矩。

对新轧机可取上限值,老轧机可取下限值。

动力力矩(M_d):当轧机速度发生变化(如启动、制动、调速轧制等)时,在主电机轴上就产生动力矩。其值可按下式计算:

$$M_d = (GD^3/375)\omega \qquad (2\text{-}24)$$

式中 GD^3——传动系统(包括轧辊)中所有转动部件换算到电机轴上的飞轮力矩;

$\omega = \mathrm{d}n/\mathrm{d}t$——主电机轴的角加速度。一般可逆板材轧机启动时取 $\omega = 30 \sim 60$;制动时取 $\omega = 40 \sim -80$。

对轧机主电机的选择与校核的基本步骤：

（1）按轧制力矩和附加力矩按下式初选电机功率：

$$N = 1.03(M + M_j) \cdot n/\eta_0 \quad (\mathrm{kW}) \tag{2-25}$$

式中 n——轧辊转速；

η_0——传动效率（可取 $\eta_0 = 0.85 \sim 0.90$）。

（2）根据轧机工作制度，绘制静力矩随时间变化负荷图（称轧制负荷图）；

（3）计算电机等效力矩，进行电机发热、过载和工作时间校核。

2.3 平辊轧制过程的控制

2.3.1 轧制的弹塑曲线及板厚纵向控制

2.3.1.1 轧机的弹性变形

轧制时轧辊承受的轧制压力，通过轧辊轴承、压下螺丝等零部件，最后由机架承受。所以在轧制过程中，所有上述受力件都会发生弹性变形，严重时可达数毫米。据测试表明：弹性变形最大的是轧辊系（弹性压扁与弯曲），约占弹性变形总量的40%～50%；其次是机架（立柱受拉，上下横梁受弯），约占到12%～16%；轧辊轴承占10%～15%；压下系统占6%～8%。

随着轧制压力的变化，轧辊的弹性变形量也随即而变，引起辊缝大小和形状也变。辊缝大小的变化将导致板材纵向厚度波动，辊缝形状影响到所轧板形变化。它们对轧制板带材板形质量、尺寸精度控制的影响成了现代轧制理论关注和研究的重点。

A 轧机的弹跳方程与弹性特性曲线

轧机弹性变形总量与轧制压力之间的关系曲线称为轧机的弹性特性曲线，描述这一对参数关系的数学表达式，即称为轧机的弹跳方程。

图2-18所示为当两轧辊的原始辊缝（空载辊缝值）为 s_0 时，轧制时由于轧制压力的作用，使机架发生了变形 Δs（$\Delta s = p/k$，p 为轧制压力，定义 $k = \mathrm{d}p/\mathrm{d}s$ 为轧机的刚度，它表示轧机弹性变形1 mm所需的力（N/mm））。因此，实际辊缝将增大到 s，辊缝增大的现象称为轧机弹跳或辊跳。于是所轧制出的板厚为：

$$h = s = s_0 + s_0' + \Delta s = s + s_0' + p/k \tag{2-26}$$

式中 s_0'——为初始载荷下各部件间的间隙值。如忽略 s_0'，上式变为：

$$h = s = s_0 + p/k \tag{2-27}$$

式(2-34)称为轧机的弹跳方程。它忽略了轧件的弹性恢复量，说明轧出的轧件厚度为原始辊缝与轧机弹跳量之和(见图2-19)。

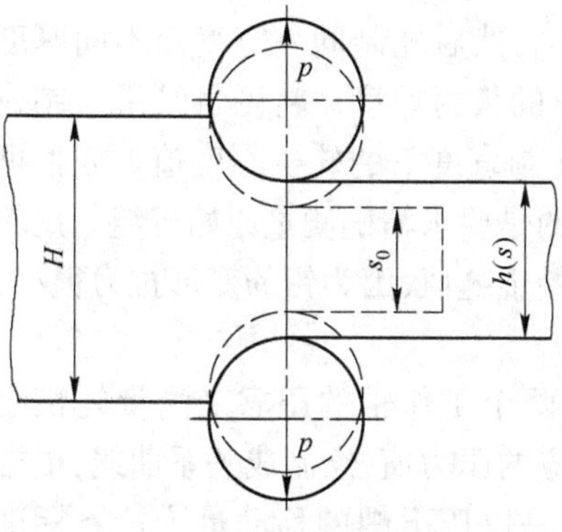

图2-18 轧机弹跳现象

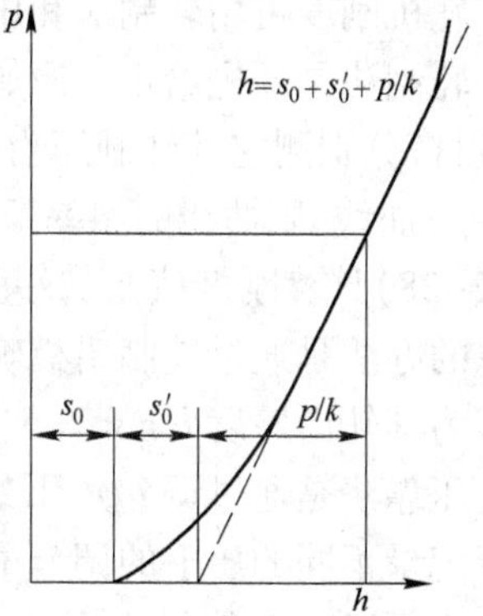

图2-19 轧件尺寸在弹跳曲线上的表示

B 影响轧机的弹跳及弹性特性曲线因素

影响原始辊缝 s_0 变化，即影响轧机弹性特性曲线位置的因素有：

(1) 轧辊的偏心。任何一个轧辊无论机械加工精度如何高，总会有一定的偏心度，因而随着轧辊的旋转，原始辊缝将成周期性变化；

(2) 轧辊的热膨胀。轧制过程中由于轧件本身的热量和轧件与轧辊间的摩擦热传给轧辊，使其温度升高。尽管有良好的冷却系统，但轧辊的温度总比轧前高，因而轧辊的膨胀势必改变原始辊缝的位置；

(3) 轧辊的磨损。轧制过程中，轧件与轧辊之间的摩擦使轧辊发生磨损，随轧辊使用时间的增长而磨损增加，使轧辊直径逐渐变小，也会使原始辊缝位置发生变化；

(4) 轧辊轴承油膜的变化。当轧辊轴承为液体润滑轴承时，其液膜厚度随着轧制速度的增加和轧制压力的降低而增加，也会造成原始辊缝位置的变化，等等。

2.3.1.2 轧机的刚度

轧机的刚度为轧机抵抗轧制压力引起弹性变形的能力，也称轧机模量。它包括纵向刚度和横向刚度。这里只讨论轧机纵向刚度,它是指轧机抵抗轧制压力引起轧辊弹跳的能力。由式(2-27)知,$p=(h-s_0)k$。因而,轧机的纵向刚度可用下式表示:

$$k=p/(h-s_0) \tag{2-28}$$

轧机刚度可用轧制法和压靠法等进行实际测定。

轧制法是预先给定一原始辊缝 s_0,然后轧制同一宽度而不同厚度的板材,分别测定其轧制压力和轧出的板材厚度。将测量结果绘制成$(h-p)$曲线,则曲线的斜率即为该轧制宽度下的轧机刚度值。或根据式(2-28)计算刚度值 k。这里重要的是要求精确测量原始辊缝。比较简单的办法是通过轧制铅板确定原始辊缝值,因为铅的变形抗力很小,可认为其轧出厚度 $h=s_0$。

压靠法是通过调整压下螺丝使两个工作辊的压靠来测量轧机刚度。记录不同的压下的调节量及相应的压力值,绘制成关系曲线,根据其斜率便可确定轧机刚度。由于它是以压下螺的移动量为计算标准的,所以对于实际宽度的板材轧制刚度需进行修正。

影响轧机刚度的因素主要有轧件宽度(见图 2-20)、轧制速度(影响到轴承油膜厚度)等。由图可知,轧制速度的影响是:低速时对轧机刚度的影响大,而高速时影响较小。当轧制宽度与辊身长度二者差异较大时,则相互之间的差异较为明显;如果二者尺寸相近,相互之间的差异就小。对于不同轧制宽度(见图 2-21),其修正公式为:

$$k_\beta=k_L-\beta(L-B) \tag{2-29}$$

式中 L——辊身长度;

B——轧件宽度;

k_β——压靠法测得的刚度;

k_L——轧件宽度为 B 时的刚度;

β——刚度修正系数。

2.3.1.3 轧件的塑性特性曲线

轧件的塑性特性曲线是指某一预调辊缝 s_0 时,轧制压力与所轧板材厚度之间的关系曲线(见图 2-22)。它表示在同一轧制厚度的条件下,某一工艺参数的变化对轧制压力的影响;或同一轧制压力情况下,某一工艺因素变化轧出厚度的影响情形。如图 2-22 所示,当材料的变形抗力波动时:变形抗力大的塑性曲线较陡(h_2),而变形抗力小的塑性曲线较平坦(h_1)。若轧制压力保持不变,则前者轧出的板材较厚($h_2 > h_1$)。若需保持轧出同一厚度的板材,那么对于变形抗力高的轧件就应加大轧制压力。

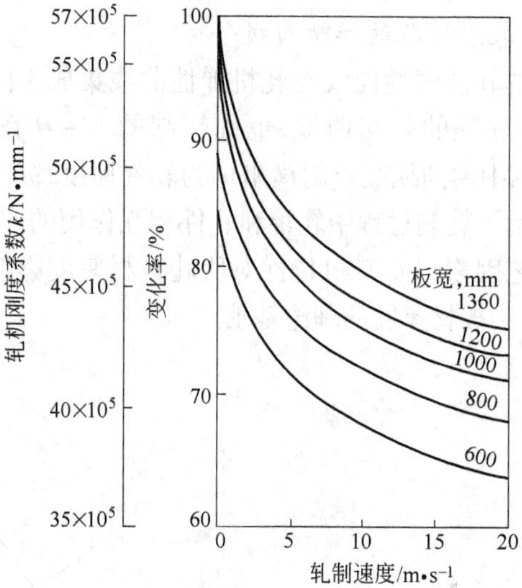

图 2-20 板宽与轧制速度对轧机刚度系数的影响

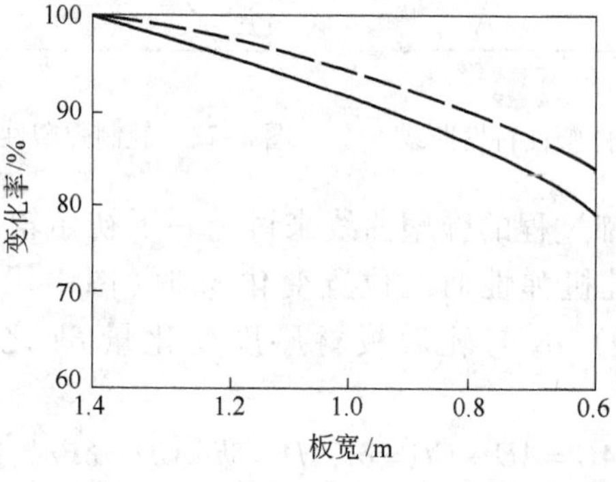

图 2-21 板宽与 k 值的变化曲线

影响轧制压力 P 变化的因素,即影响轧件塑性特性曲线变化的因素主要有:沿轧件长向原始厚度不均、温度分布不均、组织性能不均,轧制速度与张力的变化等。这些因素影响到轧制压力的变化,也改变了 $H-P$ 图上轧件的塑性特性曲线的形状和位置,因而导致所轧板厚随之发生变化。

2.3.1.4 轧制过程的弹塑曲线

轧制过程的轧件塑性曲线与轧机弹性曲线集成于同一坐标图上的曲线,称为轧制过程的弹塑曲线,也称轧制的 $P-H$ 图(见图 2–23)。表 2–2第一列图中两曲线交点的横坐标为轧件厚度,纵坐标为对应的轧制压力。它揭示了轧制过程中轧辊和轧件相互作用的本质联系,是研究轧制过程各工艺因素以及轧机特性对所轧板材厚度影响关系的重要手段,也是控制轧制板材厚度的理论基础。

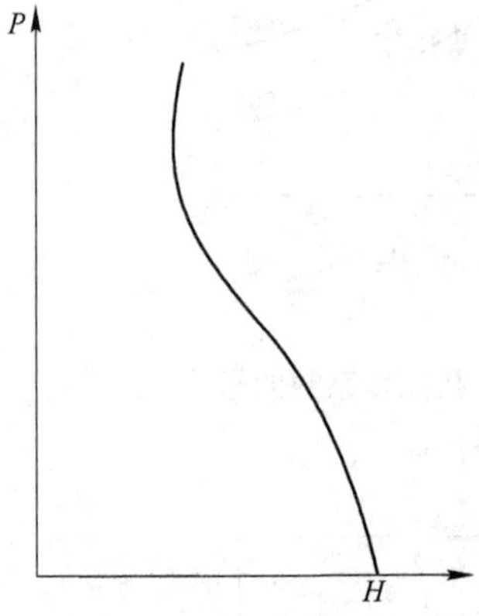

图 2–22 轧件塑性特性曲线

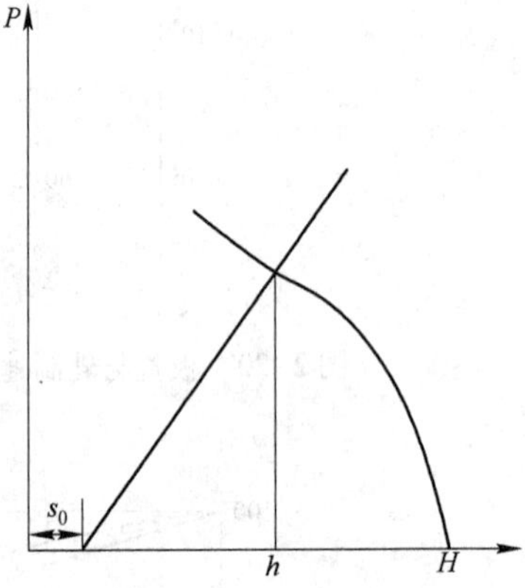

图 2–23 轧制弹塑性($P-H$)曲线

现利用轧制过程的弹塑曲线来讨论一下初始辊缝 s_0 调整量变化为 δs 时,即轧机弹性曲线位置变化 δs 时(图中用两平行弹性曲线的水平间距),δs 与轧后板材厚度变化量 δh 之间的关系(见图 2–24)。

由图可知,$AC=AD+CD=\delta s$,$AD=\delta h$,$CD=\delta P/k$,因而

$$\delta s=\delta h+\delta P/k \tag{2-30}$$

塑性曲线上的 $\delta P/\delta h = M$

M 称为轧件的塑性系数，或称轧件的“刚度”，它的物理意义是使轧件产生 1 mm 压缩塑性变形所需的轧制力，单位为 N/mm。将它代入上式，经整理后，得

$$\delta s = \delta h + M \times \delta h/k = \delta h(1 + M/k)$$

或

$$\delta s/\delta h = 1 + M/k = (k + M)/k$$

如令

$$\Theta = \delta s/\delta h = k/(k + M) \quad (2-31)$$

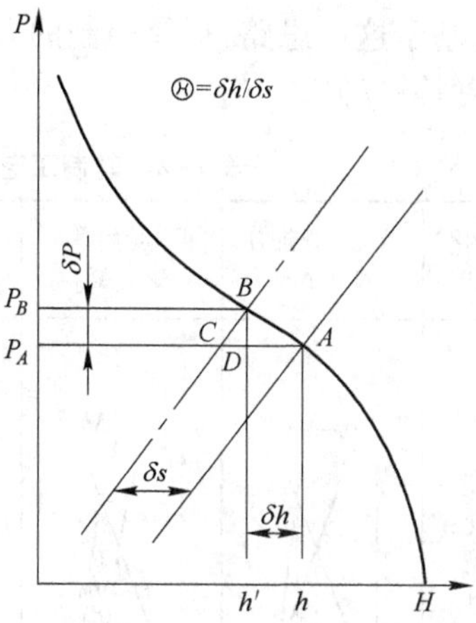

图 2-24 辊缝转换函数

Θ 称为辊缝的转换函数，又称压下效率，它反映了轧机的弹性效应。它是进行压下调整，改变辊缝，实现板厚控制的基本方程。由式(2-31)可知，当轧机刚度一定时，轧制变形抗力高的金属，或接近终轧道次，因 M 很大，此时压下调整量必须相当大，才能减小或消除板厚差 δh；当 M 接近无穷大，则 $\Theta \to 0$ 时，无论调多大的压下，也不可能再轧薄(此时对应的辊缝称为轧机的最小可轧厚度)；金属变形抗力较小时，M 很小，$\Theta \approx 1$，则压下调整量等于或稍大于厚度波动量即可。各种因素对轧制厚度的影响见表 2-2。

2.3.1.5 板厚控制原理

轧制过程中凡引起轧制压力波动的因素都将导致板厚纵向厚度尺寸的变化。总的来说，这来自两方面：一是轧件塑性变形特性曲线形状与位置的变动；二是轧机弹性特性曲线的变化。结果使两条曲线之交点发生变化，产生了纵向厚度偏差。

板厚控制原理：根据 $H-P$ 图，轧制厚度控制就是要求使所轧板材的厚度，始终保持在轧机的弹性特性曲线和轧件塑性特性曲线交点 h 的垂直线上。但是由于轧制时各种因素是经常波动的，两特性曲线不可能总是交在等厚轧制线上，因而使板厚出现偏差。若要消除这一厚

度偏差，就必须使两特性曲线发生相应的变动，重新回到等厚轧制线上，基于这一思路，板厚控制的方法有调整辊缝、调整张力和调整轧制速度等三种。

表 2–2　轧制工艺条件对轧制厚度的影响

变化原因	金属变形抗力变化 $\Delta\sigma_s$	板坯原始厚度变化 Δh_0	轧件与轧辊间摩擦系数变化 Δf	轧制时张力变化 Δq	轧辊原始辊缝变化 Δt_0
变化特性	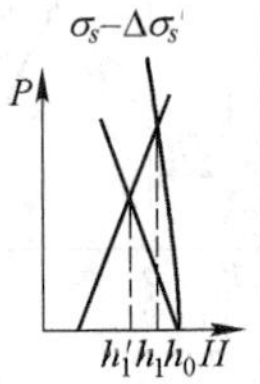	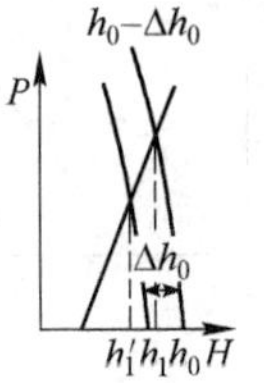	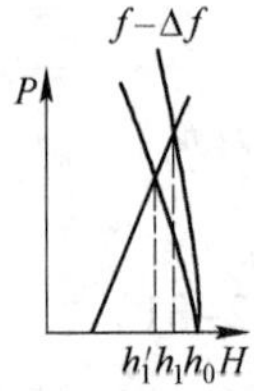	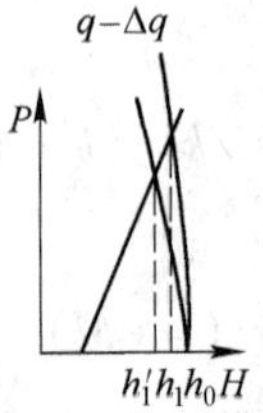	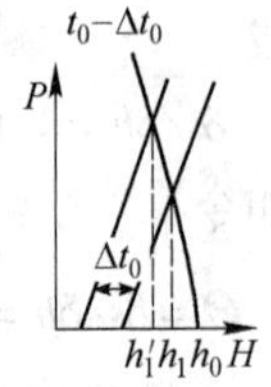
轧出板厚变化	金属变形抗力 σ_s 减小时板厚变薄	板坯原始厚度 h_0 减小时板厚变薄	摩擦系数 f 减小时板厚变薄	张力 q 增加时板厚度变薄	原始辊缝 t_0 减小时板厚度变薄

（1）调压下改变辊缝。调压下是板带材厚度控制的最主要的方法。这种板厚控制的原理，是在不改变弹塑曲线斜率的情况下，通过调整轧机弹性曲线达到消除轧件或工艺因素影响轧制压力而造成的板厚偏差（见图 2–25）。

由图 2–25 可见，当来料厚度由 H_1 增到 H_2 时，弹性曲线 B 变到 B'，产生了厚差 δH，如果原始辊缝或其他条件不变，此时压下量增加，使轧制压力由 P_1 增加到 P_2，轧出厚度 h_1 增加到 h_2，出现了厚度差 δh。如需轧出厚度 h_1 不变，就必须进行控制，可采取调整压下，使辊缝由 s_{01} 减小到 s_{02}，即弹性曲线由 A 向左平移到 A' 位置，并与塑性曲线 B' 相交于等厚轧制线上，可以消除厚度偏差 δh，此时轧制压力增加到 P_3 位置。

又如遇到来料退火不均，造成轧件性能不均（变硬）时、或润滑不良使摩擦系数增大、或张力变小、轧制速度减小等，由图 2–26 可知都将使塑性曲线斜率变大，塑性曲线由 B 变到 B'，其他条件不变时，同样轧板厚度的偏差为 δh,此时亦可通过调整压下时减小辊缝来消除。

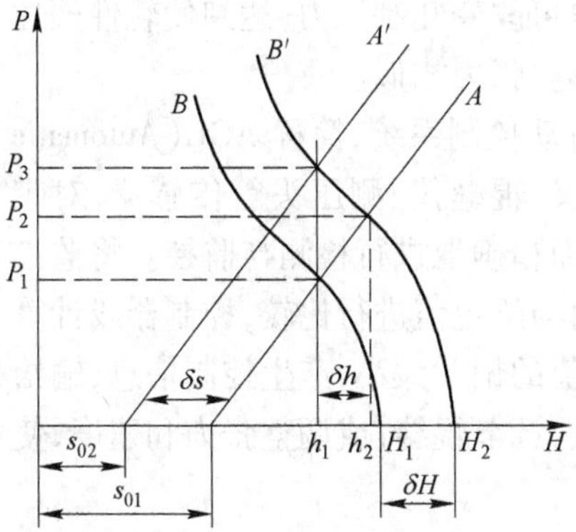

图 2-25 δH 变化时的调压下控制原理

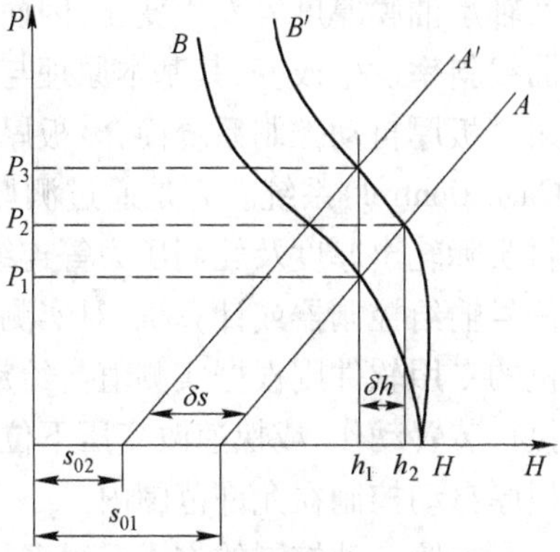

图 2-26 塑性曲线变陡时调压下控制原理

调整压下的方法由于需调整压下螺丝,如塑性模量 M 很大,或轧机刚度 k 过低,则调整量过大,调整速度慢,效率低。

(2) 调整张力。它是通过调整前、后张力改变轧件塑性曲线的斜率,达到消除各种因素对轧出厚度影响来实现板厚控制的(见图 2-27)。当来料出现厚度偏差 +δH 时,原始辊缝和其他条件不变时,轧出板厚产生偏差 δh,为使轧出板厚 $h1$ 不变,可通过加大张力,使塑性曲线 B' 变到 B''(改变斜率),而与弹性曲线 A 交在等厚度轧制线上。实现无需改变辊缝大小而达到板厚不变的目的。张力调整方法的特点是反应快、精确效果好,在冷轧薄板带生产用得十

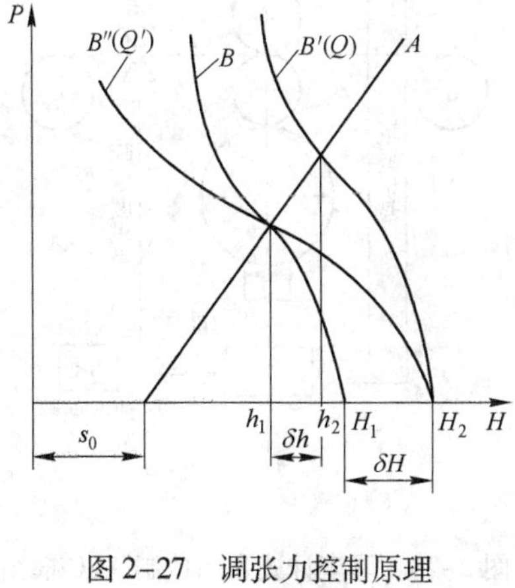

图 2-27 调张力控制原理

分广泛。但它不适用于厚板轧制，特别是热轧板带，因为热轧时，张力稍大易出现拉窄（出现负宽展）或拉薄，使轧制过程得不到控制。

（3）调整轧速。轧制速度的变化将引起张力、摩擦系数、轧制温度及轴承油膜厚度等发生变化，因而也可改变轧制压力，达到使轧件塑性曲线斜率发生改变，其基本原理与调整张力相似。

板厚自动控制系统简介：板厚自动控制系统，简称 AGC（Automatic Gage Control）系统。它是通过测厚仪、辊缝仪、测压头等传感器，对带材实际轧出厚度及轧制压力等连续而精确地进行检测与监控。将监控信号输给控制器或计算机，对实测值与给定值进行比较，控制器或计算机的专用软件则根据实测值与给定值的偏差大小，产生控制信息；输给执行装置动作：或快速改变压下位置，调节辊缝；或调整张力和速度，使板厚自动控制在允许范围内。

板厚自动控制的方式有很多种，按厚度的检测方式分为：直接测厚型（如各种测厚仪反馈 AGC）和间接测厚型（如厚度计式 AGC，流量 AGC）。按厚差信号及控制信号传递的形式分为：前馈式和反馈式。按调节方式分为：压下 AGC、张力 AGC、速度 AGC、温度 GC 等。按压下执行机构形式分为：电动式和液压式。按厚度的调节方式分为：相对厚度控制和绝对厚度控制等。针对不同类型的轧机、不同的控制方式可以组合使用。

目前现代化的轧机，以辊缝位置和轧制压力作为主要控制信号，以入口板厚作为预控，以出口板厚作为监控的板厚自动控制系统应用十分广泛。图 2-28 为应用比较广泛的厚度计式 AGC 自动控制框图。

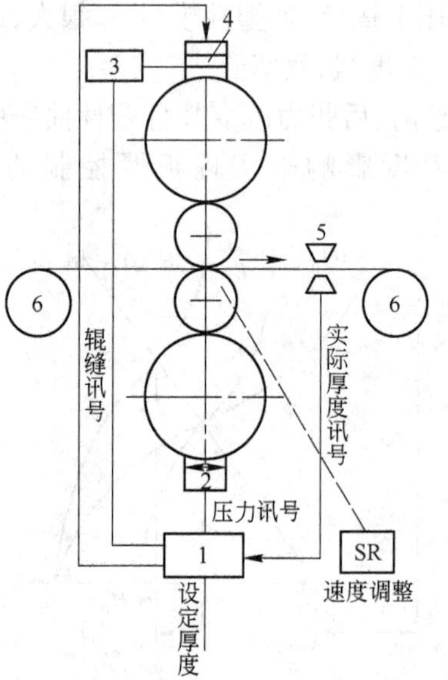

图 2-28 厚度计式自动控制 AGC 框图

2.3.2 板材横向厚差与板形控制

2.3.2.1 板形及表示方法

板形通常是指板带材的平直度，即板带材各部位是否产生波浪、翘曲、侧弯及瓢曲等。板形是板带材重要的质量指标。板形的好坏取决于轧制时板带材宽度方向上沿纵向的延伸是否相等、轧前坯料横截面厚度的均一性、轧辊辊型以及轧制时轧辊的弯曲变形所构成的实际辊缝形状等。可见板形与横向厚度精度二者是密切相关的。

波浪是由于轧制时板带材宽向各部位纵向的延伸不一致所引起的。当板带材两边延伸大于中部时，则产生对称的双边波浪；反之，如果中部延伸大于两边，则产生中间波浪；若两边上量不等时，压下量大的一边延伸大，则产生单边波浪或侧弯（镰刀弯）。当轧件离开轧辊出口后向上或向下，或者沿宽向出现弧形弯曲叫翘曲。

A 板形的表示方法

定量表示板形，既是生产中衡量板形质量的需要，也是研究板形控制和实现板形控制的需要。目前各国根据使用目的的不同，有不同的表示方法。其中一种板形表示方法是将带材切取一段置于平台上，如将最短纵条视为一直线，最长纵条视为一正弦波（见图 2-29），则定义板带材的不平度（λ）为：

$$\lambda_b = (h/L) \times 100\% \tag{2-32}$$

式中 h——波高；

L_b——波长。

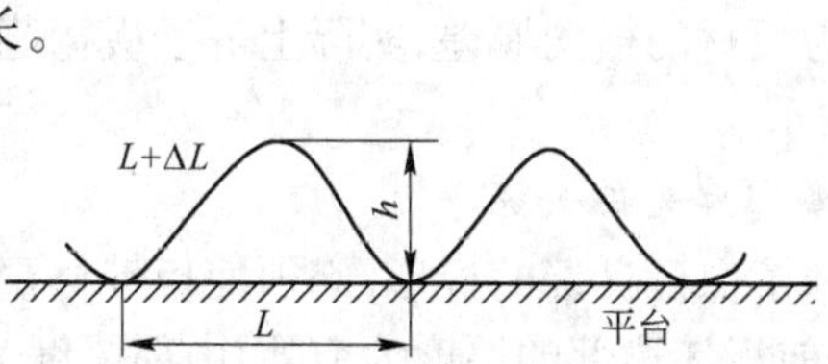

图 2-29 板材的波浪度

当 λ_b 值大于 1% 时，波浪或翘曲便比较明显，一般生产上要求矫平后板材的 λ_b 值应小于 1%。

第二种是用相对长度差表示，设板带波浪曲线部分长度为 $L +$

$\triangle L$,若将视为正弦曲线,则曲线部分与直线部分的相对长度差,可由线积分求曲线长度后,得出

$$\triangle L/L = (\pi/2)^2 (h/L)^2 = \pi^2 \lambda^2 / 4 \tag{2-33}$$

式(2-33)表示了不平度 λ 与最长、最短纵条相对长度差之间的关系,它表明板带波形可以作为相对长度差量代替。只要测出板带的波形,就可以求出相对长度差。美国标准就是用这种相对长度差的百分数进行表示的。加拿大铝业公司也是用相对长度差作为板形单位的,称为 I 单位。相对长度差等于 10^{-6} 称为一个 I 单位。板形的不平度(即板形偏差),可用下式求得

$$\sum S_t = 10^6 (\triangle L/L) \tag{2-34}$$

冷轧铝板带材典型板形偏差是,轧制产品为 50I,拉伸直矫产品为 10I。目前国外的板形自动控制系统,冷轧板不平度已从 30I 提高到 10I,经拉弯矫可达 10I。

B 横向厚差

板带材横断面上中部与边部的厚度偏差,称为横向厚差(板凸度)。由此可知,横向厚差取决于板材横断面的形状。矩形断面的横向厚差为零,属于用户希望的理想状态;楔形断面是一边厚,另一边薄,它主要是由于两边压下调整不当,或轧件跑偏(不对中)引起的;而对称的凸形或凹形断面,分别表示出中部厚两边薄,或中部薄两边厚。多数情况下是中部厚两边薄,其横向厚差主要是由于轧制时承载辊缝形状所致,即金属横向上沿纵向的延伸不均造成的。如不考虑轧件的弹性回复,可以认为板材的横向厚差,实际上等于板宽范围内工作辊缝的开口度差。

C 板形与横向厚差的关系

如前所述,为了保证良好的板形,必须使板带材宽向上沿纵向的延伸相等。现设轧前板坯边部的厚度为 H,而中部厚度为($H+\triangle$),轧后其边部厚度为 h,中部厚度为($h+\delta$)。根据板形良好的要求,若忽略宽展,那么中部的延伸应该等于边部的延伸,即板形良好的条件是:

$$(H+\triangle)/(h+\delta) = H/h = \lambda \tag{2-35}$$

经比例变换,得

$$\lambda = H/h = \triangle/\delta \tag{2-36}$$

式中 Δ——轧前板坯横向厚差；

δ——轧后板材横向厚差；

λ—— 轧制延伸系数。

横向厚差(δ)或凸度的大小,通常用轧件横断面中部厚度 h_z 与边部厚度 h_b 的差值表示。

$$\delta = h_z - h_b \tag{2-37}$$

对于凸形断面 δ 为正;对于凹形断面 δ 为负。生产实际中板材多少有点凸形,这有利于轧制时轧件的对中与稳定。

2.3.2.2 辊型及辊缝形状

板形与横向厚度精度控制的目的是保证所轧制的板带材具有良好的板形和横向厚度精度。在轧制过程中由于轧制压力引起了轧辊的弹性弯曲和压扁,以及轧辊的不均匀热膨胀,实际辊缝形状发生了变化,使之沿板材宽向上的压缩不均匀,于是纵向延伸也不均匀,导致出现波浪、翘曲、侧弯及瓢曲等各种板形不良的现象。所以板形与横向厚度精度控制,实际上是辊缝形状的控制。

辊型是指轧辊辊身表面的轮廓形状,原始辊型指按照一定弧度要求磨削的辊型。轧辊辊型通常以辊型凸度 C 表示,它是轧辊辊身中部半径 R_c 与边缘的半径 R_b 差表示,即 $C = R_c - R_b$。当 C 为正值时为凸辊型;C 为负值为凹辊型;C 为零为平辊型,即圆柱形辊面形状。

轧制时辊型称为工作辊型(或称承载辊型),它是指轧辊在轧制压力和受热状态下的实际辊型。因为原始辊型很难保持为理想的平辊型状态,所以实际轧制时的工作辊型有时为凸辊型、有时为凹辊型或平辊型。

辊缝形状:如果上下工作辊型同时为凸辊型,对应的辊缝形状便是凹形,轧后板材横断面为凹形;反之,上下工作辊型同时为凹辊型,对应的辊缝形状便是凸形,轧后板材横断面为凸形;若上下工作辊型同时理想的平辊型,对应的辊缝形状便是平直的,轧后板材横断面呈矩形。因此,除了板坯横断面形状之外,横向厚差及板形主要取决于工作辊缝的形状。

影响辊缝形状的因素:由于板形和横向厚度偏差取决于轧制时的实际辊缝形状,因此影响辊缝形状的一切因素都是影响板形和横向厚

度偏差。如果忽略轧件轧后的弹性回复,则影响轧制时的辊缝形状的主要因素有:

(1) 轧辊的弹性弯曲。在轧制压力的作用下,轧辊产生弹性弯曲变形,使辊缝的中部尺寸比边部大,形成凸形辊缝。因此凡是影响轧制压力的因素(变形抗力、轧辊直径、摩擦条件、压下量、轧制速度、张力等),均影响轧辊的弹性弯曲,改变辊缝形状。其他条件一定时,轧制压力变化越大,其影响就越大(见图2-30)。通常轧辊弯曲对辊缝形状的影响最大。

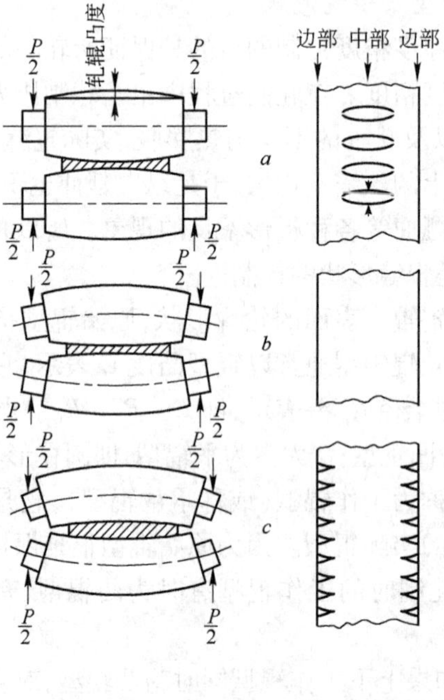

图2-30 轧制压力对板形的影响

(2) 轧辊的热膨胀。轧制时轧件的变形热、摩擦热和高温轧件传递的热量,将使轧辊的温度升高。冷却润滑液、空气和与轧辊接触的部件,又会使轧辊的温度降低。由于轧辊和冷却条件沿辊身是不均匀的,通常靠近辊颈部分的冷却条件好受热较小,所以轧辊中部比边部热膨胀大,形成热凸度,辊缝呈凹形。热凸度值可近似按下式计算:

$$\Delta R_t = mR\alpha(t_z - t_b) \tag{2-38}$$

式中 t_z、t_b——分别为辊身中部和边部的温度，℃

R——轧辊半径；

m——考虑轧辊心部与表面温度不均匀的系数；

α——轧辊线膨胀系数，钢轧辊 $\alpha = 1.3 \times 10^{-5}$，1/℃；铸铁辊 $\alpha = 1.1 \times 10^{-5}$，1/℃。

（3）轧辊的弹性压扁。轧件与工作辊之间，工作辊与支撑辊之间均产生弹性压力。对辊缝形状起重要作用的不是弹性压扁的绝对值，而是弹性压扁沿辊身长向上的分布状况，在工作辊与支撑辊之间，由于接触长度大于轧件与工作辊的长度，其压力分布不均匀，对辊缝形状的影响就比较明显。实践表明，轧件宽向上的压力分布也是不均匀的，轧件与工作辊辊身之比（B/L）和工作辊、支撑辊直径之比（$D_{工}/D_{支}$）愈小，则中部压力与边部压力的不均匀性便愈大，因而中部的压扁量大于边部，使工作辊凸度减小。

（4）轧辊的磨损。工作辊与轧件、工作辊与支承辊之间的摩擦均使轧辊产生磨损。其磨损量沿辊身长向上的分布是不均匀的，通常辊身中间的磨损大于边部，轧辊的磨损不仅影响因素复杂，而且是磨损时间的函数，不便理论计算，只能靠实测找出其规律性。

（5）其他因素。轧辊的原始凸度、来料板凸度、板宽和张力等因素，对工作辊缝都有一定影响。来料断面形状与工作辊缝形状的匹配是获得良好板形的重要条件。板宽的变化通过影响轧机横向刚度，改变辊缝形状。张力的波动，引起轧制压力变化，并影响轧辊的热凸度，导致辊缝变化。

2.3.2.3 辊型设计

如前所述，轧制时由于轧辊的弯曲与压扁、轧辊不均匀的热膨胀与磨损等影响，使空载时平直的辊缝变得不平直了（变凸或变凹），致使板带材横向厚度不均匀和板形不良。为了补偿上述因素所造成的影响，可以预先将轧辊设计并磨削成一定的原始凹凸度，使轧辊在工作状态仍保持平直的辊缝。可见辊型设计的任务就是预先计算出一定条件下轧辊的弯曲挠度、不均匀热膨胀和不均匀压扁值，然后取其代数和，得原始辊型应磨削的最大凸度值为：

$$C = f_p - \Delta R_t + \Delta f_{L'} \tag{2-39}$$

式中 C——磨削的原始辊型凸度值；

f_p——轧辊在轧制压力作用下的弯曲挠度；

ΔR_t——辊身中部的热凸度值；

$\Delta f_{L'}$——轧辊不均匀压扁的挠度。

轧辊弯曲挠度的计算：正确计算轧辊的弯曲挠度，是正确实现板形和横向厚度控制的基础。现以二辊轧机为例。由于二辊轧机的直径和长度相比，尺寸较大，用以计算轧辊挠度时，应考虑切应力所引起的挠度，因此轧辊的挠度应由两部分组成：

$$f_p = f_1 + f_2 \tag{2-40}$$

式中 f_1、f_2——分别为弯矩与切力引起的挠度。

如图 2-31 所示，如果忽略辊颈的影响，按材料力学的方法可求得 f_1、f_2 分别为：

$$f_1 = (P/6\pi ED^4)(12aL^2 - 4L^3 - 4B^2L + B^3) \tag{2-41}$$

$$f_2 = (kP/\pi GD^2)(L - B/2) \tag{2-42}$$

式中 P——轧制压力，N；

D——辊身直径，m；

L——辊身长度，m；

a——轧辊两边轴承受力点之间的距离，m；

E、G——分别为轧辊材料的弹性模量及剪切模量，MPa；

B——轧件宽度，m；

k——剪切应力分布系数。

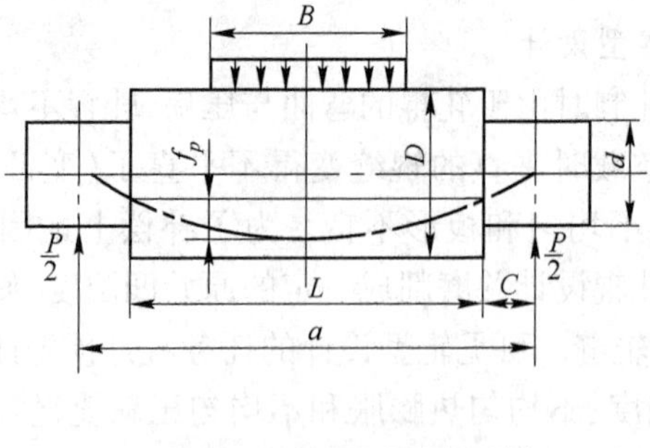

图 2-31 轧辊弯曲挠度计算

对于上下轧辊,因对称其总挠度为$2f_p$。挠度差f_p实际上表示辊缝形状的改变量。四辊轧机的轧辊挠度计算要复杂些,请参考有关资料。

2.3.2.4　板形控制

运用各种机械的或物理的方法,通过改变轧辊曲线形状,轧制出断面形状和平直度都符合产品标准要求的板带材的控制方法,称平直度控制。带材的宽度愈宽,厚度愈薄,则愈容易出现板形缺陷。

板形控制主要是控制轧辊的有载辊缝,使它对沿宽向的压下变形均匀,从而导致板上各点的延伸一致,即保证轧辊有载辊缝必须满足$\delta = \Delta/\mu$的要求,δ与Δ为铝带的来料与轧后凸度,μ为该道次的延伸系数。影响轧辊有载辊缝形状的因素有:(1)轧辊的原始凸度;(2)轧辊由于温度分布不均匀造成的热凸度;(3)轧辊的磨损凸度;(4)在轧制力和弯辊力作用下,轧辊产生的弯曲挠度和压扁变形。轧辊有载辊缝由下式决定:

$$\delta = P/K_p - 2S_1/K_{S1} - 2S_2/K_{S2} - \Delta D_W/K_W - \Delta D_B/K_B + \Delta/K_D \tag{2-43}$$

式中　K_p、K_{S1}、K_{S2}——分别为与轧制力、工作辊弯辊力与支承辊有关的横向刚度系数;

K_B、K_D——分别为工作辊凸度、支承辊凸度与来料凸度的影响系数;

P——轧制力;

S_1和S_2——工作辊与支承辊的弯辊力;

ΔD_W和ΔD_B——工作辊与支承辊的凸度;

Δ——来料凸度。

上式中等号右边的第一项P/K_p是轧制力作用下铝带产生的凸度,最末一项Δ/K_D是来料凸度对铝带凸度的影响,它们都是随机变量,而S_1、S_2、ΔD_W、ΔD_B为可控制参数。故板形控制是通过改变弯辊力和轧辊凸度来获得板形平直的铝带。

20世纪60年代以前板带轧制时的板形控制主要靠磨削轧辊原始凸度、人工控制压下量和合理编制工艺规程来控制板形。60年代出现液压弯辊装置,后来又将分段冷却轧辊法用于控制板形。60年代后期瑞典ASEA公司研制成功接触式板形仪和平直度控制系统(AFC),把它们与弯辊装置组合成板形闭环控制系统，以后板形控制的应用逐渐由冷轧板带发展到热轧薄板和厚板，使板形控制技术得到了迅速发展。70年代以后又出现了许多种板形控制的新方法。液压弯辊是一种最常用控制技术，而且常与其他方法组合成新式控制方法。目前最先进的板形控制技术为HC法和CVC法。

(1) 液压弯辊法。弯辊法的原理是依靠安装在轧辊轴承座内的或其他部位的液压缸的液压压力，对工作辊或支承辊产生弯辊力（附加弯曲力），从而使轧辊产生附加挠度，达到快速改变轧辊的工作凸度，而补偿轧制时的辊型变化。根据弯曲对象和施加弯辊力部位的不同，通常可分为弯曲工作辊和弯曲支承辊，每种弯曲又分正弯和负弯。按支承辊的形状有：阶梯支承辊法（BCM）、倒角支承辊法（CBR）、大凸度支承辊法（NBCM）、双轴承座法（DCWRB）等结构形式。

液压弯辊具有快速、准确地调整辊缝的能力，而且调整的范围较大，能满足高速度、高精度轧制的要求，易于实现板形自动控制，大大提高产品率和和生产率，应用十分广泛。因工作辊的挠度还是受轧制压力的影响，因而板形稳定性稍差些。

(2) 移辊法（HC法）。HC法是日本研制的一种板形控制装置。它是在普通四辊轧机的基础上，在支承辊与工作辊之间安装了一对轴向可移动的中间辊，而且两个中间辊的移动轴向方向相反，而成为高凸度（High Crown）控制的六辊轧机。它通过调整中间辊的轴向移动量，即能改变工作辊的挠度，而且当中间辊调整到适当位置时，工作辊的挠度不受轧制压力的影响，板形稳定性十分高；该轧机还配有工作辊弯辊装置，增强了弯辊效能。通常采用移动中间辊实现粗调，而用工作辊弯辊装置实现微调。此外，由于中间辊轴向移动距离较大，因而同一轧机上能控制的板宽范围也就扩大了许多。不过HC轧机的结构较复杂，投资较大。

(3) 可变凸度法（Variable Crown - VC法）。轧辊也是由日本研制的一种板形控制装置，即轧辊凸度可瞬时改变的轧机，可变凸度轧辊是一种组合轧辊，它由芯轴和轴套装配而成，芯轴和辊套之间有一液压腔，腔内充以压力可变的高压油。通过控制系统，可使它随着工艺条件的变化，不断调整高压油的压力，从而改变轧辊的凸度，以获得良好的板形。VC 轧辊可用作二辊和四辊轧机的支承辊,对冷热轧都可适用。

(4) 连续可变凸度法(Continuously Variable Crown - CVC 法)。轧机是由德国研制的一种连续可变凸度轧机。其轧辊的辊型由传统的抛物线变成全波正弦曲线,近似瓶形,上下辊型相同,而且装配成一正一反,互为180°角。通过轴向反向移动上下辊,实现轧辊凸度的连续变化。当上下辊位置如图 2-32*a* 时,辊缝略呈 S 形,轧辊工作凸度等于零(中性凸度);当上轧辊向右,而下辊向左移动量相同时,中间辊缝小,轧辊工作凸度大于零,称为正凸度控制(如图 2-32*b*);反之,如果上辊向左,而下辊向右移动量相同,轧辊工作凸度小于零,称为负凸度控制(图 2-32*c*)。

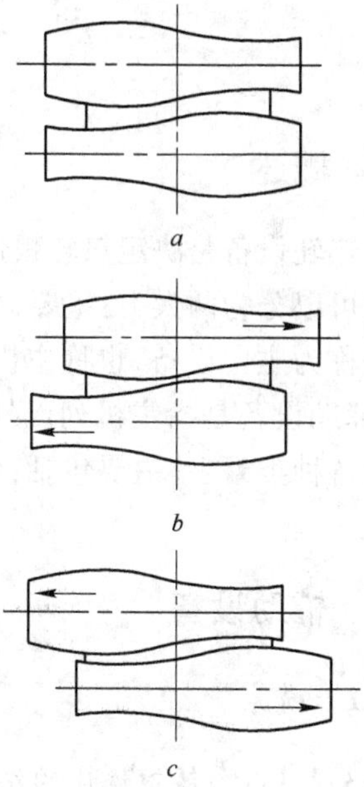

图 2-32 连续变化的辊凸度
a—中性凸度;*b*—正凸度;*c*—负凸度

CVC 轧辊有凸度调整范围大,又能连续调整的特点。常用于二辊轧机、四辊轧机和六辊轧机。

3 热轧设备

3.1 概述

热轧设备是决定热轧板带材产品质量的关键因素之一。热轧设备组成可以分为两大类:主要设备和辅助设备。使轧件产生塑性变形的设备称为主要设备,也称主机列,包括:辊道、立辊、热轧机、剪刀、卷取等;辅助设备是指主机列以外的设备,它用于完成一系列辅助工序;辅助设备种类繁多,主要包括:铣床、加热炉(或加热均热一体化炉)、磨床等。

3.2 辅助设备

3.2.1 铣床

3.2.1.1 铸锭铣床的结构和特点

A 典型形式与结构

铸锭铣面是在专用的设备上进行的,按铸锭放置方式分立式铣床和卧式铣床,立式铣床在控制铸锭楔形方面较差。

按铣面数量又分为单面铣、双面铣、单面带侧铣和双面带侧铣。

单面铣在铣削过程中要翻一次面,生产效率较低,双面铣生产节奏快,但设备投入大,维护困难。

按有无润滑分为干铣和湿铣,湿铣是采用按配比为2% ~20%的乳液进行润滑,铣削完要对铸锭表面除乳液处理,此种方式生产效率较低,表面易残留乳液;干铣是采用油雾润滑,其优点是表面清洁无油污,铣削完毕即可装炉加热。

现代铸锭铣床主要有立式单面铣、卧式单面铣和卧式双面铣三种结构形式,但无论是立式还是卧式,其结构基本相同,主要包括:主机(铣削装置、工作台等)、辅机(上料辊道、卸料辊道、翻锭机等)及配套设备(风机、吸排屑管道、破碎机、除尘装置、碎屑收集装置等)。图3-1和图3-2分别是典型的立式单面铣床和卧式双面铣床(不带侧面铣)主体结构图。

图3-1 立式单面铣床

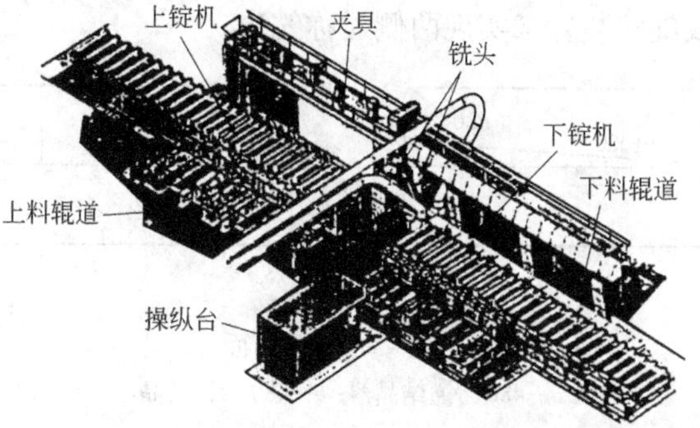

图3-2 卧式双面铣床

B 单面卧式带侧铣铣床

单面卧式带侧铣铣床是一种性价比较高的铣床,其特点是投入少、维护简单、效率高。单面卧式带侧铣铣床主要分为上料辊道、翻锭机、底座及拖板、测量装置、侧铣装置、主铣装置、吸屑破碎装置和下料辊道。

(1) 上料辊道,由一排辊道组成,电机驱动,用于铸锭铣削前备料。

(2) 翻锭机,由一个带夹紧装置的翻转机构构成。备料进入铣削时作为运输部分使用，当铸锭铣完一面后倒回到翻锭机，将铸锭翻转 180°(即铸锭下表面变为上表面)，然后再对另外一面进行铣削。

(3) 底座及拖板，底座用于支撑铸锭在铣削时稳定在同一水平面运行，拖板用于防止碎削等异物进入底座影响底座位置精度。

(4) 测量装置，多是由液压式高精度位置传感器构成，用于铸锭厚度和宽度测量，数据用于主刀和侧铣刀进刀量。

(5) 侧铣装置，在操作侧和传动侧各配备一台小型铣削装置，用于铣削铸锭侧面。侧铣刀盘可以在垂直方向上作一定的角度调整(0°～20°)，以适应不同断面铸锭的侧面铣削要求。

侧铣装置配置方式：图 3-3 是 480 mm 厚普通结晶器和可调结晶器铸锭断面图。为了适应不同铸锭的侧面形状和控制侧面铣削厚度，减少铣边量，可根据铸锭形状调整侧铣刀盘倾角(通常 8°～12°)，而实际调节范围达 0°～20°或选择与之相适应的侧铣装置配置方式，其中侧铣装置方式主要有图 3-4 所示的 3 种形式，这 3 种形式均需要通过铸锭翻转或旋转装置来实现两侧对称铣边。

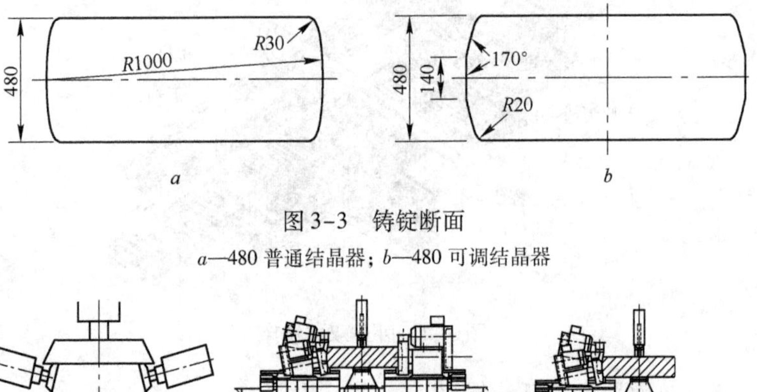

图 3-3 铸锭断面

a—480 普通结晶器；*b*—480 可调结晶器

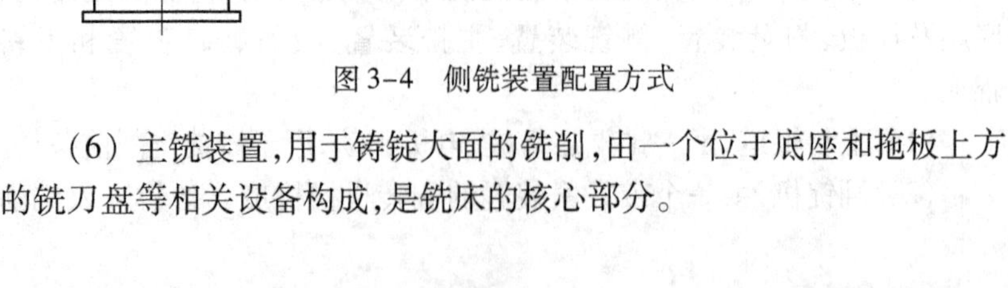

图 3-4 侧铣装置配置方式

(6) 主铣装置，用于铸锭大面的铣削，由一个位于底座和拖板上方的铣刀盘等相关设备构成，是铣床的核心部分。

(7) 吸屑破碎装置,用于铸锭铣面后的碎屑统一收集和破碎,便于收集运输。

(8) 下料辊道,由一排辊道组成,电机驱动,用于铸锭铣削后临时放置。

3.2.1.2 铸锭铣床的主要技术参数

某现代化铸锭铣床的主要技术参数:

铣面铸锭规格:(400~620)mm×(900~1800)mm×(3500~7200)mm;

允许单面一次进刀量:20 mm;

主电机功率:600~900 kW 电压3000~6000 V;

侧铣电机功率:80~100 kW 电压380 V;

风机功率:250~550 kW 电压3000~6000 V;

碎屑机功率:250~550 kW 电压3000~6000 V;

碎屑机能力:13~25 t/h;

主轴转数:500~600 r/min;

刀盘直径:2100~2300 mm;

刀头冷却喷雾:4~6个喷嘴、自动脉冲方式、喷射量0.02 L/min;

工作台进给速度:2~9 m/min、可无级调速;

立式单面铣产量:300 kt/a;

卧式双面铣产量:600 kt/a。

3.2.2 加热(均热)炉

一般的铸锭加热炉有地坑式铸锭加热炉、链式双膛炉铸锭加热炉和推进式加热炉。传统的地坑式铸锭加热炉和链式双膛炉铸锭加热炉在加热时间和热效率以及装炉量等方面已经不能适应现代化热轧规模化生产,目前,推进式加热炉应用比较广泛。

地坑式铸锭加热炉具有很好的均热功能;链式双膛炉铸锭加热炉主要是对铸锭进行加热;现代化的推进式加热炉具有均热和加热的双重功能(均热加热一体化),把铝锭的加热和均热过程合在一起进行,是现代铝锭推进式加热炉最显著的功能特点。

3.2.2.1 推进式加热炉的结构及功能

现代铝锭推进式加热炉基本上都采用价格低廉、资源丰富的天然气作为加热介质,热风强制循环对铝锭进行加热,比老式炉子的电加热方式热效率更高、且更节约能源。

对热轧前的铝锭,热轧前先进行均热,均热过程完成后,启动冷却装置,随炉冷却到热轧所需的温度后进行保温,保温过程结束后,出炉热轧。

铝锭推进式加热炉由炉体入口侧上锭及翻锭装置、推锭装置、炉体出口侧取锭及翻锭装置、炉体、风机循环系统、燃烧系统、温控系统、液压系统、电控系统及相关辅助系统组成。加热炉一般分为5~7个区,每区可放5~6块铝锭。其炉内结构如图3-5所示。

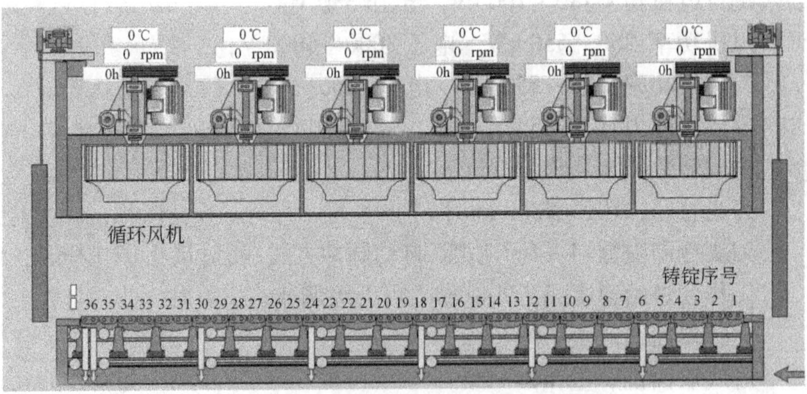

图3-5 铝锭推进式加热炉剖面图

3.2.2.2 推进式加热炉几个主要系统的技术特点

现代化的推进式加热炉在风机循环系统、燃烧系统和温控系统三大主要技术上有了长足的进步。对铸锭的加热整体均匀性、天然气燃烧效率以及铸锭温度控制精度等方面有显著提高。铝锭推进式加热炉风机与烧嘴配置如图3-6所示。

A 风机循环系统

循环风机型式:多采用轴流式风机。

风机数量:每区一台或者两台。

风机布置位置:一般有两种方式。一种是把风机布置在炉体顶部;另一种是把风机布置在炉体的侧墙上。一般说来,风机布置在炉体顶

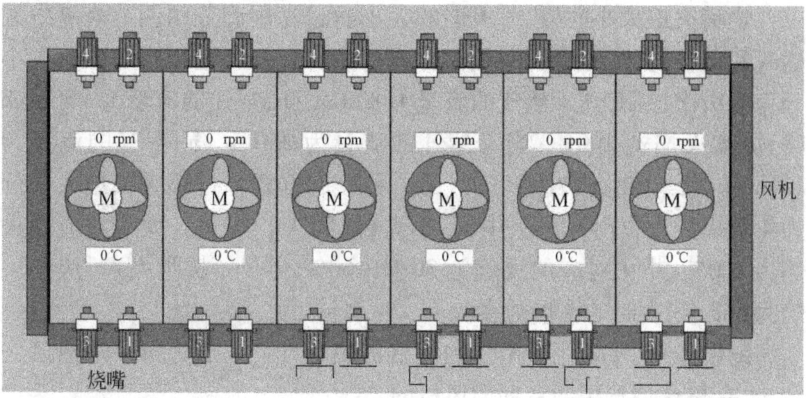

图 3-6 铝锭推进式加热炉风机与烧嘴配置图

部,加热速度稍快一些。

风机传动方式:有两种,一种是电机直接传动风机;另一种是电机通过皮带传动风机。风机可以正反转。

风机转速控制:有两种方式,一种是把风机转速分为两极控制,称之为双速电机;另一种是采用变频调速控制。

风机的风量:70 ~ 80 m^3/s。

风机的风压:1500 ~ 1800 Pa。

炉内空气循环速度:35 ~ 45 m/s。

风机最高使用温度:680℃。

通过应用风机均匀送风的原则,改变平导流板、垂直导流板、喷流系统及加热区隔板等的形状,并对喷流系统的合理设计和布置,可调节和改善气流分布情况,提高炉膛内的温度均匀性从而提高铸锭温度的均匀性。

B 燃烧系统

烧嘴的布置位置:有两种方式,一种是把烧嘴布置在炉体顶部;另一种是把烧嘴布置在炉体的两个侧墙上。

烧嘴的数量分布:有两种分布方式,一种是炉子各区烧嘴数量均等;另一种是炉子各区烧嘴数量不均等,炉子入口区的烧嘴数量多于其他各区烧嘴的数量。

各区烧嘴数量:一般为 2 ~8 个。

烧嘴火焰大小的控制:火焰的大小通过专用调节阀调节烧嘴中天然气和空气的比例来控制,控制方式有两种。一种是把烧嘴火焰大小分为两级来控制,当天然气的流量为800 m^3/h、空气的流量为75 m^3/h时,烧嘴火焰达100%;当天然气的流量为250 m^3/h、空气的流量为22 m^3/h时,烧嘴火焰达30%。另一种控制方式是把烧嘴火焰大小分为4级来控制,分为大火、中火、小火(长明火)、熄火。大火对应的火焰为100%,中火对应的火焰为30%~60%,小火(长明火)对应的火焰为5%,熄火时的火焰为零。

助燃风机:主要用于给炉内提供助燃空气。一般为每个加热区一台,也有整台炉只用两台助燃风机的。

冷却风机:有两种方式。一种是随炉冷却时,助燃风机将向炉内提供冷却空气,此时助燃风机相当于冷却风机;另一种是给整台炉子专门配置两台冷却风机。

吹扫装置:当烧嘴点火失败或烧嘴全部停止后,由吹扫装置将残留在炉内的天然气吹扫干净,以确保加热炉安全运行。

通过应用迎风燃烧混合技术的开发,使喷流加热既缩短了加热时间又避免了铸锭在加热过程中边部过烧,而且特定的燃烧角度使得天然气燃烧效率最大化,燃烧效率得到提高。

C 温控系统

测温热电偶的配置:测温热电偶分区配置,一般每区配置四支热电偶,其配置方式有两种。第一种是两支用于测量炉气温度的热电偶配置在炉体的两个侧墙上,一支用于测量铝锭温度的热电偶配置在炉体的底部,还有一支用于超温报警的热电偶配置在炉体的顶部。第二种是两支用于测量炉气温度的热电偶和一支用于测量铝锭温度的热电偶都配置在炉体的底部,一支用于高温报警的热电偶配置在炉体的顶部。通常在炉子的出口区多增加一支测量铝锭温度的热电偶。

测量铝锭温度的热电偶:采用气动伸缩式热电偶测温时,热电偶的针头自动伸出与铝锭表面接触,测温完毕后,热电偶的针头自动缩回离开铝锭表面。测温间隔时间一般设定为3~6 min。热电偶的测量精度±1℃。

炉内温控方式:采用温差比例控制。

均热后的降温过程:采用转定温控制。

3.2.2.3 铝锭推进式加热炉的技术参数

某铝锭推进式加热炉的技术参数：

炉气最高温度:680℃；

工作温度范围:450 ~620℃；

加热时间:8 h；

炉气温差: ±5℃；

铝锭温差: ±3℃；

炉子热效率:≥70%；

铝锭推进周期:4 ~6 min；

炉子外壳温升:25℃；

风机噪声:85 dB；

加热时生产能力:35 ~45 t/h；

均热时生产能力:15 ~25 t/h。

3.2.2.4 双膛炉的技术参数

某双膛炉的技术参数：

有效工作空间(长×宽×高):21800 mm×3140 mm×568 mm；

铸锭规格(厚×宽×长):(290 ~340)mm×(1260 ~1560)mm×(1085 ~4000) mm；

加热区数:每膛 5 个区；

加热区长度:Ⅰ区:3790 mm；Ⅱ区:4232 mm；Ⅲ区:5177 mm；Ⅳ区:4458 mm；Ⅴ区:4103 mm；

炉气温度范围:300 ~650℃；

工作温度(指工件温度):300 ~550℃；

出料端加热工件允许温差: ±10℃；

最大装锭重量:34000 kg。

3.2.3 轧辊磨床

轧辊磨床结构大多比较类似,根据磨床生产厂家的不同,形式上有一定差异,主要在控制精度和部分功能上不同。

3.2.3.1 轧辊磨床的结构及特点

轧辊磨床一般由床头、床身、层座、砂轮头及控制系统、液压系统、冷却系统组成。

现代全自动数控轧辊磨床的主要技术特点：

(1) 能够磨削各种曲线的辊型。包括抛物线、正弦曲线、CVC 曲线辊型以及单锥辊、双锥辊、辊身端部的倒角等。

(2) 具有在线自动检测的功能。检测的内容包括辊径、辊形曲线、圆度、圆柱度、同轴度、辊身表面裂纹等。

(3) 可以实现带箱磨削。轧辊可以带轴承箱上床进行磨削，对于铝加工使用的轧辊，一般都采用不带箱磨削。

(4) 轧辊上床之后具有自动“找正”的功能。

(5) 床头面板(拨盘)具有“自位”功能。在磨削过程中，通过床头面板的微小摆动来自动校正轧辊的位置。

(6) 磨床具有软支撑装置。为了防止轧辊上床时的磕碰现象，现代轧辊磨床都设计了可升降的软支撑装置，升降高度 50 ~ 80 mm。也有人称之为“软着陆”装置。

(7) 砂轮在磨削过程中具有随磨削曲线自动摆动的功能。摆动的角度为 1°，主要是为了在磨削过程中使砂轮与辊面保持垂直接触，以提高磨削效率。具有这种功能的磨床，在磨削带弧度的轧辊时，可使磨削效率提高 30% 以上。

(8) 砂轮具有自动平衡的功能。

(9) 磨削凸凹度范围大。凸凹度的范围在直径方向可达 ±3 mm。

(10) 现代轧辊磨床精度高。X 轴和 Z 轴的分辨率可达 0.1 μm，自动测量装置的检测精度可达 ±1 μm，可以磨削出高次函数的高精度的 CVC 曲线。

3.2.3.2 轧辊磨床的磨削质量水平及检测仪器精度

A 磨削后的辊身尺寸精度

圆柱度：不超过 0.002 mm/m；

同轴度：不超过 0.002 mm/m；

圆度：不超过 0.002 mm；

凸凹度曲线精度：±0.002 mm/m；

辊身凸凹度曲线中心点相对于轧辊中心点的偏差：不超过 0.02 mm。

B 磨削后的辊身表面质量

辊身表面任意点的粗糙度相对于目标值的偏差：±10%；辊身表面不允许有振纹、横波、辊花、螺旋痕以及其他可视的表面缺陷。

C 检测仪器精度

现代轧辊磨床除本身测量装置之外，通常还配有涡流探伤仪、硬度计、粗糙度仪等检测仪器，其检测精度如下：

磨床本身测量装置的检测精度：±1 μm；

肖氏硬度计的检测精度：±2%；

粗糙度仪的检测精度：±5%；

涡流探伤仪：能探测到的裂纹深度超过 0.05 mm；能探测到辊面任意方向长度不大于 3 mm 的裂纹。

3.2.3.3 轧辊磨床的技术参数

轧辊磨床设备的主要技术参数见表 3-1。

表 3-1 设备主要技术参数

项 目		险峰数控轧辊磨床	ws Ⅱ a55 轧辊磨床（前西德）
磨削的最大轧辊直径/mm		1000	1500
磨削的最小轧辊直径/mm		100	200
最大轧辊重量/t		25	55
砂轮尺寸/mm × mm × mm		900 × 100 × 305	900 × 90 × 305
床身顶尖最大中心距/mm		6000	6500
砂轮架无级变速/mm · min^{-1}		50 ~ 4000	60 ~ 3000
砂轮进给量/mm		500	650
电机快速横动/mm · min^{-1}		400	400
手轮手动微调量		0.001 mm/格	0.0125 mm/r
手轮手动粗调量			0.25 mm/r
电机连续进给/mm · min^{-1}			0.0135 ~ 0.34
电机精磨进给/mm · s^{-1}			0.0125 ~ 0.075
床头驱动电机	功率/kW	45	11
	转速/r · min^{-1}	1000 ~ 2000	960
砂轮驱动电机	功率/kW	55	37
	转速/r · min^{-1}	1000 – 2000	720 ~ 1800

续表 3-1

项目		险峰数控轧辊磨床	ws Ⅱ a55 轧辊磨床(前西德)
齿轮箱驱动电机	功率/kW		6.26
	转速/r·min^{-1}		24~1200
尾座快速移动电机	功率/kW		2.2
	转速/r·min^{-1}		1400
砂轮主轴润滑电机	功率/kW		0.37
	转速/r·min^{-1}		2750
床面轨道润滑电机	功率/kW	0.37	0.55
	转速/r·min^{-1}	1400	1380
快速横向进给电机	功率/kW		1.29
	转速/r·min^{-1}		1400
连续精磨进给电机	功率/kW		0.12
	转速/r·min^{-1}		20~2000
磨削液泵电机	功率/kW		2.2
	转速/r·min^{-1}		1420
鼓形过滤器电机	功率/kW		0.13
	转速/r·min^{-1}		1400
顶尖角度/(°)		75	75

3.3 热轧主机

3.3.1 概述

热轧主机是热轧的核心设备,热轧机种类较多(见图3-7),按轧辊数量分为两辊轧机和四辊轧机;按卷取方式又可以分为:“二人转”轧机、二辊轧机、单卷取轧机和双卷取轧机;按机架数量又可以分为单机架轧机、热粗轧+热精轧机(即:1+1)和热粗轧+热连轧机(即:1+3、1+4、1+5等)。现代化高精尖铝热轧卷产品生产主要是依靠热粗轧+热连轧方式生产,目前在热轧卷生产方面正逐渐取代老式热轧机,但是现代化的厚板生产依然多采用单机架四辊可逆轧机，随着设备及控制技术的发展，四辊可逆式轧机的控制精度也得到大幅提升。

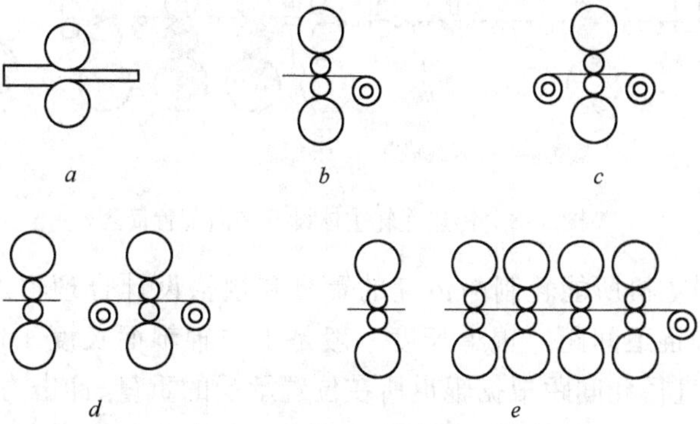

图 3-7 热轧机机型配置

a—二辊可逆式热轧机；b—单机架单卷取热轧机；c—单机架双卷取热轧机；d—热粗轧 + 热精轧机（1 + 1）；e—（1 ~ 2）台热粗轧 + （3 ~ 5）台多机架热精轧机

铝热连轧这种生产方式具有生产节奏快、工艺稳定、工序少、产量大、生产效率高以及能耗低等特点，能有效地降低生产成本，轧制后的带坯厚度小，厚度、板形和凸度精度高，产品表面质量高，是其他热轧生产方式无法比拟的，特别适用于大规模生产制罐料以及优质铝箔坯料等高精度产品。热连轧的终轧厚度可达 2 mm，生产能力 30 ~ 70 万 t/a。

3.3.2 铝热连轧主体设备的组成

在铝热连轧生产线中，通常把 1 台粗轧机后面跟 3 台或 4 台热连轧机的配置方式简称为“1 + 3”或“1 + 4”。铝热连轧的主体设备通常包括辊道运输系统、立辊轧机、热粗轧机、厚板剪切机、薄板剪切机、热连轧机、切边碎边机和卷取机，其平面配置如图 3-8 所示。

3.3.2.1 辊道运输系统

辊道用于铸锭或板坯的运输，如图 3-8 所示，为了节约投资、节省设备投入，根据轧制过程中辊道所在位置承载的重量，分别设计有重载辊道、中载辊道和轻载辊道三种。

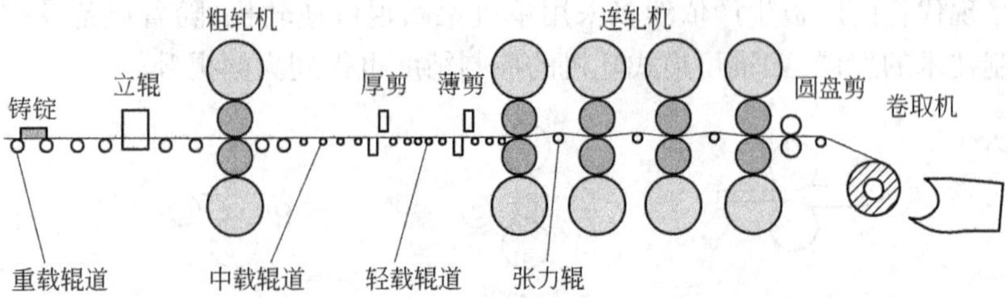

图 3-8　铝热连轧主体设备平面配置简图

根据主机所能轧制的铸锭的重量和规格设计合理辊道长度、辊道直径和辊道间距。辊道长度一般是工作辊辊面长度 ± 100 mm 之内；辊道直径和间距根据辊道所在位置承受的重量、冲击力和辊道长度等因素确定，重载辊道直径在 300 ~ 500 mm，中载辊道直径在 200 ~ 400 mm，轻载辊道直径在 100 ~ 200 mm，各型辊道间距一般控制在600 ~ 850 mm。铝热轧过程中，既要保证辊道粗糙度不能过高易产生粘铝，又要保证辊道有足够的摩擦使得辊道运输铸锭过程中不出现打滑，通常辊道粗糙度控制在 0.6 ~ 1.0 μm，在轧制过程中为了保证铸锭及板坯表面质量，辊道一般设计为有一定倾斜度，通常采用 1/(30 ~ 40) 的倾斜度，以避免板坯中间部分与辊道接触造成损伤板坯下表面。

3.3.2.2　立辊轧机

立辊轧制主要由立辊牌坊、立辊、压下系统、传动系统等组成。

立辊轧机的主要作用：滚边改善边部组织，限制轧件宽展，控制轧件宽度。

立辊轧机的主传动：采用交流变频传动。

立辊轧机的能力：立辊轧机的最大压下量可达 50 mm，滚边厚度一般都在 100 mm 以上。

立辊轧机的压下方式：有电动丝杆压下和液压压下两种方式。前者为传统技术，系统响应速度慢，但稳定性好；后者为较新技术，系统响应速度快，但稳定性较差。

立辊轧机的传动方式：主要有上立式传动、上卧式传动和下卧式传动 3 种。3 种传动方式的主要特点见表 3-2。

表3-2 3种传动方式的主要特点

方式	特点和优点	缺点
上立式传动	主电机竖直安装在轧机牌坊上部，主电机的传动轴和立辊的传动轴直接连接，不需要中间齿轮传动装置；系统摩擦力小，传动性能好，可采用液压压下方式	设备总体高度大，导致厂房高度增加，基建投资增大，设备维护检修困难，换辊麻烦
上卧式传动	主电机水平布置在机架上方，主电机和立辊传动轴之间需要人字齿轮传动装置；可采用液压压下方式	设备维护检修困难，换辊麻烦，系统摩擦力较大
下卧式传动	主电机水平布置在地面下，需要人字齿轮传动装置；设备维护检修非常方便，换辊方便，设备造价较低，一般采用电动压下方式	传动系统摩擦力大，系统响应速度慢，齿轮箱检修不方便，工作环境卫生条件差

立辊轧机的配置距离：该距离是指立辊轧机与热粗轧机之间的距离，分为近距离配置和远距离配置两种方式。近距离配置是指立辊轧机与粗轧机之间的距离小于滚边道次中轧件的最小长度。远距离配置是指立辊轧机与粗轧机之间的距离大于滚边道次中轧件的最大长度。中间距离配置则处于前两者之间，它们的主要特点见表3-3。

表3-3 立辊轧机近距离配置和远距离配置的主要特点

方式	优点	缺点
近距离配置	在任一滚边道次立辊轧机都和粗轧机形成连轧；轧制过程比较稳定，轧制节奏快，效率高；轧件表面温降损失小	设备维护检修困难；立辊轧机和粗轧机要具备连轧控制功能，设备投资略有增加
中距离配置	可能会出现滚边道次中轧件的最大长度略大于立辊轧机与热轧机之间的距离，而产生短时间的连轧现象	由于立辊轧机距热轧机的距离比较大，滚边道次中轧件在辊道上运行的距离比较长，轧制节奏减慢，轧制效率降低，轧件表面温降增大
远距离配置	设备维护检修比较方便；立辊轧机和粗轧机之间不形成连轧，不需要连轧控制功能，设备投资略有降低	轧制节奏慢，轧制效率低，轧件表面温降损失大

3.3.2.3 热粗轧机

热粗轧机作为一台独立的轧机，既可单独生产厚板，也能为精轧机提供坯料，甚至将粗轧和精轧功能集于一身，可以直接产出热轧卷材成品。

目前，为适应大铸锭的轧制，粗轧机的最大开口度可达 700 mm 以上，道次最大压下量可达 50 mm 以上。粗轧机一般不配置测厚仪、凸度仪和板形仪，通常只配有温度检测装置。现代化的粗轧机的轧制过程控制采用最先进的神经元网络技术。该技术最突出的特点是具有自学习自适应的功能，在轧制过程中，可以实现道次之间、每块料之间、每批料之间的自学习自适应，从而使整个轧制过程成为不断优化的过程。

粗轧机在设备配置上因功能和工厂条件不同有一定差异，如有些粗轧机配有测厚仪，但其基本配置由轧机机架、工作辊、支承辊、压下装置、推上装置、出入口卫板、出入口对中导板、入口铸锭升降回转装置、弯辊系统和传动系统等组成。

A 轧机牌坊

轧机机架俗称轧机牌坊，是轧机工作机座的骨架，它承受着经轴承座传递来的全部轧制力，因此要求它具备足够的强度和刚度。从结构上看，还要求机架能便于装卸轧机上的各部分零件等，以及具备快速更换工作辊和支承辊的特性。粗轧机的刚度一般为 500~800 t/mm。

机架由两片整铸机架、上横梁、下横梁、轨座等组成。

在换辊侧机架的外侧安装了轧辊轴向液压锁紧挡板装置，防止轧制时轧辊轴向窜动。传动侧机架外侧安装了液压接轴抱紧装置。机架的上横梁用于安装压下装置、平衡装置、平台与走梯等。

机架下部由下横梁连接，窗口平面安装抬升装置、阶梯垫下辊标高调整装置等。

轧机主传动接轴设置有抱紧机构，用于换辊时托住接轴。

设置有轧机主传动接轴平衡装置。上下传动接轴各用 1 个液压缸平衡。

B 工作辊

工作辊是轧机在工作中直接与轧件接触并使金属产生塑性变形的重要部件，它将直接影响板坯的表面质量。工作辊的特点：工作时承受全部的轧制力和轧制力矩以及铸锭的冲击载荷；必须在高温条件下以及大范围温度变化条件下工作，由于轧件温度较高与较低温度的冷却乳液相互作用下易产生龟裂和裂纹；为了保证板坯质量表面始终保持优良，粗轧轧辊在工作一周左右要送到轧辊磨床间进行磨削，其使用寿命与工作辊淬火层厚度、工作换辊频率和每次磨削量有关。

工作辊的直径选取主要考虑以下两个方面：一方面，工作辊直径越大，越利于轧件咬入，道次压下量可越大，道次数可以减少；但是随着工作辊直径的变大，在相同压下条件下，变形区越大，致使轧制力越大，就需要更大的轧机机架，投入增大；另一方面，随着工作辊变小，轧制压力变小，可以用更小的轧机机架，但是同时咬入条件下降，道次最大压下量减小，要增加道次数，单块铸锭轧制时间就要增加，势必影响设备产能。

C 支承辊

支承辊主要用于抵抗由于轧制力造成的辊系弯曲变形。由于其主要用于承受较大的轧制压力和弯曲变形，所以支承辊直径一般是工作辊直径的1.5~2倍。

下支承辊抬升装置主要由液压缸、带滑板的轨道梁、导向键、压块等组成。四个液压缸分别设置在轧机机架操作侧、传动侧的外侧面。四个液压缸共同抬升装有滑板的轨道梁，轨道梁由在机架窗口内侧的导向键导向，使轨道梁上下运动，实现下辊系升降。轨道梁与液压缸的支点处装有调整垫片的垫块，当抬升轨道梁与机架外的支承辊换辊轨道对齐接平时，液压缸锁定，此时即更换支承辊状态。轧制时，轧辊抬升装置的轨道梁落到最低位置，与下支承辊轴承座不接触，因此不承受轧制力。

D 压下装置

热粗轧通常采用电动压下装置，这种方式在粗轧大压下、长行程时运行速度较快，但电动压下装置控制反应速度慢、控制精度低，不能生产尺寸精度要求高的热轧铝板带材，只能生产厚板和为连轧部分供板坯。

压下装置由电机、蜗轮减速机、压下螺丝、压下螺母、液压AGC装置等组成。

两台压下电机通过蜗轮减速机带动压下螺丝转动实现辊缝调节。通过电磁离合器可脱开同步轴进行单侧压下调整,以保证辊缝调平。压下减速机为尼曼蜗轮。压下螺丝上部为花键,与压下减速机蜗轮的内花键套啮合;压下螺丝下部装有轧机专用压下止推轴承,通过承压垫与 AGC 缸相连。安装有压下指示系统,可直接显示压下量。

E 推上装置

现代化的热粗轧采用电动压下快速预设辊缝值并结合高精度液压 AGC 推上缸调节系统,来大大提高了对板厚的控制速度和精度。

F 出入口卫板

出入口卫板主要用于在粗轧轧件产生翘头时保护设备和作为乳液喷射的支架。

G 出入口对中导板

该设备由推板、推杆装置、液压缸等组成。推板与铝坯的接触面设有导轮。

推板设有两个推杆装置,以保证推板作水平移动;推杆装置由上推杆、下拉杆、箱体、同步齿轮齿条和同步轴组成;在上推杆、下拉杆上均安装有齿条,同步齿轮同时与上下两根齿条相啮合,保证两推杆同步动作,导板安装在上推杆上。同步轴和同步齿轮齿条装置实现推板同步动作。对中液压缸通过同步轴和同步齿轮齿条动作,带动传动侧和非传动侧推板同步并对称轧制中心线靠拢,实现对中。后退液压缸通过同步轴和同步齿轮齿条动作,带动传动侧和非传动侧推板同步并对称轧制中心线打开。推板开口度由液压缸上的位置传感器检测,具有开口度定位控制功能。空气吹扫集管位于导板凸缘,用于吹扫铸锭/铝板表面的乳液。

在推杆下部有托辊及导向辊,上部设有压辊,保持推杆运行稳定。导板、推杆、箱体等采用焊接钢结构件。

带喷嘴的乳化液喷射梁布置在导板上部,乳液由四辊可逆轧机乳液系统提供。

带喷嘴的空气吹扫集管布置在导板下部。

H 弯辊装置

在现代铝热连轧机列中,由于粗轧机在轧制宽合金料时轧制力较大，而轧制对辊系的挠度比较大，所以，粗轧机一般配备有正弯辊装置；由于粗轧轧辊直径较大，且粗轧板坯较厚，弯辊力对板形的影响非常有限。

I 换辊装置

换辊装置采用电动换辊小车进行轧辊的更换。

换辊小车由车体、电机、减速机等组成，换辊小车通过电机减速机带动齿轮齿条实现行走运动，小车上装有可以与机架固定轨道对齐的换辊轨道与齿条。换辊小车通过齿轮、齿条的啮合，在小车换辊轨道上行走，将辊子从机架中推进拉出。换辊小车由电缆卷筒进行供电。

在更换支承辊时，电动小车首先将下支承辊从机架中拉出，支承辊换辊时用支承辊换辊支架，换辊支架是一种换辊辅助用具，换辊时坐落在下支承辊轴承座上，它可使上下支承辊结合成一体，由换辊小车将上下支承辊推进、拉出机架。

更换工作辊时，原理同上，工作辊对落在下支承辊上被换辊小车推进或拉出机架。

J 传动系统

主传动：可采用同一电机经齿轮箱同时传动工作辊，也可采用两个电机分别传动工作辊。工作辊单独传动的优势是可以在轧辊辊径差较大时保持上下辊有相同的线速度。目前多采用交流变频传动，已取代传统的庞大而复杂的直流电机传动。

轧机主传动系统安装于主电机到轧机工作辊之间，用来传递轧制力矩。

上、下万向接轴的中间轴上各设置了一处平衡点，平衡装置使其上、下万向接轴位置变动时处于平衡状态。该平衡装置按单支点平衡设计，万向接轴由一端滑块，一端十字轴组成。

设备组成及结构特点：

主传动装置由万向接轴、平衡装置、准确停车装置、液压配管、干油润滑配管等组成。

上、下万向接轴的中间轴上各设置了一处平衡点。平衡装置使其上、下万向接轴位置变动时处于平衡状态。主传动系统采用两根万向接轴分别直接传动上、下工作辊。万向接轴由辊端滑块式万向节、中间轴、电机轴端十字轴式万向节三部分组成，传递电机输出转矩轧制板坯。万向接轴与轧机工作辊采用扁头轴与带有衬板的扁口孔联接，倾斜角变化时的伸缩在此扁头套内完成。万向接轴与电机输出轴端法兰及中间过渡轴法兰均采用端面键螺栓把合装配、传递转矩。

主动轴端万向节（电机端）采用SWZ型整体轴承座式十字万向节、从动轴端万向节（轧辊端）采用滑块式万向节，十字包采用专用高强度螺栓与法兰接头预应力装配。

主传动轴中各接头法兰、扁头套等采用合金钢。衬板为耐磨铜材料。

主传动轴平衡装置采用柱塞液压缸单支点平衡，上柱塞缸采用“杠杆原理”，通过一连杆机构实现对上接轴的平衡，下柱塞缸直接支撑在剖分式滚动轴承上，实现下接轴的平衡。与上、下接轴的连接采用剖分式滚动轴承，共两件。连杆机构为框架式焊接结构，包括两个柱塞缸、支座、连杆和附件等。

主传动系统中设有准确停车装置，保证扁套停在正确的换辊位置。

3.3.2.4 厚剪和薄剪

一般把厚板剪切机和薄板剪切机简称为厚剪和薄剪（或称重型剪和轻型剪）。在轧制过程中，铝铸锭经多道次轧制后在头尾易产生张嘴，较大的张嘴在咬入后会出现分层现象，剪切机主要是用来剪切铝板坯头尾张嘴。而在厚板生产时，厚剪的主要作用是切头、切尾和中断。中断是把一块较长的厚板坯从中间切断分成两块轧制或两块及两块以上的成品。

剪切方式：采用浮动剪切方式，它又分为上切式和下切式。前者是上剪刃落下压住板坯，下剪刃往上运动实现剪切的方式；后者是下剪刃上升压住板坯，上剪刃往下运动实现剪切的方式。两者都能减小剪切板坯对辊道的冲击力，下切式还能减小剪切时板坯对辊道的压力。

驱动方式：剪刀的驱动方式有液压式和电动式两种，通常把液压驱动的剪切机简称为液压剪；把电机驱动的剪切机简称为机械剪，它们的主要特点见表3-4。

表3–4 机械剪和液压剪的特点

方式	优点	缺点
机械剪	动作快,可连续剪切,耗能小	设备投资大
液压剪	设备投资少	动作慢,不能连续剪切,耗能大

液压复合剪切机本体主要组成部分:机架装配、压紧装置、上下刀架剪刃间隙调整、托辊、机上配管、润滑及空气吹扫、平台扶梯等。

工作原理:上刀架液压缸通过曲柄连杆机构,带动上刀架运动,下刀架直接由液压缸驱动进行剪切。

剪切机机架为焊接结构,内部安放装有刀座的导向架,通过焊接式的上下横梁连在一起。出口侧下横梁处设废料槽和乳化液收集槽。

上下刀架为焊接或铸钢结构,装在导向架内,用于安装剪刃。导向架安装在剪切机机架内。

上刀架由液压缸带动曲柄连杆机构进行动作,下刀架直接由液压缸驱动。下刀架的上部装有可更换的耐磨衬板(铜质材料)。

剪刃材质为特殊合金钢,剪刃衬板为耐磨铜滑板。剪刃及剪刃衬板通过螺栓把合在刀架上。上下剪刃各有4个可更换的刃口。上剪刃倾斜,下剪刃平直。

压紧装置安装在横梁上,其下部的压头与下工作台的开口度为450 mm。待剪铝板进入剪切位置,辊道停止运转后,压紧装置的液压缸动作,使压头将铝板压紧在下刀架的刃台上,以便于剪切。

剪刀机上配管包括液压、干油润滑和乳化液配管。轴承和导向架为集中干油润滑,剪刃为乳化液润滑。剪刃间隙通过信号输入,由电机经传动系统带动斜面机构进行调整。空气吹扫装置由吹扫集管、喷嘴、阀等组成,用于吹除铝板表面残余的乳化液。

3.3.2.5 热精轧机

热精轧机将热粗轧机提供的坯料轧制成热轧卷成品。根据粗轧后配置的精轧机机架数量分为单机架精轧和多机架串联精轧(连轧),多机架精轧主要由3~6个机架轧机、张力辊、切边碎边机、卷取机、传动系统和检测系统等构成。在设备配置方面,单机架精轧与连轧相比,没有机架间张力辊及其控制系统,多一套卷取系统,因此本节重点介绍热连轧。

A 轧机

根据生产产品结构和产能，选取机架配置数量，一般为 3 ~6 个机架串列，其结构类似于粗轧机。由于连轧厚度精度、板形与凸度要求较高，电动压下定值不够精确，同位性差，力学响应低，而液压压下系统可以使上述所有问题得到全面改善，所以连轧采用液压压下方式并采用多种厚度控制方式和多级协调补偿控制手段；连轧机全部配置弯辊系统，并具有正负弯辊功能。

辊系配置：为有效控制板形和板凸度，在现代热连轧机上配置了特殊的轧辊。如日本的 TP 辊、英国的 DSR 辊、德国的 CVC 辊。TP 辊和 DSR 辊是作为支承辊配置的，CVC 辊是作为工作辊配置的（支承辊也可为 CVC 辊）。TP 辊和 DSR 辊的结构及工作原理基本相同，通过调整辊身内部各区压力垫的压力来改变轧制压力沿辊身的分布，从而达到控制板形和板凸度的目的。CVC 辊是通过轴向窜动改变辊系的凸凹度，来达到控制板形和板凸度的目的。需要特别指出的是，TP 辊和 CVC 辊都通过只在空载状态下调整，在轧制过程中不进行动态调整，这就决定了 TP 辊、CVC 辊控制板形和板凸度的局限性。DSR 辊、TP 辊和 CVC 辊的主要特点见表 3-5。

表 3-5 TP 辊、DSR 辊和 CVC 辊的主要特点

TP 辊	DSR 辊	CVC 辊
配合弯辊，凸度控制范围大；工作辊可以使用平辊；换辊次数减少，生产效率提高；控制板形、板凸度效果好；从结构上看，强度比 DSR 辊好；可以和普通支承辊互换	使辊缝控制范围增大；板形和平直度互不干扰；能减小辊系偏心；减少换辊次数，提高生产效率；作为上支承辊单根使用效果明显；轧制硬铝时的作用比轧制软铝时大	凸凹度控制范围大；对厚度大于 1 mm 的板带材轧制，控制效果比较明显；磨辊困难；串辊时会影响凸凹度的稳定性；对清刷辊工作时的均匀性有影响

乳液系统：在现代铝热连轧机列上，乳液的配置主要包括轧前预冷却、机架间的冷却和轧机本身的冷却润滑三部分。从目前世界上铝热连轧工厂对热连轧机列的乳液配置情况来看，主要有四种情况。第一种是配置机前预冷却而不配置机架间的冷却；第二种是配置机架间的

冷却而不配置机前预冷却;第三种是机前和机架间的冷却都不配置;第四种是机前和机架间都配置冷却。机前预冷却、机架间的冷却和轧机本身冷却润滑的主要作用见表3-6。

表3-6 机前预冷却、机架间冷却和轧机本身冷却的主要作用

机前预冷却	机架间冷却	轧机本身冷却
降低带坯温度,提高连轧速度,保证终轧温度	冲洗带坯上的脏物,控制带材温度	对轧辊进行冷却润滑,控制辊型,保证产品表面质量

B 张力辊

张力辊是由一组带压力传感器的辊系组成,张力辊主要检测机架间的张力。是通过检测带材对张力辊的张紧力并通过计算机计算出机架间张力,张力参与轧制过程自动控制。张力辊在连轧中的作用非常重要,除最终机架采用速度控制外,其余各机架均采用张力控制。

C 切边碎边机

由于冷轧高速轧制要求热轧卷端部质量要好,否则易发生断带甚至发生火灾,严重影响产品质量和设备安全。铝及铝合金带材热轧边部易产生边部裂边等缺陷,根据合金边部特性,铝带材切一定宽度的边,一般切边量在30~150 mm/边。

切边碎边机由圆盘剪和碎边机组成。圆盘剪用于纵向剪切带材边部,而碎边机则是将圆盘剪切成的窄边打断成小段,便于回收。圆盘剪和碎边机有分体式和一体式两种,分体式是将圆盘剪切的窄边经过一个梭槽再用碎边机打断成小段;而一体式圆盘剪和碎边机为一个整体,即几乎在切成窄边的同时打断成小段。切边、碎边机用于切去带材边部不合格的部分,使带材宽度达到成品宽度,并把切边料碎断,以便于收集处理。

切边、碎边方式:有同轴式和非同轴式两种。同轴式切边、碎边机,圆盘剪上带有碎边刀,切边和碎边过程同时进行。非同轴式切边、碎边机,切边和碎边过程分别进行,它们各自有独立的装置。同轴式切边、碎边机,速度不能太高,否则会导致碎边料崩到带材的表面上。非同轴式切边、碎边机,可以提高切边速度,而且切边质量好。

切边速度:切边速度一般比带材运行速度高5%~8%。

D 卷取机

卷取机位于连轧机的后部,用于将带材卷成热轧卷。热连轧为了提高生产节奏,降低卸卷和助卷器动作的辅助时间,部分配置为双卷取,多在 5 ~ 6 机架连轧机中配置;部分连轧机配置为单卷取,多在 3 ~ 4 机架连轧机中配置。

卷取机由卷筒、传动、助卷器和辅助设备组成。卷轴胀缩方式有拉杆式胀缩和推杆式胀缩两种。

卷轴胀缩级数:胀缩级数就是胀缩次数,一般分为一级胀缩和二级胀缩两种。二级胀缩的目的主要是为了防止带材打滑和卷层松动。一级胀缩适用于较薄带材的卷取,二级胀缩适于用较厚带材的卷取。

为卷取与连轧最后一机架形成张紧卷取,其卷取速度一般比最后机架的轧制速度大 10% 左右。

E 传动系统

精轧多采用一个机架使用统一电机经齿轮箱同步传动上下工作辊。连轧机全部采用交流变频传动。

F 检测系统

轧线检测仪表是实现自动化控制的基础,是 PLC、计算机、电控装置的可靠耳目。所以,在目前冶金自动化水平及轧制速度越来越高的情况下,如不采用相应的自动化检测仪表和相应控制技术,自动控制将无法实现,而且人工操作也很困难。因此,配置比较齐全的各种检测仪表,检测生产过程中的各种必要的参数,检测结果传送到自动控制系统中实现自动化轧制。

热轧生产线检测仪表的要求如下:很高的检测精度,较宽的检测范围;实时性强,反应速度快,良好的重复性和可靠性;能够抗击冶金震动、高温、潮湿及金属粉尘和雾气的干扰;对于某些检测仪表在输出时应采取隔离、屏蔽等措施以防干扰。

根据轧线自动化控制的需要,生产线主要检测仪表有以下几种:位移传感器、高温计、编码器、冷、热金属检测器、测厚仪、激光测距仪等。

板形仪:板形仪有接触式和非接触式两种。前者通常就是指板形辊;后者一般是指光学式板形仪。板形仪安装在最后一个机架和卷取机之间。

板形辊通过辊套、压力传感器检测带材张力，由此得到板形曲线。辊套表面有冷却装置。

光学式板形仪不与带材接触，完全利用光学原理检测带材的板形，测量误差比较大。

凸度仪：凸度仪主要用来检测和控制带材的凸度。凸度仪有单点扫描式凸度仪和多点固定式凸度仪两种。由于带材以一定的速度向前运动，所以单点扫描式凸度仪在检测过程中只能检测到带材对角线方向的厚度，而检测不到带材横断面方向的厚度。多点固定式凸度仪不但能够检测到带材横断面方向的厚度，而且能将带材断面上的厚度分布显示出来。

测厚仪：测厚仪大都使用 X 射线测厚仪。

测温仪：在连轧机列第一机架前和最后机架后配置非接触式测温仪，并参与轧制过程温度自动控制。

G 自动化控制系统

轧铝自动化系统是以计算机为核心对轧制生产线进行在线实时控制和监督的自动化系统，系统配置的原则是：先进、可靠、开放、经济、合理。

热连轧过程中要控制的参数很多，如轧制力、厚度、张力、速度和温度等。这些参数的控制均由自动化控制系统来完成。根据自动化控制系统各主要部分所担负的任务不同，通常把自动化控制系统分为四级，即零级、一级、二级和三级。一般把第三级控制系统称之为管理自动化；第二级控制系统称之为过程自动化；第一级和零级统称为基础自动化。

基础自动化系统主要完成生产线的全线运转控制、逻辑控制、人机界面（HMI）、数据通讯等功能。

基础自动化系统硬件包括上位机、PLC 装置、人机界面、设备故障诊断系统、基础自动化系统网络、编程和维护设备、操作台和本地操作箱、继电器柜和端子柜、传动连接柜、电磁阀控制等设备。

基础自动化系统软件包括 PLC 应用程序（带注释）、编程器系统软件、编程软件包、工具软件包和通讯软件等。

热轧系统的运行方式以全自动方式为主，在特殊情况下，系统接收HMI的设定数据进行半自动轧铝。

3.3.3 铝热连轧辅助设备

铝热连轧辅助设备是主体设备有效运行的保障。

3.3.3.1 液压系统

液压系统是生产线液压元件动作的动力，液压按其压力大小分为高压和低压。

高压系统主要为压下缸、弯辊缸、剪刀主缸和立辊压下缸等需要较高压力的部位提供压力支撑，高压系统一般粗轧和连轧部分为两个独立部分，为了获得稳定的压力，液压系统经液压泵将压力提升后，由伺服系统稳定液压工作压力。

低压系统为导尺、卫板、张力辊升降和卷取机涨缩等需要低压力的部位提供压力支撑。

3.3.3.2 润滑系统

润滑系统一般配备有稀油润滑、油气润滑和干油润滑。稀油和油气润滑可以实现集中循环润滑，比如整粗轧机或者连轧机组可以共用一套润滑系统；而干油润滑由于其黏度过高，易硬化，容易堵塞管路，很难实现远距离多点同时润滑。

A 稀油润滑

热轧中，稀油润滑系统一般有两种方式：灌入式集中稀油润滑和自动循环式集中稀油润滑。

集中稀油润滑系统是最完善的润滑系统，它具有以下特点：

(1) 由于采用压力供油，能保证摩擦部件润滑及时和可靠。

(2) 可以润滑数量多和分布广的润滑点。

(3) 对机组连续循环润滑，能将摩擦部件热量带走，进行冷却。

(4) 润滑适度，润滑材料消耗少。

(5) 能使全部润滑工作实行自动控制，大大减少工作人员。

B 油气润滑

油气润滑是一种润滑油与压缩空气混合的高效润滑方式，它主要用于轧辊轴承、压下丝杆、齿轮等各种摩擦部件上。油气润滑具有润滑效果好、耗油量小、工作温度低、润滑能迅速到达润滑部位。

C 干油润滑

干油润滑根据加注方式分为手动干油润滑和自动干油润滑两种。干油润滑目前主要用于开放式的润滑部件中，由于其黏度大，不像稀油和油气易流走，稳定性好。

3.3.3.3 乳液系统

铝热轧乳液系统分为乳液箱、过滤系统、乳液喷射系统和其他系统四个部分。乳液系统如图3-9所示。

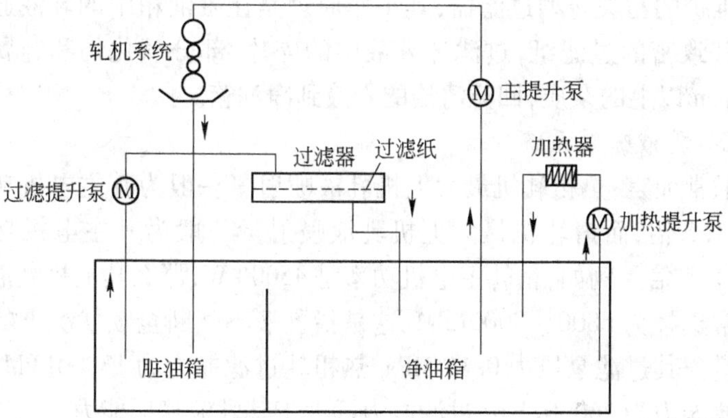

图3-9 乳液系统

A 乳液箱

乳液箱一般分为脏油箱和净油箱两部分，也有配置中间乳液箱的，用于更换乳液时中转和乳液需要静置时使用。脏油箱容量一般为净油箱的50%左右，中间乳液箱一般比脏油箱稍大，各油箱的大小根据轧机需要冷却的能力确定，冷却需求量大油箱容量大。脏油箱与净油箱为连体结构，中间用隔板分离，当净油箱液位超过隔板，净油箱乳液溢入脏油箱，而生产中不允许脏油箱中的乳液超过隔板，否则会造成脏乳液进入净油箱而上轧机污染板材，影响板带材产品质量。以某现代化1+4热连轧机为例，其年产能为35万t，可生产1×××系、3×××系、5×××系、8×××系铝合金，粗轧机净油箱和脏油箱容量共210 m^3（分别为140 m^3和70 m^3），连轧机净油箱和脏油箱容量共520 m^3（分别为350 m^3和170 m^3）。

B 过滤系统

由于在轧制过程中，轧辊和板带材之间有滑动摩擦，所以会产生一定的铝粉，以及轧机系统的油漆腐蚀物、残边碎屑和进入轧机乳液循环系统中的异物，它既会影响乳液使用寿命，也会影响产品表面质量，因此，乳液过滤系统是乳液品质的重要保证。良好的乳液过滤系统，可以延长乳液使用寿命和获得优良的板带材表面质量。

乳液过滤系统部分采用板式过滤器，并采用多层过滤方式，所以过滤效果好，但结构较复杂，维护不方便；而较为普遍采用的是高效、简单且易维护的霍夫曼型过滤器，其工作原理是让脏油箱中的乳液通过一层极其致密的过滤纸，过滤掉乳液中的碎片、部分氧化物和金属皂等3 ~6 μm 以上的杂质，回流清洁的乳液到净油箱。

C 乳液喷射系统

通常而言，热粗轧机最大上机乳液喷射量一般为其主电机功率的1.3 ~1.5 倍，而精轧机最大上机乳液喷射量一般为其主电机功率的1.5 ~1.8 倍。例如，精轧主电机功率是4500 kW，那么其上机乳液喷射量通常选择为6800 ~ 8000LPM，这是指乳液不间断全喷状况下的最大喷射量。其过滤泵压力0.15 MPa，热粗轧过滤能力为13000LPM，热连轧过滤能力为26000LPM，过滤能力远大于其乳液喷射能力。

D 其他系统

其他系统包括管路系统、动力提供系统、加热循环系统、去离子水箱及加热系统、基础油箱、乳液刮油系统、乳液日常检验系统等，它们是实现乳液控制的必要手段。

(1) 管路系统是乳液传递的媒介，通过管路让各个部分乳液实现流通，以达到其所需功能。

(2) 动力提供系统是将乳液提升到轧机等部分。

(3) 加热循环系统，由于乳液在特定条件下才具有稳定性，所以乳液必须保持在40 ~ 60℃温度范围内，并要保持流动，不能长期静置。净油箱配置有循环加热一体化系统，以确保乳液温度根据轧制需要而保持在设定值。

(4) 去离子水箱及加热系统，水箱容量为30 m^3，有自己独立的加热系统，由泵直接加入脏油箱。由于乳液在轧制时处于高温状态，小部分乳液随水蒸气一起蒸发掉,且部分乳液残留在卷材表面,乳液一直处于消耗状态,要加入去离子水(水硬度过高会影响乳液品质)予以补充。

(5)基础油箱,用于乳液浓度或一些性能指标低于轧制要求时,通过基础油箱向乳液系统中添加乳液基础油或添加剂。

(6)乳液刮油系统,机械系统中的机械油和乳液中析出的基础油会漂浮在脏油箱乳液表面,形成一层带有铝粉等杂质的油混合物,需要刮油系统将其清除。

(7)乳液日常检验系统,乳液性能指标要稳定在一定范围之内才能实现稳定轧制,且乳液易受外界因素影响,所以就要建立一套乳液日常检验系统,检验乳液浓度、温度和 pH 值等性能指标。

3.3.3.4 传动系统

传动系统是设备运转的动力保障,传动按其动力提供方式可以分为电机传动、液压传动、蜗轮传动、齿轮传动等。在热轧生产中,电机传动主要用于传动系统,分为轧机主传动、立辊传动、辊道传动、张力辊传动、切边碎边机传动、卷取机传动等;液压传动主要用于清刷辊窜动等液压缸动作;蜗轮传动主要用于电机传动与压下丝杆转向实现;齿轮传动主要用于辊道改变速度比和连轧同一电机传动两工作辊的实现等。

3.3.4 国内外典型热轧设备技术参数

几种类型的热轧机的主要技术参数见表 3-7 ~ 表 3-10。

表 3-7 单机架双卷取热轧机组主要技术参数

制造单位	中色科技股份有限公司	
使用单位	常熟铝箔厂	
工作辊	ϕ(700 ~ 660) mm × 1700 mm	ϕ(860 ~ 810) mm × 2000 mm
支承辊	ϕ(1250 ~ 1180) mm × 1650 mm	ϕ(1500 ~ 1400) mm × 2000 mm
主传动电机	2 × 1500 kW DC	2 × 3500 kW DC
轧制力	16000 kN	35000 kN
二辊总轧制力矩	1200 kN · m	1500 kN · m
轧制速度	245 m/min	0 ~ 120 ~ 260 m/min

续表 3-7

辊缝调节	电动压下 开口度 500 mm	电动压下 开口度 500 mm
前后辊道	(108 + 75) m	(165 + 105) m
立辊轧机		ϕ965 mm × 760 mm 最大轧制力 7000 kN 额定轧制力矩 410 kN · m 传动电机 1400 kW
重型剪	液压浮动剪 最大规格 100 mm × 1600 mm 最大剪切力 2500 kN	液压浮动剪 最大规格 120 mm × 1780 mm 最大剪切力 8000 kN
轻型剪	液压浮动剪 最大规格 32 mm × 1500 mm 最大剪切力 800 kN	液压浮动剪 最大规格 45 mm × 1780 mm 最大剪切力 600 kN
切边机及碎边机	切边厚度 3.5 ~ 8 mm 星形圆盘刀 速度 150 m/min 主电机 110 kW	切边厚度 3.0 ~ 10 mm 星形圆盘刀 速度 295 m/min 主电机 160 kW
卷取机	卷取张力 20 ~ 200 kN 卷取速度 270 m/min 电机 2 × 500 kW	卷取张力 22 ~ 220 kN 卷取速度 290 m/min 电机 1400 kW
带式助卷器	皮带宽度 800 mm	皮带宽度 1000 mm
乳液流量		14000 L/min 主乳液箱,净 150 m^3 + 污 150 m^3
铸锭规格	(300 ~ 450) mm × (700 ~ 1300) mm × (4000 ~ 5500) mm 锭重 8.7 t	(400 ~ 600) mm × (800 ~ 1740) mm × (4000 ~ 5500) mm 锭重 13 t(将来 20 t)
热轧卷规格	4.0 mm × (700 ~ 1300) mm 内外径 ϕ510/1850 mm 卷重 8.5 t(6.5 kg/mm)	(3.0 ~ 10) mm × (800 ~ 1720) mm 内外径 ϕ610/2100 mm 卷重 13 t(7.4 kg/mm)

表 3-8 西南铝业(集团)有限责任公司现有的热粗轧+热精轧机组主要技术参数

名　称	2800 mm 四重可逆式热粗轧机	2800 mm 四重可逆式热精轧机
制造单位	一重制造,IHI 改造	一重制造,IHI 改造
工作辊	(750 ~700)mm/1400 mm × 2800 mm	(650 ~610)mm/1400 mm × 2800 mm
支承辊	(1400 ~1300)mm ×2800 mm	(1400 ~1300)mm ×2800 mm
主传动电机	2 ×3200 kW	1 ×4600 kW
轧制力	30 MN	29 MN
轧制速度	240 m/min	240 m/min
轧制力矩	156 ×9.8 ×103 N·m	
辊缝调节	开口度 500 mm,电动压下初调,液压缸精调	电动压下初调,液压缸精调
工作辊清刷辊	2 个钢丝辊 ϕ305 mm ×2650 mm	2 个钢丝辊 ϕ305 mm ×2800 mm
辊型控制型式		正负弯辊
乳液流量	8300 L/min	8000 L/min,主乳液箱 120 m^3
立辊尺寸	829 mm/810 mm ×550 mm	
立辊轧制速度	1.5 m/s	
立辊移动速度	(0 ~2)×50 mm/s	
立辊开口度	900 ~2800 mm	
立辊最大压下量	20 mm/30 mm	
导尺最大推力	13 ×9.8 ×103 N/每侧	
提升铸块重量	7 t	
提升铸块并旋转 90°时间	6.05 s	
辅助设备 I	重型剪:剪切厚度 80 mm/100 mm,剪切力 7500 kN 电机 630 kW	切边机:切边厚度 2.0 ~9.6 mm,星形圆盘刀 速度 270 m/min
辅助设备 Ⅱ	轻型剪 剪切厚度 40 mm,剪切力 2500 kN 电机 200 kW	卷取机:卷取张力 40 t,卷取速度 30 ~252 m/min 电机 2 ×850 kW
带式助卷器		出入口各 1 个,2 根皮带

续表 3-8

名　称	2800 mm 四重可逆式热粗轧机	2800 mm 四重可逆式热精轧机
铸锭规格	软合金,(340 ~ 480)mm ×(950 ~ 1700)mm ×(2500 ~ 5000)mm,最大锭重 11.1 t 硬合金,(340 ~ 430)mm ×(1040 ~ 2040)mm ×(2000 ~ 5000)mm,最大锭重 11.9 t	
热粗轧后	(6 ~ 80)mm ×(950 ~ 2620)mm ×(4000 ~ 23500)mm	
热轧卷规格	软合金:热轧卷厚度 2.5 ~7.0 mm,热轧卷宽度 950 ~2560 mm,热轧卷外径 900 ~1920 mm,热轧卷内径 610 mm,热轧卷卷重 11.0 t 硬合金:热轧卷厚度 2.5 ~7.0 mm,热轧卷宽度 950 ~2560 mm,热轧卷外径 900 ~1600 mm,热轧卷内径 610 mm,热轧卷卷重 7.0 t	

表 3-9　南非 Hulett 热粗轧 + 热精轧机组主要技术参数

名　称	热粗轧机	热精轧机
制造单位	SMS	SMS
工作辊	(870 ~930)mm ×2450 mm	(660 ~710)mm ×3000 mm
支撑辊	(1400 ~15000)mm ×2350 mm	(1400 ~1500)mm ×2350 mm
主传动电机	2 ×3700 kW(AC)	1 ×6000 kW(AC)
轧制力	45000 kN	40000 kN
轧制速度	(0 ~90)/180 m/min	(0 ~120)/330 m/min
辊缝调节	电动压下初调 液压缸精调	电动压下初调 液压缸精调
重型剪及切边机	重型剪 剪切厚度 135 mm 剪切力 7500 kN 电机 630 kW	切边机 切边厚度 2.0 ~9.6 mm 星形圆盘剪 速度 400 m/min
轻型剪及卷取机	轻型剪 剪切厚度 40 mm 剪切力 2500 kN 电机 200 kW	卷取机 卷取速度 400 m/min 电机 1 ×1550 kW
铸锭规格	(450 ~600)mm ×(900 ~2200)mm ×(2700 ~5700)mm 最大锭重 20.4 t	

续表 3-9

名 称	热粗轧机	热精轧机
热轧板规格	(4.5 ~ 135) mm × (900 ~ 2250) mm × (4000 ~ 15000) mm	
热轧卷规格	热轧卷厚度 2 ~ 18 mm 热轧卷宽度 850 ~ 2200 mm 热轧卷外径 2150 mm 热轧卷卷重 20.2 t	
质量自动化	APFC—凸度和板形自动控制 AGC—厚度自动控制 AFC—温度自动控制	

表 3-10 典型的热粗轧 + 热连轧机组的主要技术参数

名 称	热粗轧机	热连轧机
工作辊	(950 ~ 900) mm × 2400 mm	(710 ~ 780) mm × 2400 mm
支承辊	(1600 ~ 1500) mm × 2400 mm	(1600 ~ 1500) mm × 2400 mm
开口度	700 mm	80 mm
主传动电机	2 × 4000 kW(AC)	每个机架 1 × 5000 kW(AC)
轧制力	45000 kN	40000 kN
轧制速度	240 m/min	F4 ~ 600 m/min
辊缝调节	电动压下初调 液压缸精调	电动压下初调 液压缸精调
重型剪及切边机	重型剪 剪切厚度 150 mm 剪切力 7500 kN	切边机 切边厚度 1.8 ~ 8 mm 星形圆盘刀，速度 700 m/min
立 辊	立辊直径：ϕ1000 mm 辊身长度：750 mm 轧制力：8000 kN 轧制速度：240 m/min	
轻型剪及卷取机	轻型剪 剪切厚度：60 mm 剪切力：3000 kN	卷取机 卷取速度 680 m/min

续表 3-10

名 称	热粗轧机	热连轧机
铸锭规格	(450～630)mm×(900～2000)mm×(2700～8800)mm 最大锭重 30 t	
热轧板规格	(18～150)mm×(900～2100)mm×(4000～15000)mm	
热轧卷规格	热轧卷厚度:1.8～18 mm 热轧卷宽度:850～2100 mm 热轧卷外径:2800 mm 热轧卷卷重:30 t	
质量自动化	APFC—凸度和板形自动控制 AGC—厚度自动控制 AFC—温度自动控制	

注:表中参数为综合整理值。

4 铝及铝合金热轧工艺

产品的热轧过程包括轧制原料的准备过程和轧制过程。轧制原料的准备过程包括铸锭头尾的锯切、侧边铣边或刨边、铣面、蚀洗、包铝板或复合板的焊接或打捆、加热。轧制过程包括粗轧和精轧。在轧制过程中主要是轧辊、轧件和乳液三者之间相互作用的过程。

热轧一般指在金属再结晶温度以上的轧制。在热轧过程中金属变形同时存在硬化和软化过程,因变形速度的影响,只要回复和再结晶过程来不及进行,金属随变形程度的增加会产生一定的加工硬化。但在热轧温度范围内,软化过程起主导作用,因而,在热轧终了时,金属的再结晶常不完全,热轧后的铝合金板带材呈现为再结晶与变形组织共存的组织状态。

铝及铝合金热轧产品一般分为两大类,一类是热轧卷,另一类是热轧厚板。

热轧厚板是指厚度不小于 7.0 mm 的铝及铝合金板材,主要品种有热轧板、退火板、淬火或淬火预拉伸板等。热轧厚板在热轧机上通常采用块片法生产,传统工艺流程是:铸锭均匀化→铣面→加热→热轧→定尺剪切→矫直。

厚度小于 7.0 mm 铝及铝合金板带材通常采用热轧卷方式生产,产品主要用作冷轧坯料,也有用作生产片材,现代化生产工艺流程是:铸锭铣面→加热(均热加热一体化)→热粗轧→热连轧→打捆称重。

4.1 铝及铝合金热轧坯料的准备与质量要求

热轧用坯料主要采用连续、半连续两种方式生产的铝及铝合金铸锭。现代化的热轧特别是热连轧都采用半连续铸造方式生产铸锭,可生产的铸锭重量可由几吨到几十吨。随着热轧产品质量要求的不断提高,铸锭的尺寸、表面以及化学成分和内部铸造质量的控制要求也在不断提高。

4.1.1 铸锭的制备与质量要求

铸锭的选择首先应考虑用户对产品的尺寸规格需求,然后综合考虑自身设备能力和工艺水平,选择合适的铸锭生产。尽可能发挥设备和工艺能力,实现高效率、低能耗生产,是减少成本的有效途径。铸锭的厚度是根据成品厚度和变形率要求进行选择的,不是只考虑较大的变形量,选择较厚的铸锭;合适的铸锭厚度可以减少道次,从而减少道次辅助时间,可以提高生产效率。铸锭宽度的选择主要考虑成品宽度和该产品需要的切边量。铸锭长度主要根据热轧卷卷径、厚板量和单片长度要求以及各部分设备能力确定。

铸锭断面形状主要有圆弧形、梯形、"V"字形和长方形,如图 4-1 所示。从目前发展来看,新建设的铸锭生产企业,生产"V"字形和长方形断面铸锭较多,其侧面组织和外观控制均匀,而且铸锭棱角便于侧铣,在进行相同角度和进刀量侧铣时,所产生的几何废料更少。

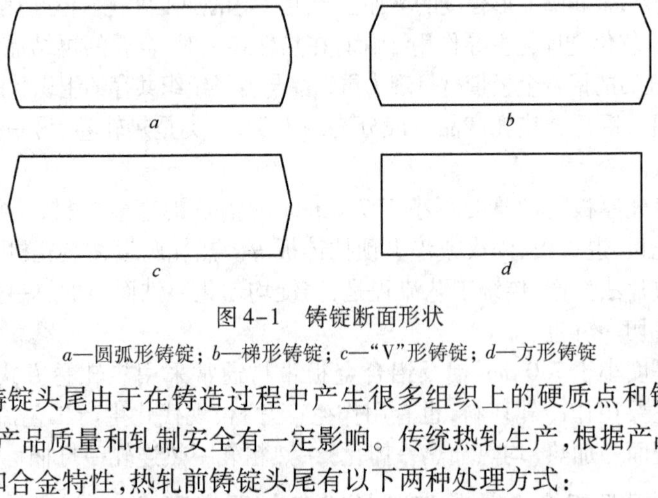

图 4-1 铸锭断面形状

a—圆弧形铸锭;*b*—梯形铸锭;*c*—"V"形铸锭;*d*—方形铸锭

铸锭头尾由于在铸造过程中产生很多组织上的硬质点和铸造缺陷,对产品质量和轧制安全有一定影响。传统热轧生产,根据产品质量要求和合金特性,热轧前铸锭头尾有以下两种处理方式:

(1) 对表面质量要求不高的产品,为提高成材率,降低成本,对铸锭底部和浇口部不作处理。

(2) 对表面质量要求较高的产品,如 PS 版基板、铝箔料、制罐料高表面要求和热轧易张嘴对合金料以及包铝轧制等要求较高的产品,要将头尾铸造缺陷全部锯切干净。

铸锭头尾具体锯切长度根据结晶器状况而定,一般底部比浇口部锯切量要大,底部为 200 ~ 500 mm,浇口部为 100 ~ 300 mm。

现代化高品质热轧生产,为保证产品质量和设备安全,要求在生产热轧产品时,要将铸锭底部和浇口部所产生的铸造缺陷全部锯切掉。

铸锭规格的选择主要根据用户订单中的卷材尺寸规格,然后根据该产品的性能、对应的切边量、需要切头尾量、轧机开口度等设备固有能力等因素,计算所要铸锭尺寸规格,再结合铸锭生产厂家铸锭结晶器的铸锭规格选择与之对应的铸锭规格。

以生产3104罐体热轧卷为例,用户订单中的3104热轧卷规格为:2.4 mm×1540 mm×1850 mm,卷重约9.8 t。根据3104合金特性,其切边量应大于60 mm,否则易产生裂边,所以铸锭宽度应大于1600 mm;根据设备最大开口度,铸锭厚度不能大于610 mm;根据订单中的卷径要求,以及铸锭切头尾量和铸锭铣面量(两个大面12 mm/每面),确定铸锭尺寸为:610 mm×1600 mm×4150 mm,而铸锭生产厂生产该合金的结晶器如表4-1所示,所以选择厚度为:520 mm×1630 mm×4800 mm。

表4-1 某厂生产3104合金的结晶器

合金	厚度/mm	宽度/mm	长度/mm
3104	520、480	1320、1450、1560、1630	≤7200,可调

4.1.2 热轧前铸锭表面处理

由于铸锭在铸造过程中有表面和近表面缺陷,如夹杂、疏松、粗晶、硬质层等,在轧制之前要将其铣削掉,以保证所轧制铸锭的质量和设备安全。

4.1.2.1 铣面

目前我国主要采用单面立式干铣,现代化数控铣床,多用单面卧式带侧铣干铣,因为其设备投入相对较少,铣削表面较好,生产方式控制精度高,又能同时对侧面进行铣削。

铸锭的铣面量主要由产品用途、合金特性、铸锭铸造技术三个方面决定。一般普料铣面量相对较少,而表面和性能要求较高的PS、制罐料和铝箔毛料等铣削量一般较大;由于纯铝铸造性能好,相对硬合金来说,铣面量也较少;而铸造技术是减少铣面量的有效途径,铸造技术水平高,表面和近表面缺陷少,铣削量就少,如目前先进的电磁铸造技术、LHC(low head carbon)铸造技术等,其铸锭表面极冷区仅小于1 mm,目前国内铸造技术的铸锭铣面量，一般铣面量为 5 ~ 30 mm，最大铣面量不超过 40 mm。带侧铣的铸锭铣床小面铣削深度一般为 5 ~ 15 mm，角度为 10° ~ 20°，小面铣削的目标是将铸锭大面和侧面的棱角处的铸造缺陷铣削干净，而传统铣面无侧铣装置，则采用刨边方式清除铸锭整个侧面的铸造缺陷。

镁含量大于 3% 的铝镁合金铸锭，高锌合金铸锭以及经顺压的 2××× 系合金铸锭小面表层在铸造冷却时，富集了 Fe、Mg、Si 等合金元素，形成非常坚硬的质点，热轧时极易破碎开裂，影响正常轧制，因此，该类铸锭热轧前均需刨边（侧面铣效果最佳）。一般表层急冷区厚度约 5 mm，所以刨边深度一般控制在 5 ~ 10 mm 范围即可，刨边后应无明显毛刺，刀痕均匀，刀痕深度不大于 3. 0 mm。

铸锭小面弯曲度过大，不利于热轧辊边轧制，严重时易造成轧制带材产生镰刀弯而无法纠正，因此，当铸锭小面弯曲度超过控制范围（3 mm/m）时，可采用刨边的方法进行纠正。

铣削后铸锭表面质量要求：(1) 铣刀痕控制，通过合理调整铣刀角度，使铣削后铸锭表面的刀痕形状呈平滑过渡的波浪形，刀痕深度不大于 0. 15 mm，避免出现锯齿形；(2) 表面无因刀钝或粘刀所造成的粘铝或痕迹，目测检查光洁度良好，无裂纹、夹渣、疏松等铸造缺陷。

铣削后铸锭表面的表面保护，在搬运存放过程中避免磕碰伤，保持存放环境的清洁，避免灰尘、油污的污染，存放时间一般不要超过 24 h。

4. 1. 2. 2 铸锭及包铝板的蚀铣

铸锭及包铝板蚀铣的目的是采用化学腐蚀的方法清除其表面的油污及脏物，使之清洁。未经铣面的纯铝铸锭，经蚀铣后的合金铸锭，所有的包铝板需蚀洗，经干铣后的所有合金铸锭不需要进行蚀洗，但在装炉或包铝作业时应用航空油擦净表面灰尘。

蚀洗的工艺流程是：碱洗（NaOH 浓度 10% ~ 20%，温度 60 ~ 80℃，浸泡时间 6 ~ 12 min）→冷水洗→酸洗（HNO_3 浓度 20% ~ 30%，室温，浸泡时间 2 ~ 4 min）→冷水洗→热水洗（温度不低于 70℃）。

蚀洗的质量要求：经蚀洗后的铸锭应及时吊离蚀洗工作间，最长存放时间不得超 24 h；铸锭表面无磕碰伤、残留的水痕、酸碱液痕迹。

4.1.2.3 铸锭的包铝

铸锭的包铝主要分为两大类,一类是硬材质合金的包铝,另一类是复合形热传输材料的包铝。

硬材质合金主要包括2000系、6000系、7000系以及镁含量较高的合金(如5A06)等。7000系合金采用含Zn的7072合金或LB_1包铝板,其他合金采用1230合金或LB_2包铝板。

复合形热传输材料主要用于制作空分设备和汽车热交换器等,主要由基体材料、钎焊料、水侧保护材料三部分组成,基体金属所采用的合金有3003(3A21)、6063、7825等,钎焊包覆层合金有4004、4104、4045、4343、4747等高Si合金,水侧保护层所采用的合金有3005、5005、7072等;根据材料不同用途分单面包覆和双面包覆,双面包覆又分为相同合金包覆和不同合金包覆,每面包铝层厚度一般占板材总厚度的10%左右。

硬材质合金的包铝分为防腐蚀包铝和工艺包铝;防腐蚀包铝分为正常包铝和加厚包铝。为提高材料抗蚀性能而进行的包铝称为防腐蚀包铝;为改善材料的加工工艺性能而进行的包铝称为工艺包铝。硬材质铝合金板材包铝层厚度如表4-2所示。

表4-2 硬材质铝合金板材包铝层厚度

板材厚度/mm	每面包铝层厚度占板材厚度的百分比/%		
	正常包铝	加厚包铝	工艺包铝
2.5以下	≥4	≥8	1.0~1.5
≥2.5	≥2		

包铝板的制备规格:长度是铸锭长度的75%,宽度等于或略大于铸锭宽度,厚度按下式计算:

$$a = H_0\delta/(100K - 20K\delta) \tag{4-1}$$

式中 a——包铝板厚度,mm;

H_0——铸锭厚度,mm;

δ——所要求的单面包铝层厚度占板片总厚度的百分比,%;

K——选用的包铝板长度与铸锭长度比,$K = 0.75 \sim 0.90$。

常用的硬材质合金铸锭包铝板厚度如表4-3所示。

表 4-3 硬材质合金铸锭常用包铝板厚度

铸锭厚度/mm	铸锭铣面后厚度/mm	成品板材厚度/mm	单面包铝板厚度/mm
200	185	0.5 ~ 2.4 2.5 ~ 10.0 工艺包铝 加厚包铝	10.7 ~ 11.2 5.0 ~ 5.2 2.2 ~ 2.5 32.0 ~ 34.0
300	270	0.5 ~ 2.4 2.5 ~ 10.0 工艺包铝 加厚包铝	16.0 ~ 16.5 7.6 ~ 8.0 3.0 ~ 3.2 3.8 ~ 4.0
340	300	0.5 ~ 2.4 2.5 ~ 10.0 工艺包铝 加厚包铝	20.0 ~ 20.5 9.5 ~ 4.0
400	385	0.5 ~ 2.4 2.5 ~ 10.0 工艺包铝 加厚包铝	3.0 ~ 4.0 42.0 ~ 44.0

生产变断面板片时,包铝板厚度按成品薄端计算。

为了减小硬材质合金板材边部裂纹,提高带材冷轧或中温轧制时的道次变形量,减少冷轧时的中间退火次数,减少冷轧时断带,提高板材成材率和生产效率,可以加上侧边包铝。侧面包铝板采用 1050 合金,厚度为 7 ~ 10 mm,宽度为铸锭厚度的 70%,长度没有很严格的要求。

4.1.2.4 铸锭加热

A 加热制度的确定

铝及铝合金铸锭的加热,通常是在辐射式电阻加热炉或者在带有强制空气循环的电阻加热炉或天然气加热炉内进行。天然气加热炉加热速度快、温度均匀,有利于现代化连续性的大生产。

铸锭加热制度包括加热温度、保温时间及炉内气氛。

加热温度必须满足热轧温度的要求,保证合金的塑性高、变形抗力低。热轧温度的选择一是根据合金的平衡相图、塑性图、变形抗力图、第二类再结晶图确定的;二是通过差热分析和热加工塑性实验来确定。第一种方式的计算方法如下:

$$T = 0.65 \sim 0.95 T_{固} \tag{4-2}$$

式中 T——热轧温度,℃;

$T_{固}$——合金的固相线温度,℃。

实际生产过程中,为补偿出炉到热轧开坯前的温降损失,保证热轧温度,金属在炉内温度应适当高于热轧温度。

a 差热分析

(1) 差热分析概念。差热分析(Differential Thermal Analysis, DTA),是一种重要的热分析方法,是指在程序控温下,测量物质和参比物的温度差与温度或者时间的关系的一种测试技术。该法广泛应用于测定物质在热反应时的特征温度及吸收或放出的热量,包括物质相变、分解、化合、凝固、脱水、蒸发等物理或化学反应。广泛应用于无机、硅酸盐、陶瓷、矿物金属、航天耐温材料等领域,是无机、有机,特别是高分子聚合物、玻璃钢等方面热分析的重要仪器。

热分析方法是利用热学原理对物质的物理性能或成分进行分析的总称。根据国际热分析协会(International Confederation for Thermal Analysis,缩写 ICTA)对热分析法的定义:热分析是在程序控制温度下,测量物质的物理性质随温度变化的一类技术。所谓"程序控制温度"是指用固定的速率加热或冷却,所谓"物理性质"则包括物质的质量、温度、热焓、尺寸、机械、声学、电学及磁学性质等。

(2) 差热分析原理与仪器结构。物质在受热或冷却过程中,当达到某一温度时,往往会发生熔化、凝固、晶型转变、分解、化合、吸附、脱附等物理或化学变化,并伴随有焓的改变,因而产生热效应,其表现为样品与参比物之间有温度差。记录两者温度差与温度或者时间之间的关系曲线就是差热曲线(DTA 曲线)。

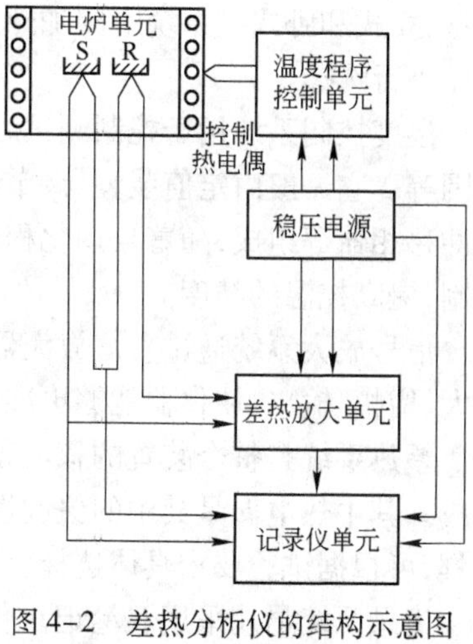

图 4-2 差热分析仪的结构示意图

差热分析仪的结构如图 4-2 所示。它包括带有控温装置的加热炉、放置样品和参比物的坩埚、用以盛放坩埚并使其温度均匀的保持器、测温热电偶、差热信号放大器和记录仪(后两者亦可用测温检流计代替)。

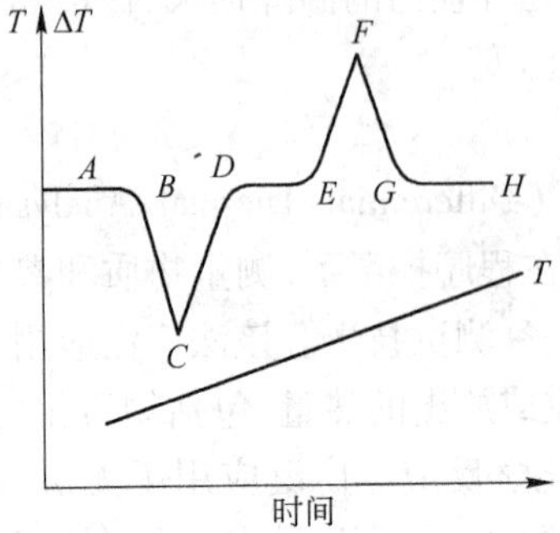

图 4-3 典型的 DTA 曲线

图 4-3 为典型的 DTA 曲线,当然,实际的 DTA 从差热图上可清晰地看到差热峰的数目、高度、位置、对称性以及峰面积。峰的个数表示物质发生物理化学变化的次数,峰的大小和方向代表热效应的大小和正负,峰的位置表示物质发生变化的转化温度。在相同的测定条件下,许多物质的热谱图具有特征性。因此,可通过与已知的热谱图的比较来鉴别样品的种类。

一般的差热分析装置由加热系统、温度控制系统、信号放大系统、差热系统和记录系统等组成。有些型号的产品也包括气氛控制系统和压力控制系统。现将各部分简介如下:

加热系统提供测试所需的温度条件,根据炉温可分为低温炉(小于 250℃)、普通炉、超高温炉(可达 2400℃);按结构形式可分为微型、小型,立式和卧式。系统中的加热元件及炉芯材料根据测试范围的不同而进行选择。

温度控制系统用于控制测试时的加热条件,如升温速率、温度测试范围等。它一般由定值装置、调节放大器、可控硅调节器(PID-SCR)、脉冲移相器等组成,随着自动化程度的不断提高,大多数已改为微电脑控制,提高控温的精度。

信号放大系统通过直流放大器把差热电偶产生的微弱温差电动势放大、增幅、输出,使仪器能够更准确的记录测试信号。

差热系统是整个装置的核心部分,由样品室、试样坩埚、热电偶等组成。其中热电偶是其中的关键性元件,既是测温工具,又是传输信号工具,可根据试验要求具体选择。

记录系统早期采用双笔记录仪进行自动记录,目前已能使用微机进行自动控制和记录,并可对测试结果进行分析,为试验研究提供了很大方便。

气氛控制系统和压力控制系统能够为试验研究提供气氛条件和压力条件,增大了测试范围,目前已经在一些高端仪器中采用。

(3)差热分析的应用。凡是在加热(或冷却)过程中,因物理–化学变化而产生吸热或者放热效应的物质,均可以用差热分析法加以鉴定。差热分析法由于具有诸多优势,已成为材料研究中不可缺少的测试方法。其主要应用范围如下:

1)含水化合物。对于含吸附水、结晶水或者结构水的物质,在加热过程中失水时,发生吸热作用,在差热曲线上形成吸热峰。

2)高温下有气体放出的物质。一些化学物质,如碳酸盐、硫酸盐及硫化物等,在加热过程中由于 CO_2、SO_2 等气体的放出,而产生吸热效应,在差热曲线上表现为吸热谷。不同类物质放出气体的温度不同,差热曲线的形态也不同,利用这种特征就可以对不同类物质进行区分鉴定。

3)矿物中含有变价元素。矿物中含有变价元素,在高温下发生氧化,由低价元素变为高价元素而放出热量,在差热曲线上表现为放热峰。变价元素不同,以及在晶格结构中的情况不同,则因氧化而产生放热效应的温度也不同。如 Fe_2^+ 在 340 ~450℃变成 Fe_3^+。

4)非晶态物质的重结晶。有些非晶态物质在加热过程中伴随有重结晶的现象发生,放出热量,在差热曲线上形成放热峰。此外,如果物质在加热过程中晶格结构被破坏,变为非晶态物质后发生晶格重构,则也形成放热峰。

5)晶型转变。有些物质在加热过程中由于晶型转变而吸收热量,在差热曲线上形成吸热谷。因而适合对金属或者合金、一些无机矿物进行分析鉴定。

6)数据的使用。通过铝合金铸锭差热分析曲线可以确认各个吸热峰所对应的温度,利用该温度值做工艺验证性试验,观察金相组织是否有过热或过烧现象以及相的变化,一方面剔出差热分析误差,另一方面确认生产工艺。

b 加热及保温时间

加热及保温时间的确定应充分考虑合金的导热特性、铸锭规格、加热设备的传热方式以及装料方式等因素，在确保铸锭达到加热温度且温度均匀的前提下，应尽量缩短加热时间，以利于减少铸锭表面氧化，降低能耗，防止铸锭过热、过烧，提高生产效率。铸锭厚度越大，所需的加热时间越长，厚度与加热时间的关系可按下面经验公式计算：

$$t = 20\sqrt{H} \tag{4-3}$$

式中 t——铸锭加热时间，min；

H——铸锭厚度，mm。

表4-4、表4-5列出了不同规格的铝及铝合金铸锭在推进式加热炉和辐射式双膛链式加热炉内的加热制度。

表4-4 铝及铝合金铸锭在推进式加热炉内的加热制度

<table>
<tr><th colspan="2" rowspan="2">合金状态</th><th rowspan="2">铸锭厚度/mm</th><th colspan="2">铸锭加热温度/℃</th><th rowspan="2">加热时间/h</th><th rowspan="2">最大停留时间/h</th></tr>
<tr><th>温度范围</th><th>最佳温度</th></tr>
<tr><td rowspan="2">纯铝</td><td>毛料、瓶盖料、M、F、H112、O状态</td><td>480</td><td>470～520</td><td>500</td><td>7～15</td><td>48</td></tr>
<tr><td>其他</td><td>480</td><td>420～480</td><td>450</td><td>7～15</td><td>48</td></tr>
<tr><td colspan="2">3003、3A21</td><td>480</td><td>480～520</td><td>500</td><td>7～15</td><td>48</td></tr>
<tr><td colspan="2">5A02、H112、F</td><td>480</td><td>450～480</td><td>460</td><td>7～15</td><td>48</td></tr>
<tr><td colspan="2">5A02、5A66、其他</td><td>480</td><td>480～520</td><td>500</td><td>7～15</td><td>48</td></tr>
<tr><td colspan="2">5182、5082</td><td>480</td><td>480～520</td><td>500</td><td>7～15</td><td>48</td></tr>
<tr><td colspan="2">3004、3104</td><td>480</td><td>490～530</td><td>510</td><td>7～15</td><td>48</td></tr>
</table>

表4-5 铝及铝合金铸锭在辐射式双膛链式加热炉内的加热制度

<table>
<tr><th colspan="2" rowspan="2">合 金</th><th rowspan="2">铸块厚度/mm</th><th colspan="3">加热制度</th><th colspan="2">铸块出炉温度</th></tr>
<tr><th>定温/℃</th><th>加热时间/h</th><th>最大停留时间/h</th><th>出炉温度范围/℃</th><th>最佳温度/℃</th></tr>
<tr><td rowspan="2">3A21
3003</td><td>3A21H×4(LF21Y2)</td><td rowspan="2">400、480</td><td rowspan="2">620</td><td rowspan="2">8.0～10.0</td><td rowspan="2">48</td><td>460～500</td><td>480</td></tr>
<tr><td>3A21(LF21)、其他及3003</td><td>450～500</td><td>480</td></tr>
<tr><td colspan="2">LB1、LB2</td><td>400</td><td>620</td><td>8.0～10.0</td><td>48</td><td>420～480</td><td>450</td></tr>
<tr><td colspan="2">LQ2、LQ3</td><td></td><td>620</td><td>8.0～10.0</td><td>24</td><td>400～450</td><td>430</td></tr>
</table>

续表 4-5

合 金	铸块厚度 /mm	加 热 制 度			铸块出炉温度	
		定温 /℃	加热时间 /h	最大停留 时间/h	出炉温度 范围/℃	最佳温度 /℃
6061、6082、6063	400	620	8.0~10.0	48	420~500	460
3004	400	620	8.0~10.0	48	480~500	490
5052、LF2、5005、5251、1×××系	400、480	620	8.0~10.0	48	450~500	480
4004、LT2-1、4343	400	620	8.0~10.0	24	400~450	430~450

B 装炉要求

铸锭因为大小、表面状况不一样在同样的加热条件下其升温速度不一样,尤其是辐射加热方式更敏感,因此铸锭的装炉顺序应该符合下列原则:

(1) 同一合金铸锭应遵循先窄后宽、先短后长的装炉顺序。

(2) 对于包铝铸锭、刨边铸锭以及未刨边铸锭之间的装炉先后顺序是:首先是未刨边铸锭,其次是包铝铸锭,最后是刨边铸锭。

(3) 二次加热铸锭应装在一次加热铸锭前面。

因各种原因而出炉未压的铸锭必须打上“二次”标记,出炉铸锭经金相检验确定过烧的一律报废,并在报废铸块上用粉笔注明“废”字标记,未过烧的铸锭经处理后可再重新加热。原则上二次加热铸锭应单独装炉,若与一次加热铸锭混装时,二次加热铸锭必须装在前面并与一次加热铸锭隔一区的距离。对表面有较严重碰、撞伤的铸锭,必须返回铣床重新进行铣面后才能装炉。

(4) 铸锭装炉先后顺序必须遵循先低温,后高温;先小吨位铸锭,后大吨位铸锭的原则。

C 加热炉烘炉

不同的加热炉因筑炉材料不同,其烘炉的制度也不尽相同,但不管用哪种保温材料在炉子新筑或大修后都应进行烘炉。下面是某加热炉大修后的烘炉制度:

第一次定温 50℃,到达后保持 6 h(开炉门)。

第二次定温 75℃,到达后保持 12 h(开炉门)。
第三次定温 100℃,到达后保持 12 h(开炉门)。
第四次定温 125℃,到达后保持 12 h(开炉门)。
第五次定温 150℃,到达后保持 24 h(开炉门)。
第六次定温 175℃,到达后保持 12 h(开炉门)。
第七次定温 200℃,到达后保持 24 h(开炉门)。
第八次定温 225℃,到达后保持 12 h(关炉门)。
第九次定温 250℃,到达后保持 12 h(关炉门)。
第十次定温 275℃,到达后保持 12 h(关炉门)。
第十一次定温 300℃,到达后保持 24 h(关炉门)。
第十二次定温 350℃,到达后保持 12 h(关炉门)。
第十三次定温 400℃,到达后保持 24 h(关炉门)。
第十四次定温 450℃,到达后保持 12 h(关炉门)。
第十五次定温 500℃,到达后保持 10 h(关炉门)。
第十六次定温 550℃,到达后保持 6 h(关炉门)。
第十七次定温 600℃,到达后保持 6 h(关炉门)。
总计:232 h。
备注:(1) 炉子大修后,打开炉门自然干燥 24 h 后,才开始烘炉。
(2) 当炉温升到 200℃并保温 24 h 后关闭炉门。
(3) 加热炉平时小修后的烘炉制度根据实际情况另行规定。

4.2 热轧工艺

4.2.1 轧制方式与特点

热轧铸锭宽度规格通常只有几种宽度,它不能适应各种成品宽度的要求,因此热粗轧轧制方式较为复杂,主要是纵轧、横轧、横纵轧和斜轧四种轧制方式,在日常生产中,这几种方式经常交叉使用,以获得适当的轧件宽度。

纵轧是采用顺铸锭长度方向进行轧制的方式,这种轧制方式是最为简单的一种,当铸锭宽度满足成品宽度和各工序切边量时,采用这种轧制方式。

横轧是按铸锭宽度方向进行轧制的方式，这种轧制方式适用于成品宽度比铸锭宽度大得多的产品，一般铸锭宽度超过成品宽度 400 mm 时，就采用这种方式。

横纵轧即先进行横轧，然后转向 90°进行纵轧的一种轧制方式，这种轧制方式适用于铸锭宽度达不到成品宽度，但宽度差异不到 400 mm 时采用。

斜轧即铸锭长度与轧制方向成一定角度进入轧机进行开坯，当轧件宽度满足制品要求时，再进行纵轧的生产方式。由于软合金道次变形大，温度高，特别适合于这种轧制方式，以解决横轧带来的铸锭小、成材率低的问题。

4.2.2 影响轧制的几个重要因素

轧制过程包括热粗轧和热精轧。在轧制过程中主要是轧辊、轧件和乳液三者之间相互作用的过程，另外还有辊缝外的立辊滚边轧制、卷取张力控制等。

4.2.2.1 轧辊的选择

轧辊是轧机上承受轧制力并把轧制材料厚度均匀减小的圆柱形的贵重的大型工具。轧辊在使用过程中，出现辊面被压花、粘伤，或改料等情况，一般都要进行更换，按要求重新磨削后方能再次投入使用。

A 几个常用的术语

(1) 辊型。所谓辊型是指辊身中间和两端有着不同的直径，以及这个直径差从辊身中间向两端延伸的分布规律。通常分布是对称的。一般为 72°的正弦曲线。辊型在标注时要注明是直径值还是半径值。圆柱形辊型又称为“平辊”。

(2) 轧辊的硬度。金属材料对磨损和外力所能引起变形之抵抗能力的大小称为硬度。铝轧机轧辊的硬度常用肖氏硬度来表示，注意肖氏硬度有 HSC 和 HSD 之分，轧辊的硬度大多采用 HSD 表示。

HSC 是 2.36 g 的重锤从 25.4 cm 高下落所打出的数值；

HSD 是 36 g 的重锤从 1.91 cm 高下落所打出的数值。

(3) 表面粗糙度。表面粗糙度是指零件加工表面所具有的，较小间距和微小峰谷的微观几何形状不平度。国家标准(GB1031—83)规定评定表面粗糙度有三个参数。即：

轮廓算术平均偏差——R_a；

微观不平度十点高度——R_z；

轮廓最大高度——R_y。

通常采用轮廓算术平均偏差——R_a。

（4）径向跳动。径向跳动是指工件表面绕中心线作无轴向移动回转时，在任一测量平面用千分表或类似测表测量所显示的数值。这是对轧机和磨床都更有实际意义的测量数值。

B 轧辊的基本结构

轧辊通常包括四个组成部分（如图4-4）：辊身、辊颈、接头和顶尖孔。

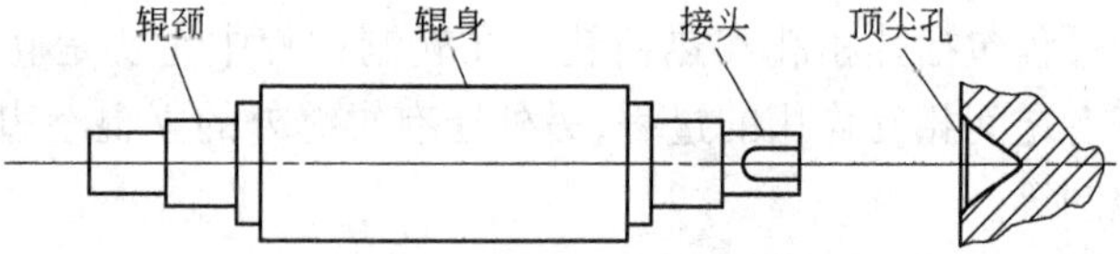

图4-4 轧辊的结构

（1）辊身。辊身是轧辊的主要部分，直接与轧制材料接触，一般所谓的轧辊磨削就是指对辊身的磨削。为弥补轧制过程中的变形，辊身通常都磨成凸形或凹形，CVC轧机是将工作辊磨成S形（或称花瓶形），上下辊反向180°配置。

（2）辊颈。辊颈用来安装轴承并通常作为轧辊磨削的支承面，因此，其正圆度和同心度有严格的要求，一般要求不大于0.003 mm。

由于轴承经常拆装以及支承磨削时的摩擦，辊颈的轴承部位容易被损伤。在允许的范围内，可以对损伤处进行适度修磨。辊颈的硬度一般为HSD45～50。

（3）接头。接头用来和主传动接手相联接，一般也是磨削时安装夹具的地方。若轧辊端部有螺孔，也可以使用比较简单轻便的板式夹具，将其固定在辊端即可。

（4）顶尖孔。顶尖孔是找正的基准，应保证其正圆和准确的锥角，对于采用顶尖孔直接磨削的轻型轧辊尤为重要。根据轧辊的轻重不同,顶尖孔有60°、75°和90°等不同角度。轧辊一般较重,大多采用托架支承方式,顶尖孔只起初步定位作用,因此要求不高。

C 轧辊的加工精度

轧辊的加工精度可以分为尺寸精度(包括尺寸公差、形位公差)和表面状况两大类。

(1) 轧辊加工的尺寸精度。轧辊的尺寸精度要求是微米级的,轧辊加工的大部分尺寸精度是由轧辊生产厂商来保证,因此购买轧辊时选择具有较高加工水平的厂商是十分重要的。对铝加工企业的轧辊磨床来说,轧辊磨削的尺寸精度主要有以下几点:

1) 辊身的径向跳动:一般不大于0.003 mm;

2) 辊身两端直径差(俗称"锥度"):一般不大于0.015 mm(非CVC轧辊);

3) 辊型的准确度:包括两方面,一是辊型误差,一般不大于给定值的10% ~20%;二是辊型位置轴向偏移量不大于5 mm;

4) 配对辊径差:根据轧机精度和轧制材料加工精度不同而异,小的要小于0.02 mm,大的可不做要求。

(2) 表面状况。轧辊磨削的难点是要磨出优良的"表面"。即使是先进的CNC轧辊磨床,也需要磨工有熟练的操作技巧和丰富的实践经验才能做到。表面状况主要有表面粗糙度和表面感官质量。

1) 表面粗糙度。轧辊的表面粗糙度与一般加工件表面粗糙度含义不太一样,它包含着一种用特定的磨削工艺所磨削出来的表面状态。比如,同样磨削一个粗糙度 R_a 为0.25的工件,用80号的砂轮和用150号砂轮磨出的效果就大不相同,其他如不同的磨削液、不同的磨削工艺加工出来的效果也会不一样。

轧辊的表面粗糙度根据轧机生产工艺要求而定,轧辊磨床主要关心的是表面粗糙度的均匀性。一般粗糙度的数值越低,其允许的误差也越小。

2) 表面感官质量。轧辊磨削后表面不允许有螺旋纹(或称之为"砂轮印"、"刀花")、振纹、小划道等影响板材表面质量的缺陷。在满足粗糙度要求的前提下,表面不要发亮,越"发白、发乌"越好。

D 轧辊的检查

掌握轧辊的正确检查和检测方法是十分重要的。

(1) 外形尺寸的检查。轧辊表面的感官质量主要是通过人的视觉器官——眼睛,在充足的光线照射下,从一定的角度、合适的距离去观察。

外径千分尺可以用来检测直径值、锥度、配对辊径差和大致的辊型资料。轧辊磨床应配备量程齐全的千分尺。为避免划伤辊面(哪怕只有一点轻微的印痕,一般也是不允许的),影响板材质量,磨后的轧辊在使用宽度内不允许测量。

千分表(要求不高的也可以用百分表)主要用于检测轧辊的径向跳动。

现在比较先进的 CNC 轧辊磨床上都安装了精密的轧辊检测装置,可以检测轧辊的圆度、辊型等资料,还可以打印记录。

(2) 粗糙度的检查。粗糙度的检查方法有描刻法、气隙法和光学法,目前普遍应用的是描刻法。

(3) 硬度的检测。由于肖氏硬度计只能垂直测量而且较为笨重,携带不便,因此能自动换算成各种硬度值(有微小偏差)、可以从任何方向测量、轻巧的里氏硬度计便有了用武之地。

(4) 轧辊裂纹等缺陷的检查。主要是使用涡流探伤仪,通过高频涡流探头和轧辊表面之间的电磁感应变化,从而探测出轧辊表面裂纹所在的部位及深度,该探伤仪还能探测出轧辊表面的磁性点。该探伤仪的使用可以减少轧辊的磨削量,延长轧辊的使用寿命,提高轧辊的质量。

E 轧辊的管理

轧辊的原始辊型的设计、硬度、粗糙度以及表面磨削质量的控制等对板材表面质量的影响很大,因而必须对轧辊质量进行严格控制。

(1) 轧辊的初始凸度。轧辊初始凸度的合理选择是控制板形和板材中凸度的重要手段之一,特别是在生产合金品种多、规格跨度大,仅有乳液分段冷却和液压弯辊等板形控制手段的加工厂,轧辊初始凸度的确定显得非常重要。事实证明原始辊型的优化能明显改善板形,原始辊型的分组主要由轧件的宽度和变形抗力决定,每组原始辊形应具有以下特征:1)对规定宽度范围内的产品有良好的板形;2)辊缝对轧制力的变化具有稳定性;3)辊缝对弯辊力的变化具有高的灵敏度;4)轧辊具有均匀的磨损性。

因为支承辊辊面凸度的变化对辊缝变化的灵敏度小于工作辊辊面凸度变化的影响,同时考虑到产品规格的多样性,所以,一般情况下,热粗轧机和热精轧机支承辊均选用平辊,而工作辊设计为凹度辊,热粗轧机工作辊凹度为 0 ~ -0.20 mm,热精轧机工作辊凹度为 -0.10 ~ -0.30 mm。

(2) 轧辊的粗糙度。轧辊辊面粗糙度值的选择和均匀性的控制直接影响到产品的表面质量。对于热轧而言,辊面粗糙度的选择既要有利于咬入,防止轧制过程中打滑,也要防止因辊面粗糙而影响产品表面质量。因此,热粗轧机工作辊粗糙度 R_a 为 1.25 ~1.75,热精轧机工作辊粗糙度 R_a 为 0.8 ~1.2,支撑辊粗糙度 R_a 为 1.5 ~2.0;为了避免因辊面粗糙度不均匀造成带材表面色差,工作辊辊面粗糙度分布的均匀性应控制在 ±0.2 μm 内。

(3) 轧辊的硬度。热轧辊多数采用锻钢轧辊。轧辊硬度直接影响到产品的表面质量和轧辊的使用寿命。辊面硬度低,轧制时易产生压坑,导致带材表面出现轧辊印痕,而且降低轧辊的耐磨性与使用寿命;辊面硬度过高,轧辊韧性下降而变脆,热轧过程易龟裂或剥落;因此,选择适宜的轧辊硬度是有益的。对于 4 辊轧机为保护和提高工作辊的使用寿命,支撑辊的硬度比工作辊低。

热粗轧机轧辊辊面硬度(HSD):支撑辊 50 ±5 工作辊 70 ±5

热精轧机轧辊辊面硬度(HSD):支撑辊 65 ±2 工作辊 80 ±2

(4) 轧辊的保护。热轧过程中轧辊承受高温、高压、急冷急热,辊内出现交变的拉压内应力,致使辊面产生裂纹,随着裂纹的进一步扩展致使辊面龟裂甚至剥落;热轧过程中还易出现辊面损伤、粘铝缺陷,致使换辊频次增加,研磨量增大,轧辊使用寿命缩短。实际生产中如何保护轧辊,延长轧辊使用寿命,主要应采取下列措施:

1) 新换轧辊在开始轧制前须进行预热,防止因轧辊内外温差过大产生热裂纹。预热的方式有两种:蒸汽预热,即换辊前向轧辊中孔通入蒸汽预热8 h以上,辊面温度达40～80℃,此方式预热效果最佳;乳液预热,特殊情况下的换辊,未进行蒸汽预热,换辊后低速旋转轧辊,喷射乳液预热20～30 min。

2）定期更换轧辊。建立合理的轧辊周期更换制度,防止轧辊的过度疲劳和热裂纹的进一步扩展。热粗轧、热精轧轧辊的周期更换制度如下:

热粗轧机:支撑辊 2次/年 工作辊 1次/周

热精轧机:支撑辊 2～4次/年 工作辊 2次/周

3）轧辊定期热处理,消除或减少内应力。

4）合理选择和使用冷却润滑剂,减少轧辊磨损,调整冷却润滑剂喷射角度,避免因辊温过高引起粘辊或缠辊事故。

5）合理安排轧制顺序,新换轧辊应先生产软合金,再生产硬合金,防止对轧辊的剧烈冲击。

6）更换下的轧辊研磨时,一定要磨掉辊面缺陷和疲劳层,防止缺陷的进一步扩大。

7）新辊进场后应对其各部尺寸、硬度、圆跳动等进行检查;同时建立起管理卡片。

8）轧辊应存放在干燥、温度高于10℃的环境中,以免锈蚀。

9）使用时要确保辊身、辊颈的冷却,润滑均匀而到位,这样既可保证轧制的平稳进行,又可减少轧辊产生剥落和断颈事故的发生。

10）轧制环境要干净,避免异物压入;断带处理及时,防止出现叠轧。

11）磨烧伤(严重者磨时即会起皮)、粘伤、过度疲劳等都容易引发晶界裂纹,而这些裂纹是导致辊身网纹状剥落的起源,会使轧辊过早报废,应努力避免。

4.2.2.2 热轧制度的设计

在辊缝内由轧件、轧辊和润滑剂构成的摩擦系统中,三者之间相互作用并最终促使轧件发生塑性变形,塑性变形后轧件能否达到需要的内部组织、表面状态、板形和尺寸,不仅取决于良好的润滑、合格的轧辊外形尺寸和表观质量,而且受轧件的轧制温度、变形速度、变形量的分配以及轧制张力等的控制。轧件的这些参数的确定,一方面参考有关资料并结合设备的实际状况，另一方面可以通过热加工塑性实验所提供的结果。

A 热轧温度

热轧温度包括热轧开轧温度和终轧温度。

热轧是在金属再结晶温度以上的轧制过程，要确定合理的热轧温度范围，一般考虑四个方面的因素：

（1）合金的相图。合金的相图能够初步给出热轧温度范围，是确定热轧温度的一个重要依据。通常热轧温度的上限取固相线温度的85%～90%，下限取固相线温度的65%～70%。合金相图只能大概给出一个热轧温度范围，至于究竟确定多高温度为宜，尚需参考合金的塑性图。

（2）金属或合金的塑性图。塑性图是金属或合金的塑性在高温下随变形状态和加载方式而变化的综合曲线图。合金的塑性图能够给出金属或合金的最高塑性的温度范围，它是确定热轧温度的主要依据。塑性图不能反映出热轧终了时金属的组织与性能。因此，还必须依据第二类再结晶图确定热粗轧终了温度。

（3）第二类再结晶图。第二类再结晶图是金属或合金的变形程度、变形温度和晶粒大小之间的关系图。为了控制热轧后的产品晶粒度和性能，热粗轧终了温度要参考第二类再结晶图。

（4）热精轧终了温度。对铝热连轧而言，一般要求终轧温度在金属或合金的再结晶温度以上。所以在确定热粗轧的轧制温度时，必须考虑热精轧的终轧温度。

理论上热轧开轧温度取合金熔点温度的85%～90%左右，但应考虑低熔点相的影响，热轧温度过高，容易出现晶粒粗大或晶间低熔点的熔化，导致加热时铸锭过热或过烧，热轧轧制时开裂或轧碎；温度过低，将引起铸锭的不均匀变形，增大轧制负荷，增大铸锭轧制时的边裂趋势，影响正常轧制；热轧温度的高低对材料的耐热性能和常温力学性能也有影响。热轧的终轧温度是根据合金的第二类再结晶图确定的，铝及铝合金在热轧开坯轧制时的终轧温度一般都控制在再结晶温度以上。表4-6列出了铝及铝合金热轧开轧温度和终轧温度的控制范围。

表 4-6 铝及铝合金热轧开轧温度和终轧温度的控制范围

合 金	热粗轧轧制温度/℃		热精轧轧制温度/℃	
	开轧温度	终轧温度	开轧温度	终轧温度
1000 系	420 ~ 500	350 ~ 380	350 ~ 380	230 ~ 280
3003	450 ~ 500	350 ~ 400	350 ~ 380	250 ~ 300
3104	450 ~ 500	350 ~ 400	350 ~ 400	270 ~ 330
5052	450 ~ 510	350 ~ 420	350 ~ 400	250 ~ 300
5A03	410 ~ 510	350 ~ 420	350 ~ 400	250 ~ 300
5A05	450 ~ 480	350 ~ 420	350 ~ 400	250 ~ 300
5A06	430 ~ 470	350 ~ 420	350 ~ 400	250 ~ 300
2024	420 ~ 440	350 ~ 430	350 ~ 400	250 ~ 300
6061	410 ~ 500	350 ~ 420	350 ~ 400	250 ~ 300
7075	380 ~ 410	350 ~ 400	350 ~ 380	250 ~ 300

B 热轧速度

总的来讲,为提高生产效率,保证合理的终轧温度,在设备允许范围内尽量采用高速轧制。在实际生产过程中,应根据不同的轧制阶段,确定不同的轧制速度。(1)开始轧制阶段,铸锭厚而短,绝对压下量较大,咬入困难,为了便于咬入,一般采用较低的轧制速度;(2)中间轧制阶段,为了控制终轧温度和提高生产效率,只要条件允许,采用高速轧制;(3)最后轧制阶段,因带材变得薄而长,轧制过程温降损失大,带材与轧辊接触时间较长,为获得优良的表面质量和良好的板形,应根据实际情况,选用合适的轧制速度。

在变速可逆式轧机道次轧制过程中,轧制速度分三个阶段合理控制:(1)开始轧制时为有利于咬入,轧制速度控制较低;(2)咬入后升速至稳定轧制,轧制速度较高;(3)抛出时降低轧制速度,实现低速抛出。这样,有利于减少对轧机的冲击,保护设备安全,减少带材的温降损失,提高生产效率。

C 热轧压下制度

热轧压下制度的确定主要包括热轧总加工率和道次加工率的确定。

a 总加工率的确定原则

铝及铝合金板带材的热轧总加工率可达到90%以上,总加工率愈大,材料的组织愈均匀,性能愈好。当铸锭厚度和设备条件已确定时,热轧总加工率的确定原则是:

(1) 合金材料的性质。纯铝及软铝合金,其高温塑性范围较宽,热脆性小、变形抗力低,因而其总加工率大;硬铝合金,热轧温度范围窄,热脆性倾向大,其总加工率通常比软铝合金小;

(2) 满足最终产品表面质量和性能的要求。供给冷轧的坯料,热轧总加工率应留足冷变形量,以利于控制产品性能和获得良好的冷轧表面质量;热轧制品,热轧总加工率的下限应使铸造组织变为加工组织,以便控制产品性能,铝及铝合金热轧制品的总加工率应大于80%。

(3) 轧机能力及设备条件。轧机最大工作开口度和最小轧制厚度差越大,铸锭越厚,热轧总加工率越大,但铸锭厚度受轧机开口度和辊道长度的限制。

(4) 铸锭尺寸及质量,铸锭厚且质量好,加热均匀,热轧总加工率相应增加。

b 道次加工率的确定原则

制订道次加工率应考虑合金的高温性能、咬入条件、产品质量要求及设备能力。不同轧制阶段道次加工率确定原则是:

(1) 开始轧制阶段,道次加工率比较小,一般为2%~10%,因为前几道次主要是变铸造组织为加工组织,满足咬入条件。对包铝铸锭,为了使包铝板与其基体金属之间牢固焊合,头一道次的加工率应小于5%,采用较低的道次加工率干压3~5道次。

(2) 中间轧制阶段,随金属加工性能的改善,如果设备条件允许,应尽量加大道次变形量,对硬铝合金道次加工率可达45%以上,软铝合金可达50%,大压量的轧制将产生大的变形热,补充带材在轧制过程中的热损失,有利于维持正常轧制。

(3) 最后轧制阶段,一般道次加工率减小。为防止热轧制品产生粗大晶粒,热轧最后道次的加工率应大于临界变形量(15% ~20%);热轧最后两道次温度较低,变形抗力较大,其压下量分配应保持带材良好的板形,厚度偏差及表面质量。

D 热加工塑性模拟

热模拟是研究材料热加工特性很有益的一种方式,通过对材料的热模拟可以制定比较合理的热加工工艺,减少工艺摸索带来的时间和产品浪费。下面介绍某 2×××系铝合金的热模拟过程与结果。

a 实验装置

热模拟实验在 Gleeble-1500 动态材料试验机上进行,实验装置简图如图 4-5 所示。从压缩试验结果分析中,我们不仅可以得到材料高温塑性变形时的应力 - 应变关系,而且可以确定合金在变形条件范围内应变速率、温度、应变量和流变应力之间的相互关系。

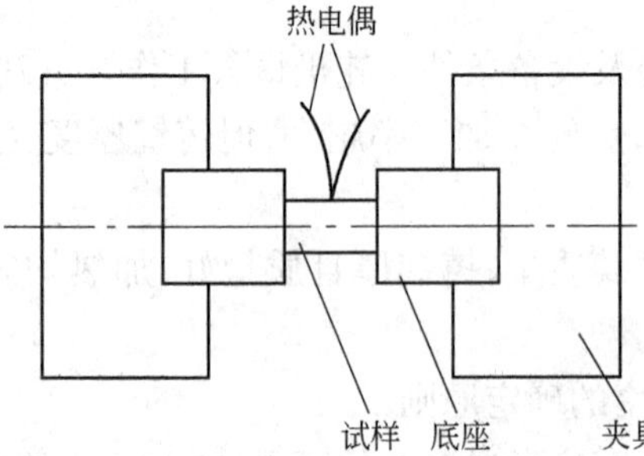

图 4-5 热模拟流变应力实验装置简图

b 试样的制取

试样按 Rastegaev 样品形状进行加工,样品尺寸为 ϕ10 mm × 15 mm,如图 4-6 所示。这种样品的特点是两端带有较浅的凹槽,槽内填充润滑剂。变形时,封闭腔内的润滑剂可减小合金和模具的摩擦。

c 实验过程

试件采用电阻加热,以 1℃/s 的加热速度升至 480℃,保温 4 min,然后以 5℃/s 的冷却速度冷却至不同的变形温度,在不同的工艺条件

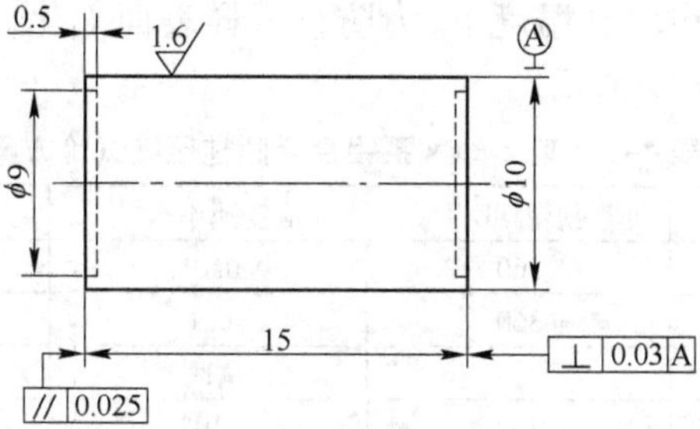

图 4-6 热压缩试样示意图

下模拟热压缩变形,直到压缩变形量达到 60%,如图 4-7 所示。压缩时试样两端用石墨和机油作润滑剂,所有试样在加热变形后立即淬水冷却,以保留变形后的组织;温度、位移、速度等变形条件由计算机系统自动控制,并采集真应力、真应变等数据。

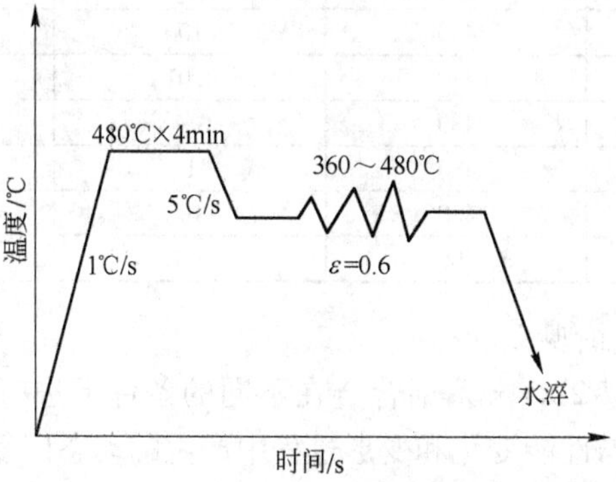

图 4-7 热模拟工艺曲线

为了获得较为恒定的应变速率,压头位移速度 V_d 按下式进行设定:

$$V_d = \dot{\varepsilon} h e^{-\varepsilon} \tag{4-4}$$

式中 h——试样的瞬时高度,每隔 0.1 真应变值分段控制 V_d。

热模拟工艺曲线如图 4-7 所示。由 Gleeble-1500 系统的计算机自动采集真应力、真应变、压力、位移、温度、时间等数据。实验参数变化范围:形变温度 T_d:360 ~ 480℃;变形速率 $\dot{\varepsilon}$:0.01 ~ 10.0 s^{-1};变形程

度 ε:0 ~0.6。在较高温度下,为防止试样表面氧化,采用氩气保护。具体方案如表4-7所示。

表4-7 某2×××系铝合金圆柱压缩试验方案

试样编号	变形温度/℃	应变速率/s^{-1}	润滑状态
1	360	0.01	有
2	360	0.1	有
3	360	1	有
4	360	10	有
5	400	0.01	有
6	400	0.1	有
7	400	1	有
8	400	10	有
9	440	0.01	有
10	440	0.1	有
11	440	1	有
12	440	10	有
13	480	0.01	有
14	480	0.1	有
15	480	1	有
16	480	10	有
17	400	0.1	无

d 金相组织观察

为了研究某2×××系铝合金在不同的条件下进行高温塑性变形后的显微组织与性能变化和变形过程中产生的动态回复和动态再结晶行为,利用以下方法观察分析变形后试样的显微组织。

(1) 光学显微镜(OM)观察。因为试样中部变形量大,变形最均匀,故将金相试样从中间切开取压缩试样的中部。金相试样制备过程如下:切样→粗磨→细磨→机械抛光→电解抛光→阳极复膜。

进行电解抛光时,电解液用(20 mLH_2O,14 mLH_2SO_4,57 mLH_3PO_4,9 gCrO_3)配置,在室温下,于20 V电压下电解抛光10 s后,立即用清水冲洗。然后进行阳极覆膜。覆膜液用(1000 mLH_2O,30 mLHF(溶液40%),11 gH_3BO_3)配置,于16 V电压下覆膜6 min,晾干后在显微镜上进行金相组织观察。

(2) 透射电镜(TEM)观察。透射电镜薄膜试样采用双喷减薄法制取，首先用线切割机在热模拟实验后的试样上切取0.2 mm的薄片，经金相砂纸磨成0.05～0.10 mm厚的薄膜，冲剪成ϕ3 mm圆片，最后在MTP－I型双喷电解仪上用70% CH_3OH + 30% HNO_3 电解液在－25℃下进行电解双喷穿孔(液氮冷却)，操作电压为5～10 V，电流为50～70 mA。

在Temnai G220投射电子显微镜上观察高温变形冻结样品的微观结构，工作电压200 kV。

e 晶粒度的测定

在Leica DMI5000 M倒置显微镜上，采用截点法测定晶粒的尺寸。具体步骤如下：

(1) 采用一根或一组已知长度的直线，调节放大倍数，使测试线尽可能多与一些晶粒相交。

(2) 数出和测试线相交的晶界数P，与晶界相交计作1，与晶界相切计作0.5，与三个晶粒的交汇点相交计作1.5；或者数出与测试线相交的晶粒数，线的端点落在晶粒内部的计作0.5。

(3) 求平均截距$\bar{l}$：

$$\bar{l} = \frac{L}{MP} = \frac{1}{\bar{P}_1} \tag{4-5}$$

式中 $\bar{l}$——试样检测面上晶粒截距的平均值；

L——所使用的测量线段(或网格)长度，mm；

M——观测用放大倍数；

P——测量网格上的截点数；

$\bar{P}_1$——试样检测每毫米内的平均截点数。

(4) 计算平均晶粒度级别数

$$G = (-6.643856\lg\bar{l}) - 3.288 \tag{4-6}$$

截点法是最常用的方法，速度快，精度高，一般进行5次测量就可以得到满意的精度。

f 实验数据处理

(1) 修正摩擦的影响。在等温压缩过程中，夹具与试件之间不可避免地存在接触摩擦，样品变形时内部出现静水压力。摩擦和静水压力的存在使实测真应力值高于均匀变形时的流变应力。为了尽量消除摩擦及相应的不均匀变形对流变应力的影响,应对实测真应力值进行修正。采用两种不同高径比的样品,在相同的温度和应变速率条件下进行等温恒速压缩变形,测定该变形条件下的摩擦系数 f 值。f 值按下式进行计算:

$$f=1.5\frac{\sigma_1-\sigma_2}{\sigma_2\frac{R_1}{h_1}-\sigma_1\frac{R_2}{h_2}} \tag{4-7}$$

式中 σ_1,σ_2——分别为两种试样变形时的实测稳态真应力;
R_1,R_2 和 h_1,h_2——分别为试样的原始半径和高度。

忽略应变和应变速率对摩擦系数的影响。求出摩擦系数 f 后,采用下式求解均匀变形稳态流变应力 σ 值:

$$\sigma=\frac{\sigma_T}{2}\frac{C_f^2}{\exp(C_f)-C_f-1} \tag{4-8}$$

式中 σ_T——实测稳态真应力;
$C_f=2f(R_1/h_1)$——摩擦修正系数。

(2) 修正变形温度的影响。在压缩变形过程中,当应变速率低于 $1.0\ s^{-1}$ 时,温度的变化可由 Gleeble-1500 热力模拟机的加热系统予以补偿,压缩为等温压缩。但随着应变速率的进一步提高,变形温升增大,高于实际设定的变形温度达 5℃以上,导致流变应力降低。所以流动应力曲线还必须进行温度修正,文中采用由热电偶实测试样温度而非名义加热温度进行数据处理,以此对温度变化进行修正。

(3) 修正变形速度的影响。在变形过程中,由于压缩端头的启动、制动以及试样流动应力的变化,使真实应变速度并不一定等于设定的变形速度。由于 Gleeble-1500 热模拟实验机可以采集到端头的位移和对每次数据采集计时,故可以求出平均变形速度。

文中求解流变应力方程及材料常数等值时所用应力值均为经修正后的值。

g 铝合金高温流变性能试验研究结果及流变本构方程的建立

(1) 变形条件对某 2×××系铝合金高温真应力-真应变曲线的影响:

1) 不同应变速率条件下变形温度对流变应力的影响。某 2×××系铝合金高温压缩变形时的不同应变速率流变应力随温度变化规律的真应力-真应变曲线如图 4-8 所示。

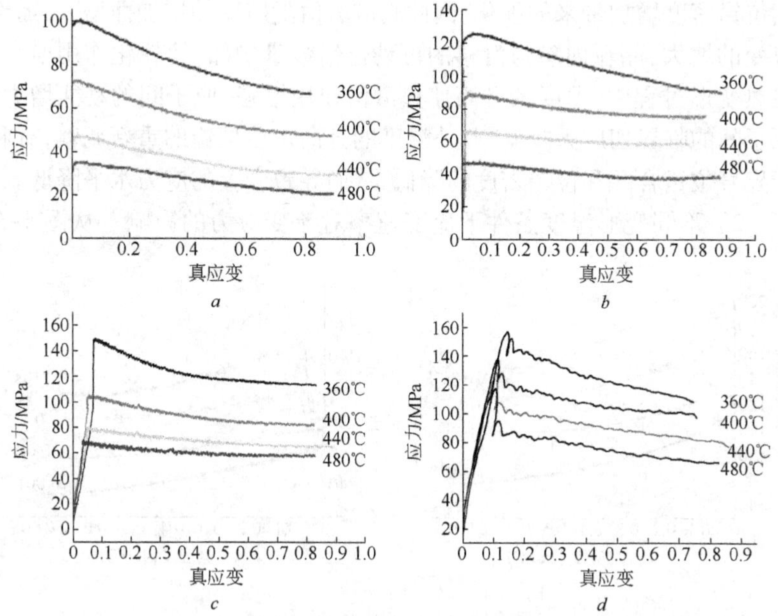

图 4-8 某 2××× 系铝合金热压缩变形的真应力 - 真应变曲线

a— $\dot{\varepsilon}$ =0.01 s^{-1}; b— $\dot{\varepsilon}$ =0.1 s^{-1}; c— $\dot{\varepsilon}$ =1 s^{-1}; d— $\dot{\varepsilon}$ =10 s^{-1}

从图中可以发现，高温压缩变形时，在低应变速率（$\dot{\varepsilon} < 1\ s^{-1}$）条件下，峰值应变很小，材料压缩变形后很快就出现应力峰值，之后随着应变的增加流变应力略有下降，出现近稳态流变特征；在高应变速率（$\dot{\varepsilon} \geqslant 1\ s^{-1}$）条件下，流变应力先随应变的增加而迅速增大，达到一定的应变（ε=0.01～0.15）后，真应力逐渐下降；当 $\dot{\varepsilon}$ =10 s^{-1}时，流变应力曲线在出现应力峰值后表现出强烈的锯齿波形，之后随着应变的增加锯齿波动趋于平缓，表现出不连续动态再结晶特征；在一定的应变速率下，流变应力随着变形温度的升高而降低。造成这一现象的原因是：在变形量不大时，晶粒内位错分布相对均匀，随着变形的增加，一些位错相互缠结，继续变形时，在缠结处的位错密度愈来愈密，位错运动变得更加困难，使得应力值增大。合金的主要软化机制是位错交滑移和攀移，通过位错的交滑移和攀移使晶粒内和晶界上的位错重组，位错密度降低。在过渡变形阶段，位错的滑移和攀移所引起的软化不足以补

偿位错密度增加带来的硬化，因此真应力值随应变的增加而增大；随着应变的增大，晶粒内参与滑移的可动位错数量增加，使软化作用增强；在热变形过程中，温度的升高使热激活作用增强，原子间的动能增大，原子间的临界切应力减弱，此外温度的升高促使位错的重新调整，有利于异号位错合并和位错密度的降低，从而导致合金的应力水平降低。

2）不同变形温度条件下应变速率对流变应力的影响。从图 4-9

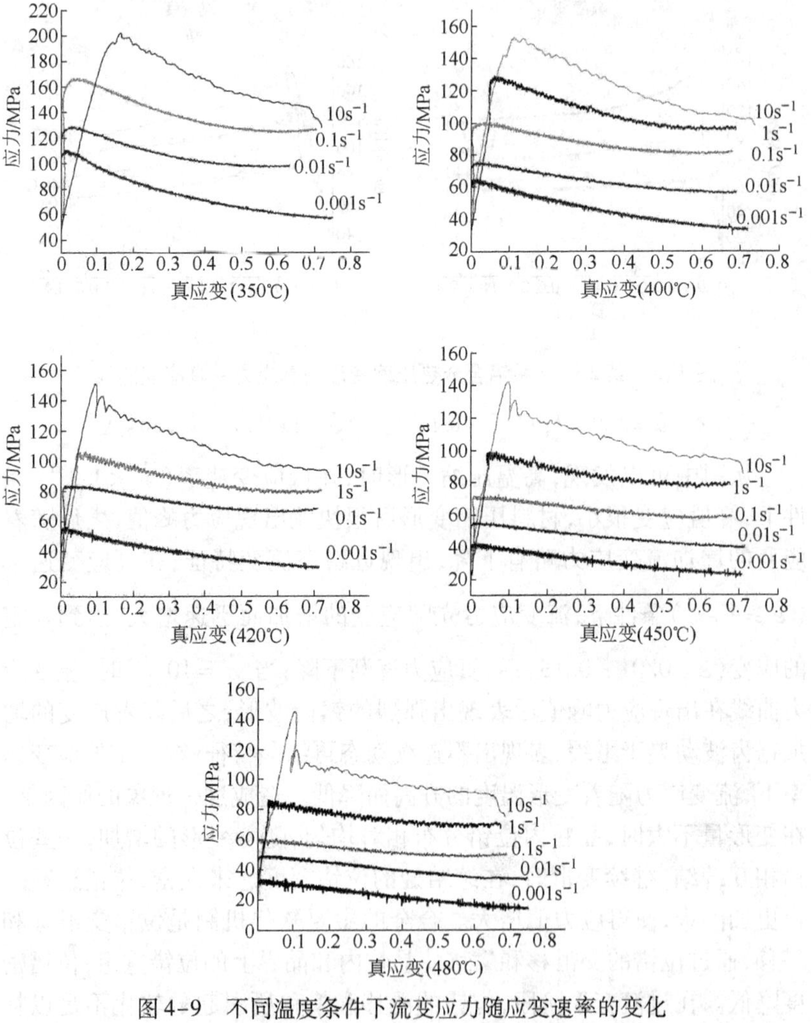

图 4-9　不同温度条件下流变应力随应变速率的变化

可知，在相同的变形温度下，随应变速率的增加，材料的真应力水平升高，这是因为应变速率高时，变形的时间减少，使得动态回复或动态再结晶不能充分完成，所以流变应力增加率就比较大。应变速率降低时，塑性变形得以充分进行，相应的弹性变形量减少，导致流变应力降低；另一方面，应变速率降低时，单位应变的变形时间增加，位错被激活的时间延长，动态回复或动态再结晶能更加充分地进行，这两方面的原因使某2×××系铝合金稳态流变应力随应变速率的降低而降低。

3）变形温度、变形速度对真应力－真应变曲线的影响。从图4-8和图4-9可以发现，某2×××系铝合金的流变应力对变形温度和应变速率都很敏感。流变应力的大小以及真应力－真应变曲线的形状与变形温度和应变速率有关。随着温度的升高位错相消率增加，因而软化率也增加，流变应力降低，如图4-9所示，在同一应变速率下，随变形温度的升高，合金的流变应力降低。应变速率增加流变应力增加，如在440℃变形时，应变速率由0.01 s^{-1}提高到1.0 s^{-1}时，合金的峰值应力由47.05 MPa提高到79.3 MPa，说明某2×××系铝合金为正应变速率敏感材料。

随着变形温度的升高和应变速率的降低，α(Al)基体中的原子活动能力增强，原子间的结合力降低，更多的滑移系得以启动，刃型位错的攀移得以充分进行，造成位错间的相互销毁更加明显，使位错密度大大降低，从而增大了合金的软化程度，因此进入稳态变形阶段的应变值相应的降低，且稳态流变应力也相应的减小。

从以上分析可知，变形温度越高，材料越容易进入稳态变形，温度对流变应力的影响比应变速率的影响更为明显。不同变形温度和应变速率条件下某2×××系铝合金的峰值应力及峰值应力对应的应变值分别见表4-8和表4-9所示。

表4-8 不同压缩变形条件下某2×××系铝合金的实测峰值应力

$\dot{\varepsilon}$ /s^{-1}	实测峰值应力/MPa			
	变形温度360℃	变形温度400℃	变形温度440℃	变形温度480℃
0.01	112.15	77.74	52.56	38.59
0.1	138.07	95.86	71.12	53.09
1	159.09	113.58	87.84	76.87
10	177.35	158.91	137.49	117.71

表 4-9 不同压缩变形条件下某 2××× 系铝合金峰值应力对应的真应变值

$\dot{\varepsilon}$ /s^{-1}	真应变值			
	变形温度 360℃	变形温度 400℃	变形温度 440℃	变形温度 480℃
0.01	0.0263	0.0167	0.0117	0.0102
0.1	0.0459	0.0238	0.0192	0.0117
1	0.0723	0.0531	0.0481	0.0359
10	0.1473	0.1151	0.1079	0.1056

4）温升的影响。在金属热成形加工过程中，如热轧、锻造等，内部产生热是不可避免的为工件所吸收，其结果是，工件的温度升高和软化加剧，导致流变应力下降。

应变速率超过 1 s^{-1}时，试样中由于塑性变形产生的热不可能很快扩散到周围环境中去，将导致温升加剧，特别是在高应变速率条件下，由于塑性变形产生的热量，导致流变应力达到峰值后迅速降低，如图 4-8*d* 所示。图 4-10 显示了某 2××× 系铝合金在初始温度为 400℃，应变速率分别为 0.01 s^{-1}，0.1 s^{-1}，1 s^{-1}和 10 s^{-1}的温升情况。从图中可以看到，应变速率越大，温升越高。在高应变速率情况下，如 10 s^{-1}，在不到 0.15 s 的时间温升达 31℃，由于塑性变形产生的热在这么短时间内散失是非常困难的，结果导致剧烈温升。因此，在快速变形中温升是相当重要的，它是导致铝合金流变软化最主要的因素之一。

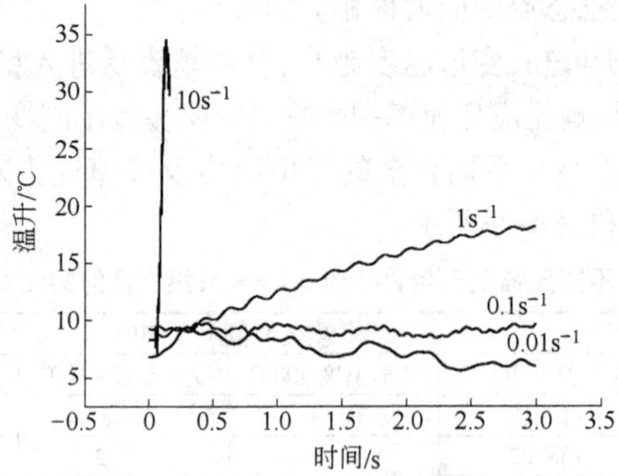

图 4-10 某 2××× 系铝合金不同应变速率下的温升曲线

必须注意到动态再结晶是个热激活过程,它受应变速率和温度的影响剧烈。因此,短时间内的温升可能加速成核率,有利于动态再结晶的发生。

(2) 某2×××系铝合金流变本构方程的建立。由实验曲线可以看出:材料流变应力 σ 主要与变形温度 T、流变速率 ε' 及应变量 ε 有关,即:

$$\sigma = f(\varepsilon')f(T)f(\varepsilon) \tag{4-9}$$

某2×××系铝合金压缩变形流变应力的变化规律为:先随应变的增加迅速升高,出现峰值后逐渐下降,并且在应变速率一定时,随着变形温度的升高,峰值点呈下降趋势;稳态流变应力随着温度的变化呈现出与峰值应力相同的变化趋势,并且当应变达到一定值时,稳态流变应力基本上保持不变而与真应变无关。此外,随着温度的升高,合金变形表现出越来越明显的动态软化现象,在变形温度保持不变时,流变应力随着应变速率的提高而增大。

1) 应变速率与流变应力的相关性。通过对不同材料高温塑性变形实验数据的仔细研究表明,在低应力水平下,稳态流变应力和应变速率之间的关系可用指数函数关系进行描述:

$$\dot{\varepsilon} = A_1\sigma^n \tag{4-10}$$

式中 A_1、n——常数。

在高应力水平下两者满足幂指数函数关系:

$$\dot{\varepsilon} = A_2\exp(\beta\sigma) \tag{4-11}$$

式中 A_2、β——与变形温度无关的常数。

式(4-10)与式(4-11)描述了加工硬化与动态软化过程之间的动态平衡,与稳态蠕变变形对应的关系非常相似。根据这种相似性,可以采用一种包含变形激活能 Q 和温度 T 的双曲正弦模型的修正 Arrhenius 关系来描述这种热激活稳态变形行为:

$$\dot{\varepsilon} = A_3[\sin(\alpha\sigma)h]^n\exp(-Q/RT) \tag{4-12}$$

式中 A_3、n——与变形温度无关的常数;

Q——变形激活能,它提供了速率控制机制中原子重排难易程度的有关信息;

R——气体常数；

T——绝对温度；

α——应力水平因子，它是一个附加可调节常数，修正 σ 值，在绘制不同温度下的 $\ln\dot{\varepsilon}$ 与 $\ln[\sin(\alpha\sigma)h]$ 的关系曲线时使之成为线性并保持平行。

式(4-12)可以用来描述金属高温变形时所有应力水平下的流变应力。式(4-11)和式(4-12)中的常数 α、β 及 n 之间满足

$$\alpha=\beta/n \tag{4-13}$$

故 α 和 n 可以由不同应力水平的实验数据求得。

对式(4-10)、式(4-11)、式(4-12)分别取对数，并假设变形激活能与变形温度无关，分别可以得到：

$$\ln\dot{\varepsilon}=\ln A_1+n\ln\sigma \tag{4-14}$$

$$\ln\dot{\varepsilon}=\ln A_2+\beta\sigma \tag{4-15}$$

$$\begin{aligned}\ln\dot{\varepsilon}&=\ln A_3+(-Q/RT)+n\ln[\sin(\alpha\sigma)h]\\&=\ln A_4+n\ln[\sin(\alpha\sigma)h]\end{aligned} \tag{4-16}$$

为了确定材料在高温下的材料常数 α，根据不同变形温度条件下某 2×××系铝合金高温压缩时的峰值应力随应变速率的变化情况代入(4-14)式和(4-15)式中，并分别绘制出 $\ln\dot{\varepsilon}-\ln\sigma$ 和 $\ln\dot{\varepsilon}-\sigma$ 的关系图，如图 4-11 和图 4-12 所示，对其分别进行一元回归处理。由于(4-14)式适用于材料在低应力水平时的变形状况，因此取 420℃、450℃和 480℃时的曲线计算平均 n 值($n=7.9254$)，而(4-15)式适用于材料在高应力水平时的变形状况，因此取 350℃、400℃时的曲线计算平均 β 值(斜率的倒数 $\beta=0.098937$)，根据 n 和 β 值按照(4-13)式计算 α 为 0.012384 mm^2/N，将该值应用于(4-16)式中绘制出 $\ln\dot{\varepsilon}-\ln[\sin(\alpha\sigma)h]$ 关系图，如图 4-13 所示，然后对它们进行一元线性回归处理。从而得到某 2×××系铝合金高温压缩塑性变形峰值流变应力的关系，其回归结果见表 4-10。从表 4-10 的回归结果可以看出，本研究模型的各项系数的回归结果，采用(4-14)式模型回归的 n 值较离散，而(4-16)式模型回归的 n 值相对比较稳定，说明使用双曲正弦函

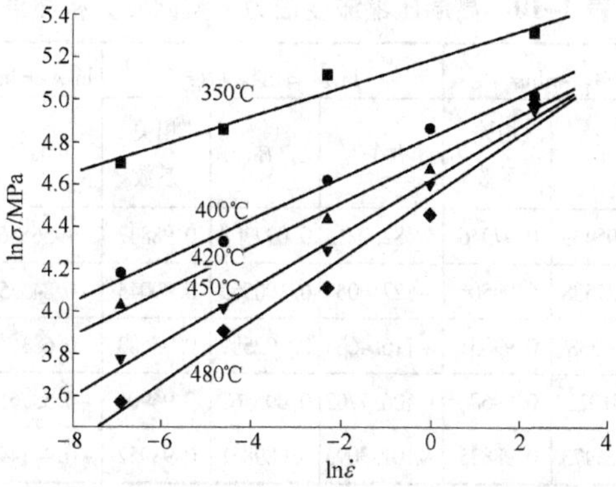

图4-11 某2×××系铝合金高温压缩时的 $\ln \dot{\varepsilon} - \ln\sigma$ 关系图

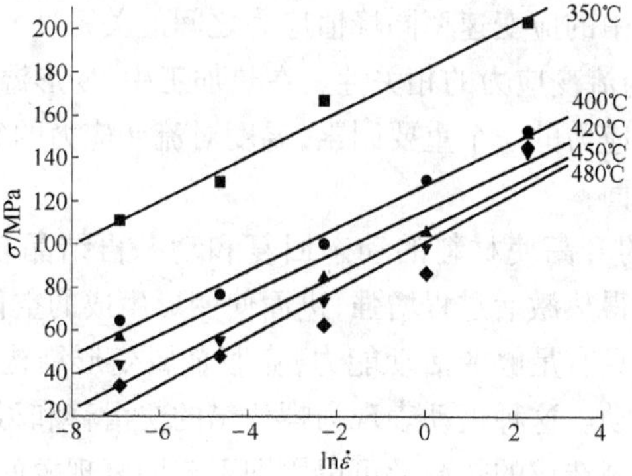

图4-12 某2×××系铝合金高温压缩时的 $\ln \dot{\varepsilon} - \sigma$ 关系图

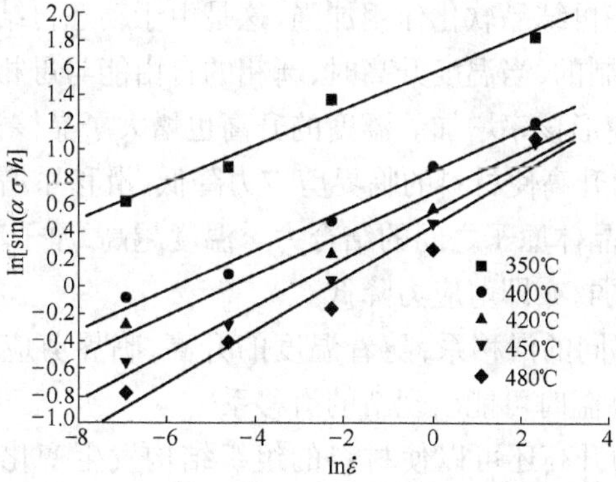

图4-13 某2×××系铝合金高温压缩时的 $\ln \dot{\varepsilon} - \ln[\sin(\alpha\sigma)h]$ 关系图

表 4–10 高温压缩流变应力模型回归分析结果

变形温度/℃	$\ln\dot{\varepsilon}=\ln A_1+n\ln\sigma$			$\ln\dot{\varepsilon}=\ln A_2+\beta\sigma$			$\ln\dot{\varepsilon}=\ln A_4+n\ln[\sin(\alpha\sigma)h]$		
	$\ln A_1$	n	相关系数	$\ln A_2$	β	相关系数	$\ln A_4$	n	相关系数
350	-5.19225	14.95439	0.97946	-182.0215	0.097308	0.98837	-1.56536	7.431629	0.98746
400	-4.82524	10.27538	0.99506	-127.6067	0.100565	0.99045	-0.84555	6.822213	0.99403
420	-4.71867	9.60338	0.99051	-116.4664	0.102589	0.95683	-0.683	6.676013	0.97462
450	-4.6214	7.81922	0.99686	-106.7702	0.095567	0.96901	-0.53761	5.799455	0.98729
480	-4.54384	6.825473	0.98835	-101.3093	0.089851	0.93952	-0.44144	5.200478	0.97208

数表达的峰值流变应力更能够稳定地反映某 2××× 系铝合金在高温塑性变形过程中的应变速率同峰值应力之间的关系。

2）温度与流变应力的相关性。在热加工中，变形温度是影响金属塑性变形流变应力的一个重要因素，温度对流变应力的影响，主要表现在以下几个方面：

① 温度的升高使材料的动态回复和动态再结晶软化作用增强。温度的升高使得热激活过程增强，进而使变形生成的空位浓度降低，而且这时位错也具有足够的活动能力，克服金属变形结构对它的钉扎作用而做某种运动。这种运动表现为螺位错的交滑移和刃位错的攀移运动。温度的升高造成的热激活可以立即引起回复现象的出现而不需要孕育期。随着温度的升高，合金动态再结晶的形核率和长大速率都增加，进而使动态再结晶软化作用加强，这是由于动态再结晶的形核是由热激活过程控制的，当温度升高时，新相的自由能与母相的自由能差值将增大，从而使形核率增加。温度的升高也增大了晶核长大的驱动力。

② 温度的升高使材料的临界剪应力降低，滑移系增加。滑移抗力的起源是金属晶体原子之间的结合力。温度越高，原子动能越大，原子的结合力就减弱，亦即剪应力降低。

③ 对于不同的滑移系，随着温度的升高，临界剪应力降低的速度增大，因此在高温时可能出现新的滑移系。

④ 温度的升高还可以使材料的组织结构发生变化，温度升高时，合金元素在 α(Al) 中的溶解度增加，析出的第二相数量减少，其对合金

的强化作用降低,即对位错运动的阻力减小,因此合金的变形抗力降低。温度的升高也使热塑性加强,温度升高时,原子运动加剧,晶格中的原子处于一种不稳定状态,此时若晶体受到外力的作用,原子就会沿着应力场梯度方向由一个平衡位置转移到另一个平衡位置,使金属发生塑性变形,松弛了内应力,变形抗力降低。温度升高,也使晶界的切变抗力显著降低,使得晶界滑移易于进行,这也使得变形抗力降低。

从图 4-8 中可以看出,在相同的应变速率条件下,某 2 ××× 系铝合金高温塑性变形的峰值应力与峰值应力所对应的应变量都随着温度的升高而减小。这可能是由于温度升高,滑移系的临界切应力下降,导致合金的变形抗力降低;此外,温度越高,原子扩散和位错进行交滑移、攀移的驱动力越大,有利于发生动态再结晶,使临界应变量随着温度的升高而减小,进而导致峰值应力随着温度的升高而提前到达。

当应变速率不变的情况下,假定在一定的温度范围内激活能 Q 值不变,对 Zener-Hollomon 参数($Z=\dot{\varepsilon}\exp(Q/RT)$)的双曲正弦函数的表达式两边取自然对数可得:

$$\ln\dot{\varepsilon}+Q/RT=\ln A=n\ln[\sin(\alpha\sigma)h] \tag{4-17}$$

化简后得到:

$$\ln[\sin(\alpha\sigma)h]=C+D(1000/T) \tag{4-18}$$

式中 C 和 D——与应变速率有关的材料常数。其中

$$C=\frac{\ln\dot{\varepsilon}-\ln A}{n} \tag{4-19}$$

$$D=\frac{Q}{1000nR} \tag{4-20}$$

按照(4-18)式的结果绘制温度与峰值应力之间的关系曲线,如图 4-14 所示。

由图 4-14 中可以看出,在应变速率不变的情况下,峰值流变应力的双曲正弦函数的对数与绝对温度之间几乎呈线性关系。对它们进行一元线性回归分析,其结果见表 4-11。

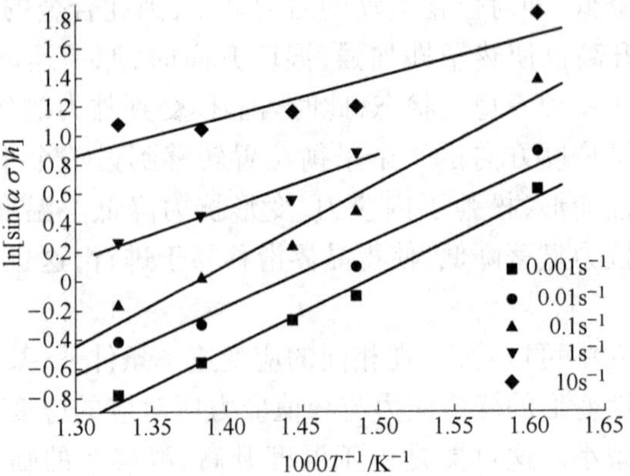

图 4-14 某 2 ××× 系铝合金高温压缩峰值应力与变形温度的关系

表 4-11 高温压缩变形峰值应力与温度的回归结果 $\alpha = 0.012484$

应变速率/s^{-1}	模型(4-18)式中的回归系数		相关系数
	C	D	
0.001	-7.56391	5.07128	0.99577
0.01	-6.71645	4.67799	0.98034
0.1	-7.69341	5.58009	0.98017
1	-4.50922	3.58292	0.96206
10	-2.64912	2.70399	0.8957

3）变形程度对流变应力的影响。图 4-15 为某 2 ××× 系铝合金在温度为 400℃时,不同变形速度下的流变应力与变形程度的关系曲线。

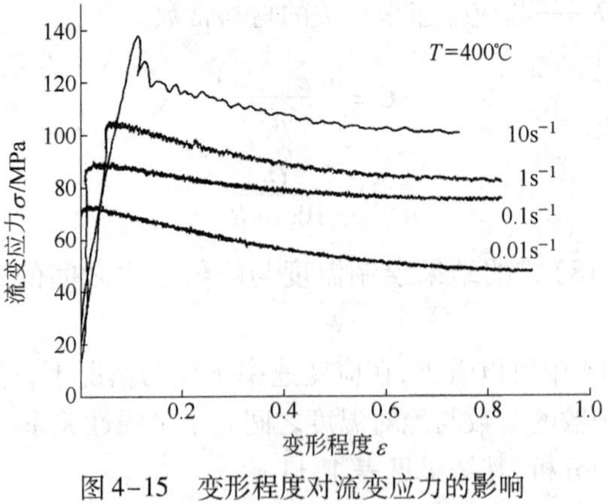

图 4-15 变形程度对流变应力的影响

在变形开始阶段，即变形程度较小时，曲线斜率大，应力上升快，存在明显的加工硬化，而应力随应变的增加而急剧增大到某一峰值。流变应力很快越过峰值，与变形开始阶段相反，流变应力随应变的增加而下降。这是因为动态再结晶的软化效应大于热加工硬化的强化效应，结果在整体上呈现应变软化。进一步增大变形程度，流变应力基本不随应变的增大而发生变化或下降很少，即进入所谓的稳态流变阶段，此时动态再结晶所引起的软化比峰值阶段加剧，结果动态再结晶软化效应与热加工硬化效应处于相对平衡状态，在此阶段由于流变应力随应变的变化不是很明显，所以在计算流变应力本构方程时忽略了变形程度对流变应力的影响。同时流变应力－应变曲线并不是一条光滑的曲线，而是呈细小的锯齿状，这是动态再结晶与热加工硬化相互竞争、强化与软化交互领先的结果。

4）流变应力本构方程的建立。前面分别分析了应变速率和变形温度与流变应力的相关性，同时得出了相应的流变应力模型，但这些模型不能综合反映应变速率和变形温度对流变应力的影响，而且在不同的变形条件下模型不同，造成模型在工程应用上很繁琐。下面就综合分析应变速率和变形温度对流变应力的影响。

金属和合金热加工变形时，应变速率受到热激活控制。变形温度和应变速率对变形的影响可由温度补偿应变速率 Zener-Hollomon 参数 Z 值来描述，即：

$$Z = \dot{\varepsilon} \exp(Q/RT) \tag{4-21}$$

式中的有关物理量的含义与(4-12)式相同，Z 参数包含了热加工过程中的应变速率和变形温度两个控制变量。结合(4-12)式，可得由双曲正弦函数表示的 Z 参数的定义式：

$$Z = \dot{\varepsilon} \exp(Q/RT) = A[\sin(\alpha\sigma)h]^n \tag{4-22}$$

式中，A、n、α 和 Q 都属于材料常数。将(4-22)式两边取对数得：

$$\ln Z = \ln A + n\ln[\sin(\alpha\sigma)h] \tag{4-23}$$

根据(4-23)式绘出 $\ln Z - \ln[\sin(\alpha\sigma)h]$ 的关系曲线（见图4-16），其中激活能 Q 采用铝的高温平均激活能（264.06 kJ · mol^{-1}），R 为气体常数（8.31 J · mol^{-1} · K^{-1}），α 为 0.012484 mm^2/N。从图中可以看

出，lnZ 同 $\ln[\sin(\alpha\sigma)h]$ 基本上呈线性关系。

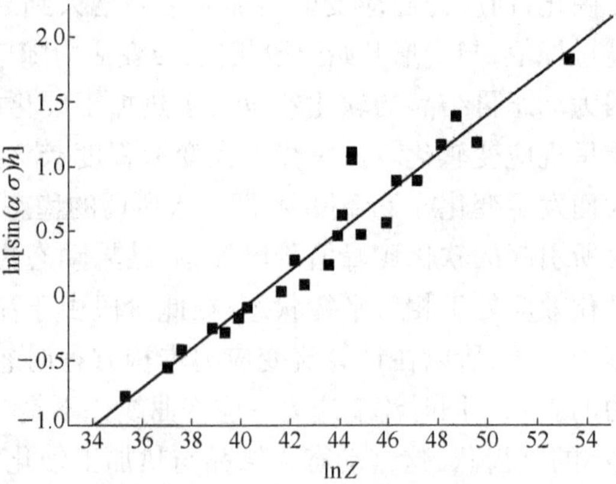

图 4-16 某 2××× 系铝合金高温压缩峰值应力与变形温度的关系

通过线性回归得到：$A = 4.5985 \times 10^{17}$，$n = 6.627784$，其相关系数为 0.96292，说明采用(4-22)式中变形温度和应变速率表示的 Z 参数来综合描述变形过程中峰值流变应力的变化有较高的精度，可以采用 Z 参数定量地描述变形温度和应变速率与流变应力峰值的关系。由(4-22)式变形得：

$$\sigma = \alpha^{-1}\sinh[(A^{-1}Z)^{-n}] \qquad (4\text{-}24)$$

经过换算，由 Z 参数描述的流变应力可以写为如下通式：

$$\sigma = 80.10523 \cdot \sinh^{-1}(2.1746 \times 10^{-18} Z)^{-6.627784} \qquad (4\text{-}25)$$

在不同应变速率条件下，将回归模型计算结果与实验结果进行比较，如表 4-12 所示。可见，回归模型能较好的拟合实验数据，证明了模型计算的可靠性。

表 4-12 回归模型计算结果与实验结果对比

变形温度 /℃	$\dot{\varepsilon}=0.01\ \mathrm{s}^{-1}$			$\dot{\varepsilon}=1\ \mathrm{s}^{-1}$		
	实测值	计算值	相对误差	实测值	计算值	相对误差
350	108.59	99.70	−0.08917	146.16	155.93	0.06267
400	70.83	66.01	−0.07305	114.19	114.91	0.00628
420	50.11	54.79	0.08542	105.82	100.93	−0.04848
440	40.71	42.88	0.04942	76.56	76.28	−0.00368
460	36.57	37.42	0.02278	67.05	68.12	0.01571
480	32.07	32.80	0.02224	61.90	60.88	−0.01679

h 变形条件对某 2 ××× 系铝合金热塑性的影响

(1) 热塑性指标。金属塑性加工是以塑性为前提,在外力作用下进行的。为了便于比较各种材料的塑性性能和确定每种材料在一定变形条件下的热加工性能,需要有一种度量指标,这种指标称为热塑性指标,即金属在不同变形条件下允许的极限变形量。

塑性图可用来选择金属及合金的合理塑性加工方法与制订适当的冷热变形规程,是金属塑性加工生产中不可缺少的重要数据之一,具有很大的实用价值。由于各种测定方法只能反映其特定变形力学条件下的塑性情况,为确定实际加工过程的变形条件,塑性图上需给出多种塑性指标,最常用的有拉伸时的断面收缩率 ψ 及伸长率 δ;冲击试验所得的冲击韧性 α_k;镦粗或压缩试验时,第一条裂纹出现前的高向压缩率 ε(最大压缩率);扭转试验时出现破坏前的扭转转数 n(或扭转角 φ)等。

本文采用最大压缩率作为研究某 2 ××× 系铝合金高温变形的热塑性指标,并通过下式来计算某 2 ××× 系铝合金在不同变形温度条件下的极限变形量:

$$\varepsilon_{极} = \frac{H_{终}}{H_{始} - H_{终}} \tag{4-26}$$

式中 $\varepsilon_{极}$——超过实际实验中在实验机的最大能力下试样均未出现裂纹所产生的最大变形量;

$H_{始}$——试样原始高度;

$H_{终}$——试样压缩后,侧面出现第一条裂纹时的高度或实验中在实验机的最大能力下压缩后的高度。

(2) 热塑性变形温度的选择原则。确定合金热变形的温度范围,至少需要该合金的相图、塑性图及变形抗力随温度而变化的图形等资料。

根据合金相图及塑性图,可通过下面的方法来确定热变形温度范围:

1) 温度的上限,大致取该合金熔点绝对温度(T_m)的 0.95 倍,即应比液相线低 50℃左右,这样可保证不会熔化,也可避免产生过度的氧化。若该合金中含有低熔点物质,则应比其熔点温度稍低,以免易熔物质的熔化破坏晶间联系,造成变形材料的脆裂(有时晶间层内仅有少量的低熔点成分,也可因温度稍高而使变形金属脆成小块),从塑性图看,最高温度应取在塑性最大的区域附近。

2) 温度的下限,是要求保证在变形的过程中再结晶能充分迅速地进行,并且整个变形过程是在单相系统内完成。若产生了相变,则因变形材料性能的不一致而显著降低塑性。

另外还应注意,金属和合金再结晶开始温度与金属所承受的变形程度的大小有关,变形程度越大,开始再结晶的温度越低。考虑到上述一些情况,取热变形温度的下限,约在 0.7 T_m 左右,并且应比相变线稍高。

根据相图确定了变形温度范围后,尚需抗力图来校正,应设法保证整个热变形过程是在金属变形抗力最小的区间内完成。

(3) 变形温度对某2×××系铝合金热塑性的影响。变形物体的温度不均匀,会造成金属各部分变形和流动的差异。变形首先发生在那些变形抗力最小的部分。一般,在同一变形物体中高温部分的变形抗力低,低温部分的变形抗力高。这样,在同一外力的作用下,高温部分变形量大,低温部分变形量小。而变形物体是一整体,这限制了物体各部分不均匀变形的自由发展,从而产生相互平衡的附加应力。此外,在变形体内因温度不同所产生热膨胀的不同而引起的热应力,与由不均匀变形所引起的附加应力相叠加后,有时会加强应力的不均匀分布,甚至会引起变形物体的断裂。在热轧中常见到轧件轧出后会出现上翘或下翘现象,产生此现象原因之一就是轧件的温度不均所造成的。

在塑性变形过程中,变形温度对金属塑性和变形抗力有重大影响。就大多数金属而言,其总的趋势是:随着温度升高,塑性增加,变形抗力降低。金属的塑性可能因为温度的升高而得到改善。因为随着温度的升高,原子热运动的能量增加,那些具有明显扩散特性的塑性变形机构(晶间滑移机构、非晶机构、溶解沉淀机构)都发挥了作用。同时随着温度的升高,在变形过程中发生了消除硬化的再结晶软化过程,从而使那些由于塑性变形所造成的破坏和显微缺陷得到修复的可能性增加;随着温度的升高,还可能出现新的滑移系。滑移系的增加,意味着塑性变形能力的提高。表4-13 给出了试样在不同变形温度下的极限变形量及变形抗力。

表 4-13 试样在不同变形温度条件下的极限变形量及变形抗力

试样号	变形温度/℃	$H_{终}$	$H_{始}-H_{终}$	$\varepsilon_{极}$/%	变形抗力/MPa	备注
A1	300	1.24	8.76	87.6	725	未裂
A2	320	1.00	9.00	90.0	738	未裂
A3	340	1.08	89.2	89.2	617	未裂
A4	360	0.94	9.06	90.6	512	未裂
A5	380	1.42	8.58	85.8	399	未裂
A6	400	0.76	9.24	92.4	480	未裂
A7	420	0.62	9.38	93.8	487	未裂
A8	440	0.60	9.40	94.0	497	未裂
A9	460	0.84	9.16	91.6	512	未裂
A10	480	1.04	8.96	89.6	547	微裂
A11	500	1.33	8.67	86.7	620	开裂

试验采用热压缩法测定某 2 ××× 系铝合金在不同温度条件下的热塑性变形能力。图 4-17 和图 4-18 为 Al-Cu-Mg 系合金平衡相图，根据铜含量可知某 2 ××× 系铝合金的固相线温度在 500℃附近，液相线温度在 640℃附近。

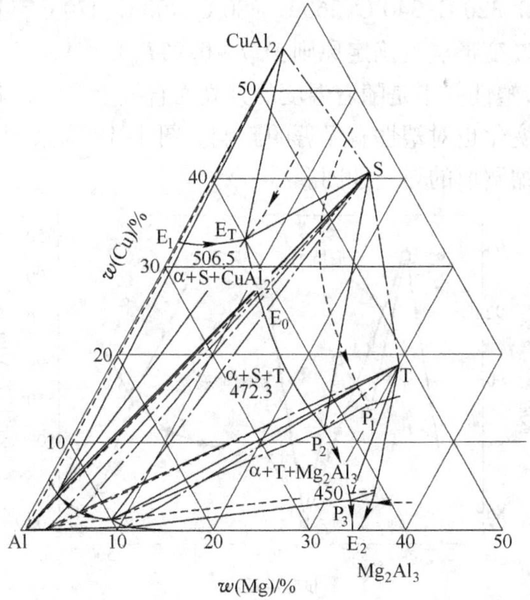

图 4-17 Al-Cu-Mg 系合金平衡图靠近铝角部分

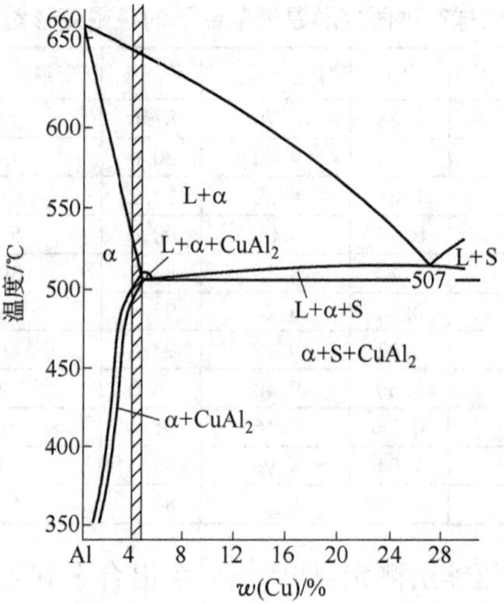

图 4-18 左图中的 Al-X 垂直面

试验时，设定初始压缩变形量为 90%，变形速率为 1 s^{-1}，变形温度分别为 300℃，320℃，340℃，360℃，380℃，400℃，420℃，440℃，460℃，480℃，500℃（变形温度确定原则：0.7～0.95T_m）。

实际上，塑性并不是随着温度的升高而直线上升的，因为相态和晶界随温度的变化也对塑性有显著的影响。图 4-19 为某 2×××系铝合金经高温压缩测取的热塑性图。

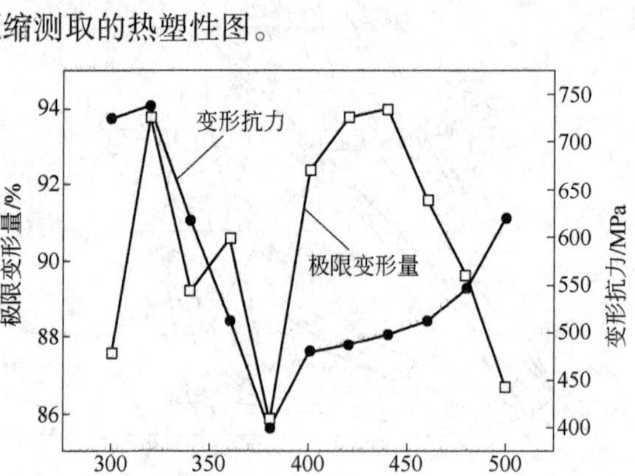

图 4-19 同一速率下某 2×××系铝合金的热塑性曲线

由图4-19可见,某2×××系铝合金的热塑性曲线由5个区域组成:低温脆性区($T<320$℃)、中温塑性区(320℃附近区域)、中温脆性区(320℃ $<T<$ 400℃)、高温塑性区(400℃ $\leqslant T \leqslant$ 460℃)和高温脆性区(460℃ $<T$)。某2×××系铝合金在400~460℃之间,具有很好的塑性,极限变形量达到92%以上;同时在320℃附近区域也具有较高的塑性。根据前文所述的热加工温度选择原则(最高温度应取在塑性最大的区域附近,热变形过程要在金属变形抗力最小的区间内完成),由于在320℃附近区域的中温塑性区变形抗力很大,所以320℃附近区域不是某2×××系铝合金的最佳热加工区间;而在400~460℃时的高温塑性区变形抗力相对较小,故某2×××系铝合金热加工变形温度的可行域为400~460℃。

(4) 应变速率对某2×××系铝合金热塑性的影响。应变速率对热塑性的影响比较复杂。一方面,应变速率增加,变形过程中位错运动没有足够的时间,不利于异号位错的合并、重组,不利于回复和再结晶过程的进行,不利于变形过程中的内裂的修复。随应变速率的增加,加工硬化加剧,对塑性是不利的。另一方面,随着应变速率的增加,变形热来不及发散,提高了温度,可以促进变形过程中产生的排列混乱的位错重新排列为某些低能组态,有利于异号位错合并,可降低位错密度,温度的升高促进了回复和再结晶,促进了裂纹的修复。另外,提高应变速率的热效应还可能促使扩散塑性变形机理发生作用。

应变速率对热塑性的影响,实质上是变形热效应在起作用。所谓热效应,即金属在塑性变形时的发热现象。因为供给金属产生塑性变形的能量,将消耗于弹性变形和塑性变形。耗于弹性变形的能量造成物体的应力状态,而耗于塑性变形的那部分能量的绝大部分转化为热。当部分热量来不及向外扩散而积蓄在金属内部时,促使金属的温度升高。对于热加工,利用高速变形来提高塑性并没有什么意义,因为热变形时变形抗力小于冷加工的变形抗力,产生的热效应小。在热轧过程中采用高轧制速度可以提高生产率,同时由于热效应的作用可保证热轧板材在恒温条件下变形。

试验时,设定初始压缩变形量为90%,变形温度420℃,变形速率分别为0.01 s^{-1}、0.1 s^{-1}、1 s^{-1}、10 s^{-1}、20 s^{-1},试验结果如表4-14所示。

表 4-14 420℃时试样在不同变形速率条件下的极限变形程度及变形抗力

试样号	变形速率/s^{-1}	$H_终$	$H_始-H_终$	$\varepsilon_极$/%	变形抗力/MPa	备注
B1	0.01	0.64	9.36	93.6	506	未裂
B2	0.1	0.76	9.24	92.4	510	未裂
B3	1	0.62	9.38	93.8	487	未裂
B4	10	0.78	9.22	92.2	424	未裂
B5	20	0.60	9.40	94.0	643	未裂

根据表 4-14 的结果绘制 420℃时某 2×××系铝合金试样在不同应变速率条件下的塑性图，如图 4-20 所示。

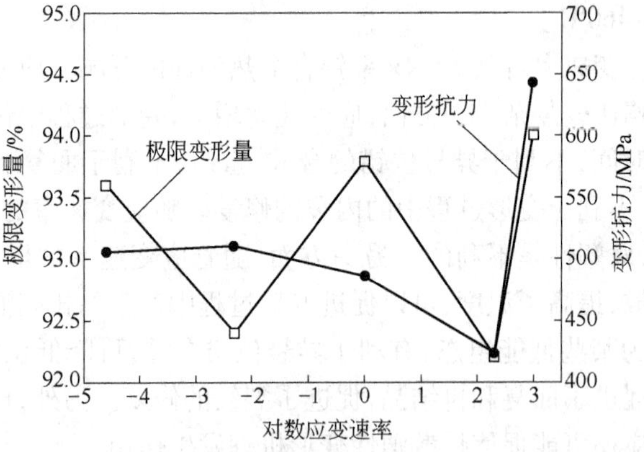

图 4-20 温度为 420℃时的某 2×××系铝合金热塑性曲线

由图可见，在试验的变形速率范围内，试样的极限变形量均达到 92%以上，故在试验变形速率范围内，变形速率对某 2×××系铝合金热塑性的影响很小。在应变速率小于 10 s^{-1}时，随着应变速率的增大，热效应的作用使合金的温度升高，加工硬化的消除过程比其增长过程进行得快，所以变形抗力逐渐减小；而当应变速率大于 10 s^{-1}时，变形过程中加工硬化的速度远大于由热效应所引起的软化速度，故变形抗力随着应变速率的增大而急剧增加。根据热加工变形过程要在金属变形抗力最小的区间内完成的原则，某 2×××系铝合金热加工变形速率的可行域为 1～10 s^{-1}。

i 显微组织分析

（1）变形温度对变形组织的影响。变形温度是影响铝合金动态再结晶的主要因素之一。动态再结晶是伴随着热变形所发生的再结晶，是新晶粒形核与长大的过程。动态再结晶的驱动力是变形金属中晶粒的畸变能差(位错密度差)，此畸变能差是由位错密度及其分布状况决定的；而再结晶往往在位错数量多而且分布密集的区域形核。当变形温度低时，位错难以通过运动而实现重组，因而动态再结晶不易发生。当温度升高时，合金中原子热振动及扩散速率增加，位错的滑移、攀移、交滑移比低温时更容易，动态再结晶的形核率增加，同时晶界迁移能力增强，因此温度的升高可促进铝合金动态再结晶的发生。

图4-21为变形量为60%，应变速率为1 s^{-1}时，不同变形温度条件下某2×××系铝合金高温压缩变形组织的OM形貌观察结果。由图可以看出合金的组织呈现出明显的变形特征，晶粒沿垂直压缩方向被拉长，第二相颗粒也沿着该方向呈流线型分布于晶界和晶内。

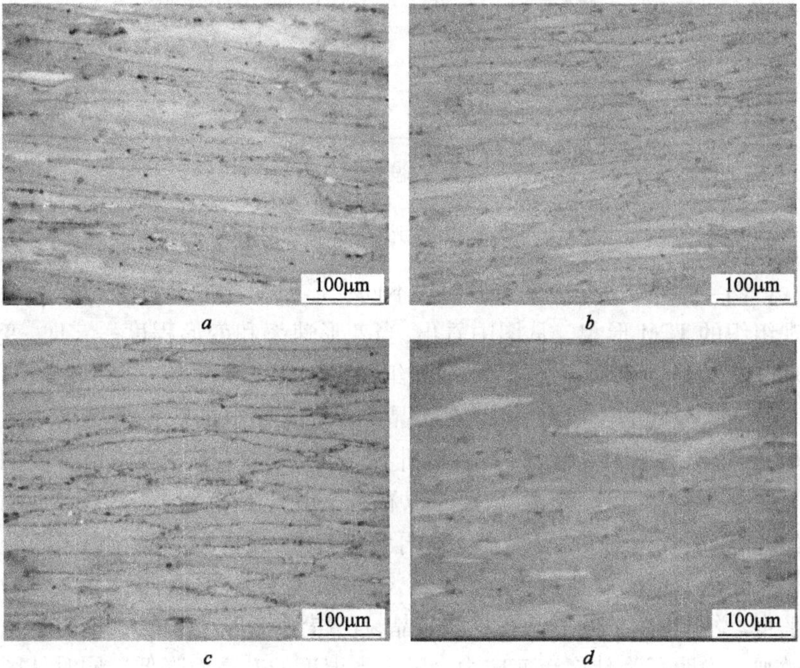

图4-21 不同变形温度条件下某2×××系铝合金的显微组织(ε=60%，200×)

a—360℃；*b*—400℃；*c*—440℃；*d*—480℃

在相同的变形程度和应变速率下，变形温度为360℃时，如图4-21*a*所示，显微组织中无明显的再结晶晶粒；400℃时，如图4-21*b*所示，显微组织中晶粒大小很不均匀，晶界弯曲，大部分区域出现细小的再结晶晶粒。从图4-21*c*、图4-21*d*可以看出在440℃、480℃压缩变形时合金中也发生了部分再结晶，而且随着变形温度的升高，晶粒度也随之增大，如图4-22所示，因此在选择热加工温度时，尽可能用较低的最佳塑性加工温度。

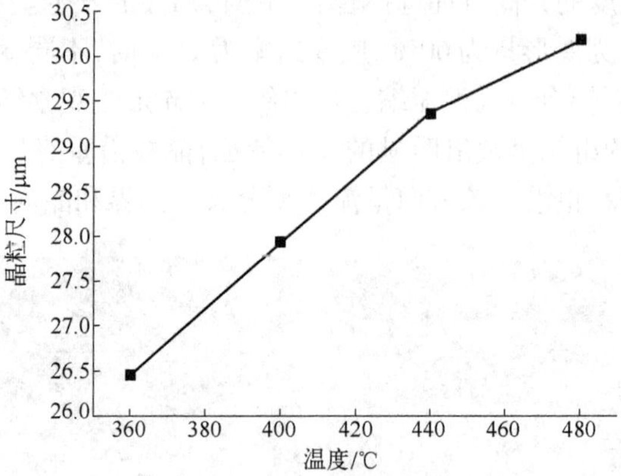

图4-22 晶粒尺寸与变形温度之间的关系

图4-23为应变速率1 s^{-1}时，不同变形温度条件下合金热压缩微观组织的TEM形貌。从图中看出，当变形速率和变形程度一定时，变形温度对某2×××系铝合金TEM组织的影响非常显著。变形温度为360℃时，晶内的位错密度比较高，晶界存在着明显的位错缠结而不清晰，表现出动态回复特征；当温度升高到400℃时，晶内的位错密度明显降低，晶界变得较为清晰，还可以看出位错正在向其他晶界迁移而消失，晶界呈现弯曲状，表现出动态再结晶特征，且再结晶晶粒还未充分长大。当变形温度达到440℃以后，位错密度大大降低，而且晶界较为平直，说明在此条件下动态再结晶晶粒已得到较充分的长大，同时也从微观上说明了为什么流变应力会随变形温度的升高而降低。同时从图中还可以看出，在不同的变形条件下，某2×××系铝合金存在着大量的析出相，析出相主要呈棒状和针状等形态。

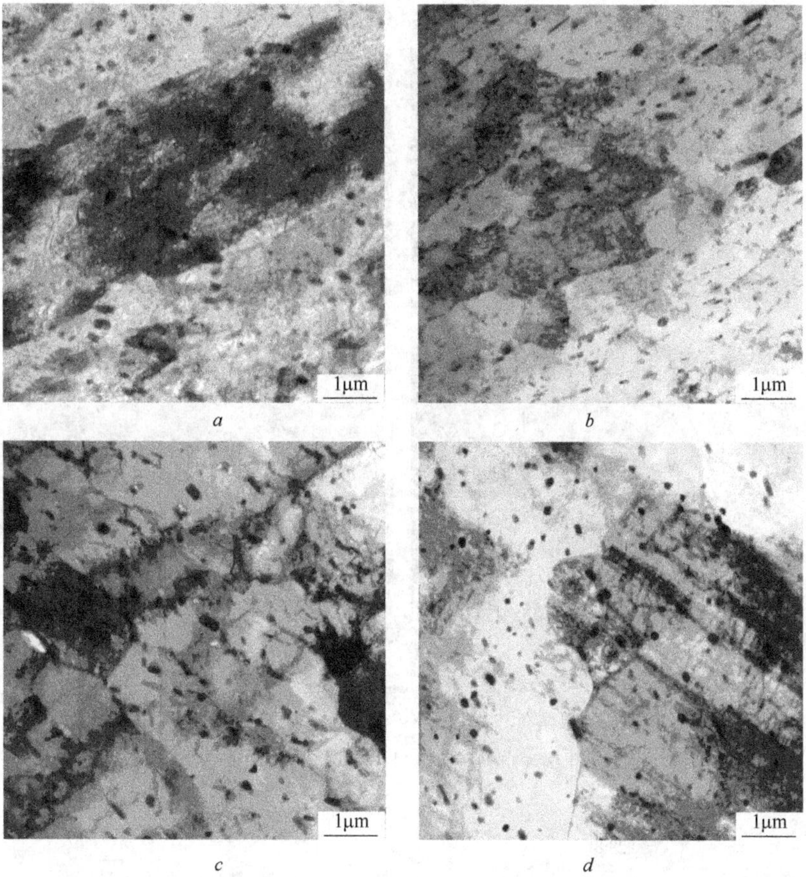

图 4-23 不同变形温度条件下某 2 ××× 系铝合金 TEM 形貌图（$\varepsilon=60\%$，25500×）
a—360℃；b—400℃；c—440℃；d—480℃

（2）应变速率对变形组织的影响。图 4-24 为变形温度为 400℃，应变为 0.6 时，不同应变速率条件下某 2 ××× 系铝合金高温压缩变形组织的 OM 形貌观察结果。在变形温度为 400℃ 的条件下，晶粒主要以长条状为主，在长条状晶粒周围出现了少量等轴状的细晶粒，可见合金发生动态回复的同时存在着动态再结晶，随着应变速率的升高，等轴状的细晶粒增多，晶界更为平直，随着应变速率的进一步升高，这一特征则更加明显，表明在这一变形条件下合金的动态再结晶较为完全。随着应变速率增加，晶粒尺寸变小，晶粒度随应变速率的变化曲线如图 4-25 所示。

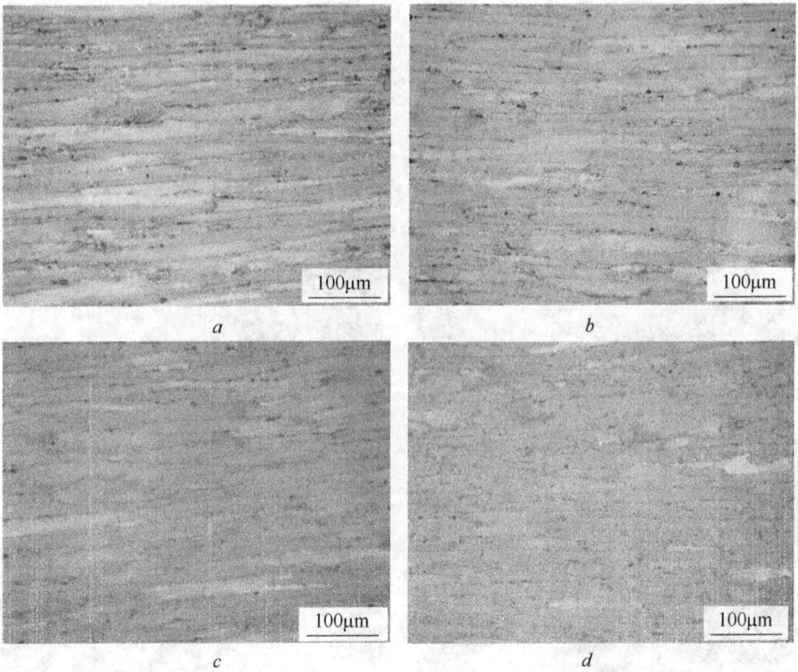

图 4-24 不同变形速率条件下某 2××× 系铝合金的显微组织($\varepsilon=60\%$，200×)

a—0.01 s^{-1}；b—0.1 s^{-1}；c—1 s^{-1}；d—10 s^{-1}

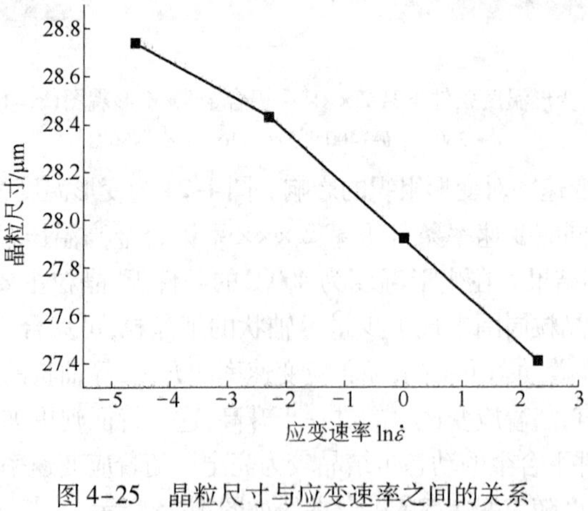

图 4-25 晶粒尺寸与应变速率之间的关系

变形程度为60%、变形温度为400℃条件下，不同应变速率时某2×××系铝合金的TEM组织如图4-26所示，由图可知，某2×××系铝合金变形过程中发生了动态再结晶现象。只是因为变形条件的不同，使得再结晶进行的程度不同。图4-26 *a* 出现细小的再结晶晶粒，可知在变形温度为400℃，应变速率为0.01 s^{-1}的条件下，某2×××系铝合金开始发生动态再结晶现象，随着应变速率的提高，合金表现出不连续再结晶现象，如图4-26*b* 所示。从图4-26*c*、图4-26*d* 可以看出，随着应变速率的增加，其变形后的晶界变得越来越平直，且晶界夹角趋近120°，呈稳定状态，说明再结晶进行得很完全。

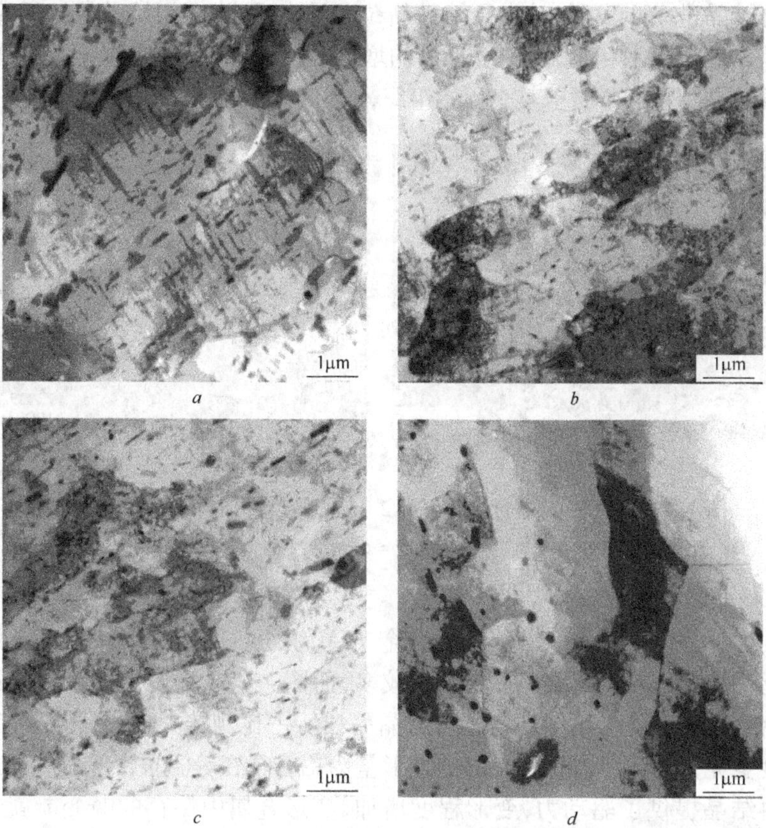

图4-26 不同变形速率条件下某2×××系铝合金TEM形貌图（ε=60%，25500×）

a—0.01 s^{-1}；*b*—0.1 s^{-1}；*c*—1 s^{-1}；*d*—10 s^{-1}

(3) 变形程度对变形组织的影响。变形程度的大小决定了合金内部变形畸变能的大小,从而决定了再结晶的驱动力,因而变形程度对变形组织的影响主要是畸变能大小的影响。变形程度越大,合金中的畸变能越多,再结晶的驱动力越大,再结晶孕育期越短,在较低温度下较短时间内即可发生再结晶。反之,若变形程度较小,畸变能较少,则若要发生再结晶必须提高温度或延长停留时间。

图 4-27 为变形温度 400℃、应变速率为 $\dot{\varepsilon}=1\ s^{-1}$时,不同变形程度条件下某 2 ××× 系铝合金的显微组织。当 $\varepsilon=0.6$ 时,被拉长的大晶粒周围被动态再结晶细小晶粒包围,如图 4-27*a* 所示;$\varepsilon=0.9$ 时动态再结晶进一步发展,动态再结晶晶粒大量出现,许多初始晶粒被压碎,晶界变得更加粗糙,随着变形量的增大,动态再结晶继续进行,细小的再结晶晶粒逐步覆盖整个原始组织,如图 4-27*b* 所示。

图 4-27 不同变形程度条件下某 2 ××× 系铝合金的显微组织(200 ×)

a—$\varepsilon=60\%$; *b*—$\varepsilon=90\%$

图 4-28 所示为应变速率为 $1\ s^{-1}$、变形温度为 400℃ 的条件下,不同变形程度下的某 2 ××× 系铝合金 TEM 组织。图 4-28*a* 中动态再结晶晶核和成长的再结晶晶粒含量较多,而图 4-28*b* 中长大了的具有高密度位错和亚晶组织的动态再结晶晶粒所占比例较大,动态再结晶程度更充分。这主要因为足够的变形量为铝合金在等温条件下发生动态再结晶提供了驱动力,变形程度增加,变形金属中储存的畸变能就越多,原子处于不稳定状态就越严重,向稳定的平衡状态过渡所需的能量就会越少。因此,在上述情况下所需的再结晶温度越低,再结晶进行得

也更充分。在热轧生产过程中增大道次压下量可以提高合金的强度，并且在一定程度上能降低能耗。

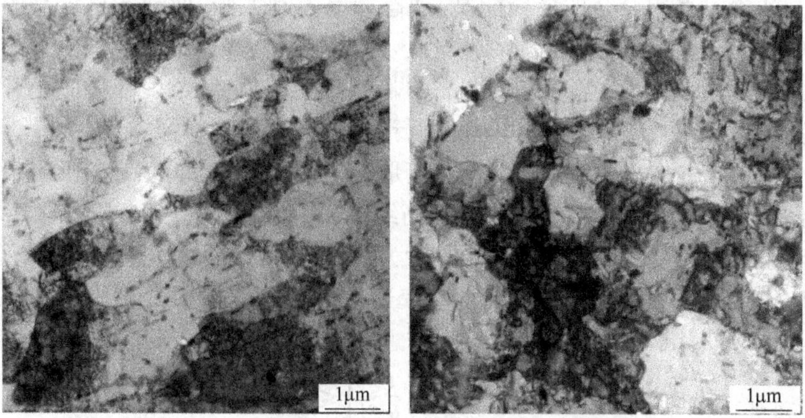

a *b*

图 4-28 不同变形程度条件下某 2 ××× 系铝合金 TEM 形貌图(25500 ×)

a—ε = 60%；*b*—ε = 90%

(4) 某 2 ××× 系铝合金高温压缩变形过程中的软化行为。某 2 ××× 系铝合金高温塑性变形的主要软化机制为动态回复，在一定条件下才会发生动态再结晶。通过对压缩变形后淬火的试样进行显微组织观察，发现某 2 ××× 系铝合金在 $T \leqslant 400$℃ 的压缩塑性变形过程中主要软化机制为动态回复。动态回复是通过基于塑性变形过程中位错交滑移、攀移来完成的。某 2 ××× 系铝合金在压缩塑性变形的过程中螺型位错的交滑移。螺型位错在交滑移过程中会相互交割而形成割阶和扭折。割阶运动时，会在其后留下一系列空位或间隙原子。空位浓度的增加有利于刃型位错的攀移。

在过渡变形阶段，随着变形量的增加，位错密度逐渐增大，某 2 ××× 系铝合金首先出现加工硬化，与此同时，合金所发生的动态软化过程中刃型位错的攀移作用将不断增强；随着变形温度升高，原子和空位的扩散能力不断提高，这使位错的攀移能力也相应增强，过渡变形阶段的硬化速率降低，进入近稳态流变应力所需的应变量减小。

从图 4-23 和图 4-26 中可以看到，在 400℃ 时，合金已经出现了再结晶组织，而其真应力－真应变曲线为多峰值型（如图4-8所示），所以某2×××系铝合金的动态再结晶为不连续再结晶。这可能是由于某2×××系铝合金的层错能高，动态回复过程太强，使动态再结晶的驱动力太弱，动态再结晶不易出现。另外某2×××系铝合金中合金元素的含量高，使发生动态再结晶的临界流变应力增大，即临界应变升高，这也阻碍动态再结晶过程的进行。

层错能并不是决定材料在热变形时是否发生动态再结晶的唯一条件。Sheppard和Raybould在研究高纯铝、Al-7% Zn及Al-7% Zn-3% Mg合金热挤压变形时的动态再结晶行为时，发现挤压后水淬条件下，变形时发生动态再结晶的温度补偿应变速率 Z 值的自然对数小于某一临界值，即：

$$\ln\left[\dot{\varepsilon}\exp\left(\frac{Q}{RT}\right)\right]\leqslant C_R \tag{4-27}$$

式中，C_R 为与材料和冷却速度有关的经验常数，由此可以推断出发生动态再结晶的临界条件。

通过对高温压缩后水淬的试样进行观察分析发现，只有当变形温度达到或高于400℃时，某2×××系铝合金才会发生动态再结晶。并且应变速率对动态再结晶也有一定的影响，对于在温度为400℃下压缩变形时，只有应变速率 $\dot{\varepsilon}\geqslant 0.01\ \mathrm{s}^{-1}$ 时才会发生动态再结晶；对于温度高于400℃压缩变形时，则在各个试验应变速率下都会发生动态再结晶。这说明温度是某2×××系铝合金发生动态再结晶的主要因素之一。同时，合金变形时发生动态再结晶的 $\ln Z$ 值均小于某一值。经过计算，某2×××系铝合金高温压缩变形发生动态再结晶的临界条件为：

$$T\geqslant 400℃ \tag{4-28}$$

$$\ln Z\leqslant 42.8 \tag{4-29}$$

j 小结

(1) 通过实验数据，得出不同变形条件对应的流变应力曲线，分析了各因素（温度、变形速率、变形量）对流变应力的影响。其影响十分复杂而且各因素之间相互影响。

(2) 根据热模拟所得数据，推导出合金的流变本构方程。

(3) 通过金相照片发现，合金变形过程中，影响合金变形的主要因素为温度、变形速率、变形量。变形速率太大，会引起合金组织变形不均匀，可能会引起轧制过程中材料开裂。不宜采用过大的变形速率。

(4) 在435℃时，变形量为20%及应变速率为1 s^{-1}下，在合金中产生了动态再结晶。再结晶晶粒的存在，能起到细化组织的作用，对材料的性能有提高。

(5) 晶粒内部和晶界处析出大量的第二相，其形态会影响材料的性能。连续粗大的析出相会使材料韧性降低，不利于材料变形。应该采用合理的熔铸、热轧和热处理手段，抑制该相的长大和聚集。

(6) 合金中析出相主要是θ相及S(Al_2CuMg)相，是在材料中起主要强化作用的相。

(7) 通过该组实验得出，最佳的热加工条件以440℃、应变速率1 s^{-1}为宜。

4.2.2.3 热轧时的冷却与润滑

铝及铝合金具有较强粘着工具的特性，轧制时必须采用冷却润滑剂。铝及铝合金热轧时所采用的冷却润滑剂通常是水包油(O/W)型乳化液。乳化液是矿物油(或合成油)、乳化剂和添加剂与水混合而成的一种牛奶状的液体，实际上是油以油滴形式分布于水中的溶液(如图4-29)。

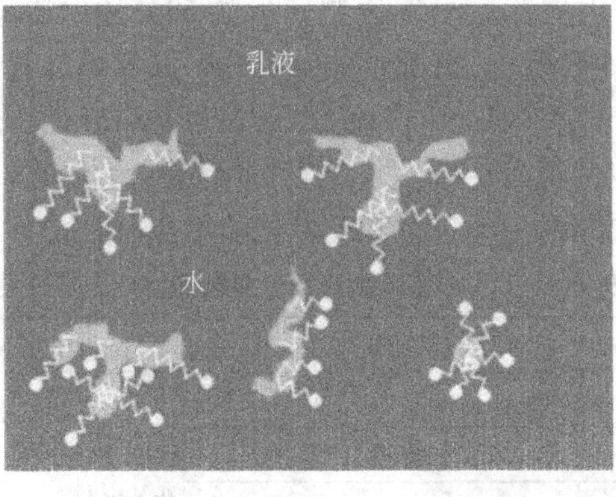

图4-29 水包油(O/W)型乳化液

A 热轧冷却润滑的目的

(1) 降低铝及铝合金板带材轧制的能量消耗。使用有效的润滑剂,能减少或消除轧辊与变形金属的直接接触,使表面间的相对滑移过程在润滑层内部进行,大大降低摩擦力以及由于摩擦阻力而引起的金属附加变形抗力,从而减少轧制过程中的能量消耗。

(2) 提高板带材表面质量。由于铝及铝合金对工具表面具有很强的粘着性,在热轧时很容易在轧辊上形成粘铝层,不仅使摩擦加大,而且使热轧坯料表面产生粘铝、金属压入等缺陷。采用有效的防粘降摩润滑剂,有利于提高轧制产品的表面质量。

(3) 减少轧辊磨损,延长轧辊使用寿命。

(4) 稳定控制轧辊工作温度和轧辊辊型,获得良好的板形。热轧是在再结晶温度以上的轧制,在轧制过程中会产生大量的变形热和摩擦热,利用乳液的冷却性能,并通过控制乳化液的温度、流量、喷射压力,能有效控制轧辊温度和辊型。

B 热轧乳化液的基本组成

a 乳化油的基本组成

热轧用乳化油是由矿物油(或合成油)与一种或多种乳化剂和众多的添加剂如极压剂、润湿剂、抗氧剂、消泡剂和杀菌剂等混合而成,我国对热轧用乳化油研制开发的力度是远远不够的,目前国内各铝加工厂自己调配的热轧乳化液只能生产普通的对表面质量要求不高的板带材,国内目前大多采用前苏联早期研制开发的59μ乳化油,其基本组成如表4-15所示。59μ乳化油不能生产如PS板、双零铝箔毛料、制罐料等高表面、高性能要求的产品。生产该类产品所用热轧乳化油全部依赖进口,斯图尔特、好富顿、德润宝、奎克均是生产铝及铝合金热轧用乳化油的专业厂家,技术力量雄厚,所生产的热轧乳化油综合性能优于国产乳化油。

表4-15 几种热轧铝及铝合金乳液的成分与性能

编号	乳液类型	乳化液成分/%	主要使用性能
1	水包油	矿物油($\nu_{20℃}=30\times10^{-6}\ m^2/s$) 85	润滑性能较差,冷却性能、洗涤性能较好,生物稳定性较好,能乳化外来杂油
		油酸 10	
		三乙醇胺 5	

续表4-15

编号	乳液类型	乳化液成分/%	主要使用性能
2	水包油	矿物油($\nu_{20℃}=25\times10^{-6}\ m^2/s$) 80	具有较好的润滑性能、冷却性能、稳定性能和洗涤性能，不乳化外来油
		不饱和醚(脂) 10	
		聚氧乙苯产品 10	
		聚氧烯烃化合物 2~20	
		碱金属或碱土金属脂肪酸盐化合物 $C_{16}\sim C_{30}$(油酸钠) 0.05~1	
		水	
3	水包油	甲醚(脂)混合物 3	有较好的冷却润滑性能
		山梨(糖)醇单油酸酯 0.8	
		聚氧乙基山梨(糖)醇单油酸酯	
		硬脂酸铝 0.3	
		矿物油($\nu_{20℃}=5\times10^{-6}\ m^2/s$) 35.1	
		水 60	
4	水包油	矿物油(脱芳香的柴油馏分) 1.5	冷却性能、润滑性能、稳定与洗涤性均较好，起泡少，不腐蚀金属
		烷基酯类① 4.5	
		木聚醣-0 1.28	
		合成酰胺-5 0.31	
		硬脂酸铝 0.11	
5	水包油	司班(Span)-60 4.0~4.5	性能稳定，使用周期长，洗涤性好
		洗涤剂 15~17	
		机油 余量	

① $C_{17}\sim C_{20}$级合成脂肪酸和$C_7\sim C_{12}$级合成脂肪醇为基的酯类。

(1) 国产59μ乳化油。目前国内大都使用油酸-三乙醇胺乳化油(59μ)，其组成比较简单，主要是机油或变压器油+油酸($C_{17}H_{33}COOH$)+三乙醇胺[$N(CH_2CH_2OH)_3$]。其中机油或变压器油为润滑基础油，油酸既作为油性剂提高矿物油的润滑性能，同时对三乙醇胺发生反应形成胺皂，起到乳化剂的作用，获得稳定乳液。

(2) 进口热粗轧无皂乳液。无皂概念：乳液配方中不含金属皂及有机皂;配方中不含三乙醇胺等胺类物质;含有少量脂肪酸(3%),起缓冲剂作用,为 pH 稳定剂,进而稳定乳液颗粒度;由于磷酸酯与铝粉的优先反应,避免了使用中脂肪酸与铝粉反应生成铝皂。

某无皂乳液配方构成:基础油 50%、润滑脂(磷酸二酯)38%、脂肪酸 3%、乳化酯及其他 9%。

(3) 进口热精轧有皂乳液。

进口热精轧有皂乳液的成分包括:

1) 基础油。矿物型基础油包括石蜡基及环烷基基础油。石蜡基基础油溶解性好,但稳定性较差;环烷基基础油溶解性较差,但溶解后稳定性好。某乳化油用不同黏度的环烷基基础油(不用石蜡基基础油)。基础油的不同配比,利于调整乳液黏度及轧制油膜厚度,而不改变乳化液化学品质的稳定性。而环烷基基础油性质稳定,不易发生碳链断裂,也利于保证乳化液物理指标的稳定。

2) 合成润滑脂。采用合成润滑脂成分相对单一,能较好满足使用要求。

3) 功能添加剂。为充分保证乳化液使用品质,某乳化油配方设计时充分使用各种功能性添加剂。各种功能性添加剂:润滑脂能增加润滑油膜厚度,见效较慢,消耗也较慢;脂肪酸能增加润滑油膜吸附强度,见效较快,消耗也较快;有机皂有利于保证乳液润湿性;乳化酯起油品乳化作用;抗氧剂保证油品抗氧化稳定性;杀菌剂抑制细菌滋生。

该乳化油组成为:润滑脂(16% ~20%)、脂肪酸(8% ~12%)、有机皂(6% ~8%)、乳化酯(1.8% ~2.0%)。

该乳化液的性质特点如下:

1) 复杂而成熟的配方设计,形成乳液品质的相对稳定。乳液品质的稳定表现在使用过程中乳液 pH 值、疏水黏度、灰分、FT-IR 以及乳液润滑冷却性的稳定。

2) 金属及非金属皂的合理使用。非金属皂(有机胺皂)由脂肪酸与胺反应生成;金属皂由脂肪酸与金属铝,镁等反应生成。非金属皂主要起润湿冷却作用,利于轧制过程中变形铝材脱辊;金属皂增加轧辊表层滑动性。金属皂的累积会破坏乳液油珠界面的电荷平衡,导致乳液析油,并逐步带出乳液中的铝粉及铝皂,净化乳液品质。但现场乳液管理时应注意保持皂含量,以保证乳液清洁性。

b 配制乳化液用水

铝及铝合金热轧过程用乳化液,通常情况下95%以上是水,油的比例只占2%~5%。配制乳化液用水一般有三种类型:硬水、软水、去离子水(纯水)。

硬水(硬度>1)富含Ca^{2+}、Mg^{2+}离子。

软水(硬度<1)的pH值为7.5~8.2,电导率为300~400 μs·cm^{-1}(25℃),软水中Ca^{2+}、Mg^{2+}等离子较少,但Na^{+}却急剧增加。

去离子水pH值为6.5~7.5,电导率为0~20 μs·cm^{-1}(25℃)。去离子水中Ca^{2+}、Mg^{2+}、Na^{+}等金属离子含量均很低。

配制乳化液选用何种类型的水,应根据生产厂所选用乳化油、设备配置状况等具体条件来决定。由于生产硬水、软水水源的水质状况受污染、季节变化等因素的影响,波动较大,水质难于控制。硬水或软水中富含的金属阳离子也易与乳化油中的润滑剂、乳化剂等成分发生反应,改变乳化油的有机成分。而随着乳液中因补充水带入金属离子浓度的逐步提高,乳化液内在的物理化学平衡将很容易被打破,最终导致乳化液润滑性能、稳定性降低,使用寿命缩短,成本增加。所以,为了获得良好的稳定的热轧乳化液,配制乳化液用水的最佳选择是使用去离子水。

c 乳化液的形成

正如家用洗涤剂洗涤锅盘上的油脂一样,用皂将油溶于水,锅盘上的油越多,皂的用量就越大。对轧制用乳化液而言,其道理也是一样。一般情况下,矿物油与水是不能混溶的,为了使油能以微小颗粒悬浮于水中,构成稳定乳化液,必须添加乳化剂,使油水稳定混溶。乳化液的形成如图4-30所示。

C 乳化液的工作原理

热轧过程一般是在300~550℃温度范围内进行的。在高温高压及相对较高的乳液化学活性的作用下,乳液的稳定状态被破坏,使分布于水中的油被分离出来(乳液的热分离),在润滑对象轧辊及铝板表面形成润滑油膜;同时油相和添加剂与金属表面和金属屑反应,形成一层细密的辊面涂层(粘铝层),该层物质由氧化铝、铝粉、金属皂以及一些油性添加剂组成,这样轧辊与轧件被分隔开,从而达到了润滑的目的。

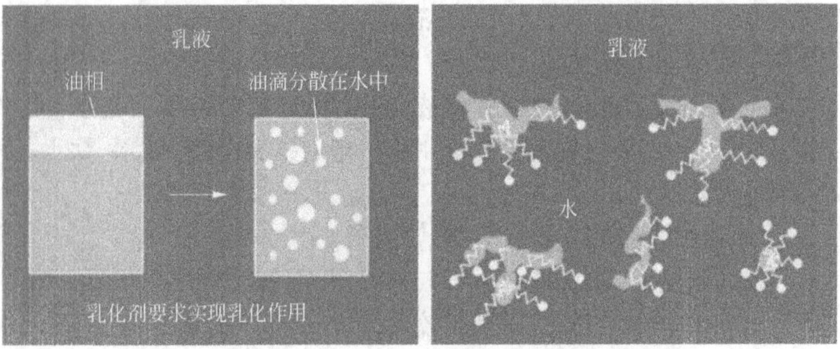

图 4-30 乳化液的形成

乳化液的工作原理如图 4-31 所示,辊缝中的油膜如图 4-32 所示。

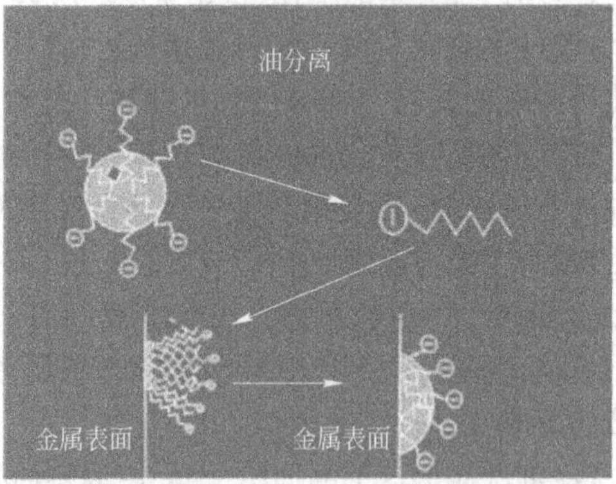

图 4-31 乳化液的工作原理

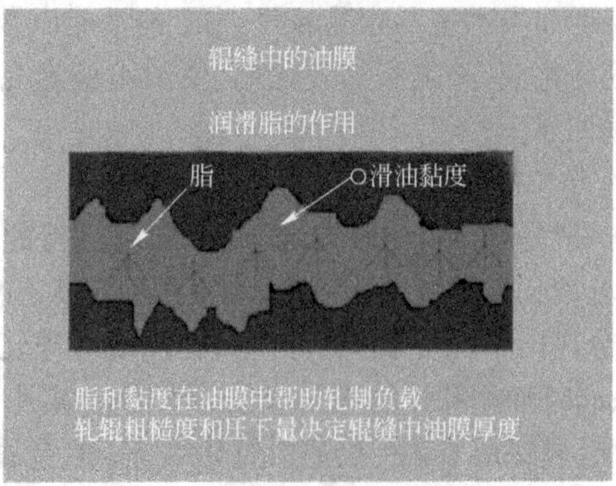

图 4-32 辊缝中的油膜

影响乳化液热分离性最重要的因素是温度,温度不同热分离效果也不相同,最理想的热分离温度一般在150~250℃范围内。

在使用传统皂基乳液时,轧辊辊面黏铝层厚度的控制至关重要,厚度过薄,轧制咬入金属变得很困难,轧制时产生打滑现象;厚度过厚或分布不均匀,轧制时黏铝层易剥落,给轧制带材带来黏铝缺陷。稳定控制黏铝层厚度,获得稳定的轧制质量,应严格控制以下几方面因素:

(1) 合理控制乳化液的润滑性能;

(2) 利用清刷辊能适度均匀有效地控制黏铝层厚度。一般采用钢丝刷辊或尼龙刷辊,品质较高的尼龙刷辊效果最佳;

(3) 根据所使用的乳化液特性,合理选择轧辊粗糙度,优化轧制工艺(如轧制温度、轧速、压下量分配等);

(4) 根据所生产的产品结构,合理安排轧制顺序。

D 热轧乳化液的使用维护与管理

a 热轧乳化液的配制

(1) 59μ 乳化液的配制。将80%~85%的机油或变压器油加入制乳罐,加热至50~60℃,然后加入10%~15%的动物油酸(植物油酸可与基础油在室温下同时加入),加热并不停搅拌至60~70℃,再加3%~5%的三乙醇胺,继续搅拌30 min,当温度降至40~50℃,按比例加入50~60℃水(软化水或去离子水),制备成50%的乳膏备用。

在清洗干净的轧机乳液箱中加水(液位能满足轧机循环即可)。加热至30~40℃,然后将制备好的乳膏排放于乳液箱中,轧机应不停地循环直到乳膏充分乳化。

(2) 进口油的调配。由于进口油生产厂商已经将各类添加剂调配入基础油中,所以使用厂家可以直接向轧机油箱添加。首先对轧机乳液循环系统进行清洁,必要时可加入清洗剂和杀菌剂进行清理,清洗完毕向油箱内加水(保持够循环液位即可),并加热至30~40℃备用,向轧机循环系统添加乳化油,添加乳化油的方式有两种:

1) 采用预混合的方式。即先在预混合箱中将乳化油和水经高速搅拌配制成高浓度的乳化液,然后用泵排放至轧机循环系统中。

2) 采用将乳化油通过乳液系统主泵或过滤泵经高速剪切后进入乳液系统中的方式。

b 热轧乳化液的使用参数

乳化液的使用参数主要包括浓度、温度、pH 值、黏度、电导率、灰分等，不同的乳液具有不同的使用参数。表 4-16 列出 59μ 乳化液的使用参数。

表 4-16 59μ 乳化液热轧使用参数

参数 \ 轧机	热粗轧机	热精轧机
浓度/%	3 ~ 6	5 ~ 8
温度/℃	40 ~ 60	50 ~ 60
pH 值	7.5 ~ 8.5	7.5 ~ 8.5
黏度(40℃)/$mm^2 \cdot s^{-1}$	10 ~ 15	10 ~ 15
电导率(25℃)/$\mu s \cdot cm^{-1}$	150 ~ 400	200 ~ 600
灰分/%	<0.06	<0.1
细菌含量/个	$<10^6$	$<10^6$

进口热粗轧乳液参数控制：浓度为 3.5% ~5.0%、温度为 35 ~45℃、pH 值为 8.0 ~8.5、电导率不大于500 μs/cm、灰分不大于 0.06%、皂化值为 40 ~80 mgKOH/g。

进口热精轧乳液参数控制：

浓度为 5.0% ~6.0%、温度为 55 ~60℃、pH 值为 7.5 ~8.0、电导率不大于 600 μs/cm、灰分不大于 0.08%、疏水黏度为 52 ~58 mm^2/s。

FT-IR：总脂为 15% ~20%、自由酸为 8% ~10%、有机皂为 8% ~12%、乳化脂为 1.8% ~3.5%。

c 热轧乳化液的日常维护与管理

乳化液是油混溶于水中形成的非常复杂的平衡相，在使用过程中，由于受使用温度、杂油污染、不断增加的金属皂及高速运转的泵的剪切力等因素影响，其动态平衡很容易发生改变，严重威胁产品质量，因而，必须对乳化液中许多变量进行日常检测和有效控制方能维持其平衡。

(1) 化学管理：

1) 浓度。检测乳化液中的含油量，每隔 4 ~6 h 应检测一次，做到及时准确地添加新油和水。

2) 黏度。主要检测疏水物黏度，每周至少测试一次，观察变化趋势,及时采取措施调整。

3) 颗粒度的大小及其分布。采用颗粒度分析仪,分析油粒平均尺寸及其分布,有条件的企业应每天检查一次。

4) 红外光谱分析。采用红外光谱仪(FT-IR)分析计算油相中主要成分的百分比(脂、酸、皂、乳化剂),并观察变化趋势,适时添加。

5) 灰分。检测乳化液中金属皂及金属微粒,每周检测一次,结合每天一次的电导率检测。

6) pH 值。采用酸度计能准确检测乳化液的 pH 值,每天至少一次。

7) 生物活性。利用细菌培养基片检测乳液中细菌含量,正常状况,每周一次,异常状况下应加大频次。一般细菌含量小于 10^6 属于正常,不用采取措施,当细菌含量不小于 10^6 时,应积极采取措施加以控制,如加杀菌剂或提高乳液温度。

(2) 物理管理:

1) 乳化液的温度。一方面乳液箱内乳化液温度一般应控制在 60℃ ±5℃,在该温度下有很好的物理杀菌效果;另一方面,因为降低乳液温度,增加乳液稳定性,提高乳液温度,增加乳液的润滑性。乳化液使用温度实现可调,将有利于不同产品对冷却及润滑的不同要求。

2) 过滤。为去除乳化液中的金属及非金属残渣物,减少金属皂及机械油对乳化液使用品质的影响,乳液必须经过过滤器过滤(见图 4-33)。目前过滤效果比较好的霍夫曼过滤器,可实现 24 h 不间断自动过滤。所使用的无纺滤布过滤精度一般要求 2 ~6 μm。

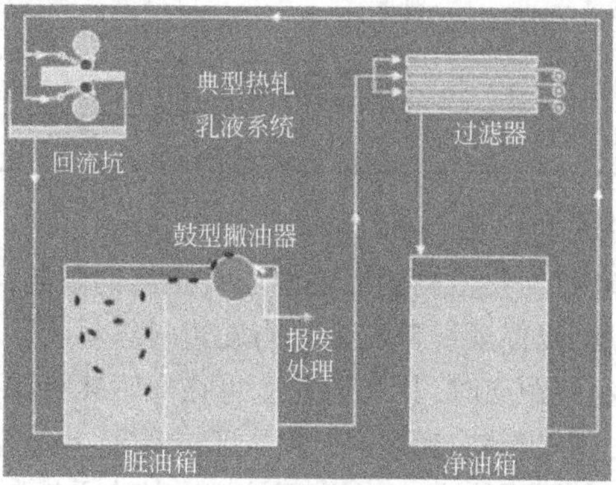

图 4-33 乳液系统示意图

3）撇油。用撇油装置可将乳化液中漏入的杂油以及自身所析出的油撇掉，采用的方式有转筒、绳刷、带状布、刮油机等，一般要求这些装置长期不间断的运转，以保持乳液清洁度。

4）设备的清刷及乳液置换：定期对轧机本体以及乳液沉淀池等进行清刷，同时用新油对乳化液进行部分置换，保持乳液稳定的清洁度，维持乳液组分的平衡。

4.2.2.4 立辊轧边技术

A 轧边道次和轧边量的控制

立辊轧边的目的是控制带材宽度精度，减少带材的裂边。轧边道次多，轧边量大，带材边裂小，但是铸锭边部铸造产生的偏析（俗称黑皮）在轧边时易压入带材表面，特别是上表面尤其明显，随着轧边道次的增多，轧边量大，偏析压入表面的宽度增加，因而严格控制轧边道次和轧边量是必要的，事实上，对于软材质合金如1000、3003等，完全可以不进行辊边轧制，这不仅有利于减少黑皮宽度，而且有利于提高生产效率。减少带材黑皮宽度，还有两个措施：(1)采取措施改善铸锭边部质量，如采用电磁铸造、边部铣面等方法，减少铸锭边部偏析；(2)将立辊辊身磨削成一定坡度（15°）的锥面。表4–17列出了不同合金的轧边道次和轧边量。

表4–17 不同合金的轧边道次和轧边量

<table>
<tr><th>合 金</th><th>轧边道次/次</th><th>轧边量/mm</th><th>轧边时坯料厚度/mm</th></tr>
<tr><td>软合金</td><td>2</td><td>20～25</td><td>200～300</td></tr>
<tr><td rowspan="3">硬合金</td><td rowspan="3">3</td><td rowspan="3">20～25</td><td>第一道次：铸锭厚度</td></tr>
<tr><td>第二道次：200～300</td></tr>
<tr><td>第三道次：100～150</td></tr>
</table>

B 轧边速度和方式

由于立辊轧机与热粗轧机轧辊中心线距离的限制，在轧边时必须考虑坯料的长度，以保证设备安全。当轧边时坯料长度小于立辊轧机与热粗轧机中心线距离时，其轧边速度可在立辊轧机额定速度内任意设定，并进行可逆式轧制；当坯料长度大于或等于立辊轧机与热粗轧机中心线距离时，如需要轧边，应在进行该道次的水平轧制前将立辊打开到大于坯料宽度的一定开口度，让板坯顺利通过立辊后，将立辊调到所要求的开口度，再将坯料咬入立辊轧机进行轧边，此时，轧边速度应与即将进行水平轧制的热粗轧设定速度相同，实现立轧—水平轧制的同速轧制。

4.2.2.5 中间剪切机切头尾的确定

中间剪切机切头尾的目的是消除坯料头尾在轧制过程中形成的张嘴分层缺陷，避免该缺陷在后续轧制过程中进一步延伸，消除因铸造缺陷所引起的头尾撕裂、大裂口等缺陷，保证轧制的正常进行。切头尾是在热粗轧奇道次 60 ~ 100 mm 厚时进行，软合金取上限，硬合金取下限。为保证切头切尾的顺利进行，需合理分配该道次的压下量，防止板坯端头翘曲，以利于端头顺利通过剪切；由于铸锭底部（圆头部分）偏析大，其硬度大于浇注口，所以，对未经切除底部和浇注口部分的铸锭进行轧制时，铸锭浇注口应朝轧机入口轧制方向，这样，可减少铸锭底部冲击轧辊而在轧辊表面形成的舌头状印痕缺陷，同时由于浇注口在轧制时易张嘴，切头量大，可减少切头时推进料头的操作程序，减少切头的辅助生产时间。

确定剪切量的总原则是既要切除头尾不良部分，又要最大限度地减少几何损失。因此，剪切头尾的长度应根据合金材料的特性、最终产品的要求来确定，例如，对于成卷交货的热精轧成品卷，由于在热精轧要进行头尾处理，因此在中间剪切时应尽量少切；5000 系合金由于在轧制过程中易张嘴分层，因此在中间剪切时应尽量多切。一般而言，浇注口部分的剪切长度为：断面最低点距板坯中心 200 ~ 300 mm；底部的剪切长度为：切掉非平行直线（圆头）部分。

4.2.2.6 热精轧张力控制

铝带材在可逆式热精轧上采用张力轧制。张力是指前后卷筒给带材的拉力，分前张力和后张力。张力是靠卷筒与出辊或入辊带材之间的速度差而建立的，当卷筒外缘线速度和带材出辊速度差大于零时，前张力建立，张力达到稳定值后速度差为零；当后卷筒外缘线速度小于带材入辊速度时，后张力建立，张力达到稳定值后速度差为零。

合理设定和调整张力对保证稳定轧制，获得良好的板形和表面质量至关重要。张力的大小应根据合金特性、轧制条件、带材规格和产品质量要求来确定,一般随合金变形抗力及轧制厚度与宽度的增加,张力增大,最大张应力不应超过合金的屈服极限;最小张应力以保证稳定轧制、保证带材被卷紧卷齐为原则,一般不低于被卷带材退火状态下屈服强度的0.07~0.10。

热精轧轧制铝带材时其轧制温度一般在300℃左右,因而,其张力的设定以及张力的稳定控制显得尤其重要。若张力过小,不能消除带材经偏导辊所产生的弯曲变形,而且还会使带材弯曲变形加剧,不利于冷轧机的开卷;张力过小不利于改善板形,当板形不良带材经卷取后,会因为卷材层间局部接触处的接触应力大于此时带材的屈服强度而造成表面粘伤;张力过小不利于获得理想的卷取形状。若张力过大,卷得过紧,由于卷取温度高易造成卷材表面层间粘伤。若轧制过程中张力控制不稳定,会产生活套现象、带材跑偏、卷材变形等现象,严重时会造成铝材的堆积、缠辊、断带等事故,影响设备安全。

4.2.2.7 清刷辊使用条件

热粗轧机和热精轧机出口侧安装有清刷辊,使用清刷辊的目的主要是有效控制轧辊表面黏铝层厚度及其均匀性,使辊面黏铝处于一个理想的稳定状态,因而正确使用清刷辊,有利于获得良好的带材表面质量。

A 清刷辊的配置

清刷辊一般配置于热粗轧机和热精轧机的上、下工作辊的出口侧。清刷辊的旋转方向一般与轧制方向无关,但为控制刷辊发热,防止钢丝折断,通常使用“正转”方向,正转方向是冷却液旋进方向,清刷辊的旋转方向一般情况下是固定不变的,在特殊情况下,也可根据实际情况采用反方向旋转。

B 清刷辊材质的选择

清刷辊的材质不同,清除工作辊辊面黏铝的效果不尽相同,目前采用的清刷辊有钢丝刷辊和尼龙刷辊两类。钢丝刷辊清刷能力比较强,但钢丝刷辊存在以下缺点:(1)使用寿命短,一般在3000 h左右,长期使用过程中,易断钢丝,掉下的钢丝易压入带材表面,产生致命的金属压下缺陷;掉下的钢丝损伤轧辊表面,在带材表面形成轧辊印痕;(2)使用钢丝刷辊,对轧辊的磨损大,降低轧辊的使用寿命;(3)钢丝刷辊与轧辊摩擦产生大量铁粉，混入乳化液中污染乳化液，特别对无皂技术乳化液品质的稳定性冲击更大。尼龙刷辊在带材宽度方向上清刷的均匀性较好，更易获得均匀的表面质量，克服了钢丝刷辊缺点，且“老化”时间容易掌握，目前，越来越多的轧机都使用尼龙刷辊。

C 清刷辊在轧制过程中的使用

清刷辊去除辊面黏铝效果的好坏，与清刷辊对轧辊表面的研磨宽度有直接的关系，研磨宽度是指清刷辊由液压缸压靠于轧辊表面，与辊面接触弧长的投影长度，理想的研磨宽度是以控制轧辊表面黏铝适应性强，范围能力大，质量稳定为原则，影响研磨宽度的主要因素有：(1)清刷辊的零位调整；(2)压靠清刷辊的液压力；(3)轧辊的原始辊型；(4)轧辊的热膨胀。通常热粗轧机上的研磨宽度比热精轧机上的研磨宽度小。

清刷辊研磨宽度的测定应根据轧机的规格、轧制的合金品种、轧制所用冷却－润滑剂的性能等来确定，其测定方法是将清刷辊压靠在轧辊上，在轧辊不转的情况下，给定清刷辊一个恒定的推力并旋转 10 s，这时其接触弧长的投影即为研磨宽度的测定宽度。确定清刷辊研磨宽度，对指导正确使用清刷辊，获得良好的表面质量是极为重要的。

清刷辊的零位调整是在轧辊的装配过程中进行的，清刷辊的调零须根据使用经验，考察使用效果，充分考虑轧辊的原始辊型及热膨胀等因素，采用零位调整器来调节清刷辊与轧辊之间的间距，热粗轧机一般控制在 3 ~ 5 mm，热精轧机一般控制在 5 ~ 8 mm 范围。

在生产轧制过程中清刷辊压靠力的设定是至关重要的，因为工作辊辊面黏铝层的过厚过薄都是有害的，严重时极易导致设备安全事故，威胁产品质量，阻碍生产效率的提高，因而如何稳定控制辊面黏铝层，根据不同的合金品种、产品规格、质量要求等选择合理的清刷辊压靠力是非常关键的。一般而言，热粗轧机使用清刷辊压靠力比热精轧机小，在热粗轧机上生产热轧板时通常可不使用清刷辊，也可以在某些道次使用或出现咬入痕时在轧机空负荷状态下投入清刷辊清除辊面不均匀黏铝；在生产热轧卷材时，热粗轧机和热精轧机各道次均应使用清刷辊，考虑轧辊热膨胀的影响，刚换上的轧辊可适当增大清刷辊压靠力，当正常轧制 10 块料左右，轧辊热辊型趋于稳定，操作人员应适时将清刷辊压靠力调低至规定值。表4-18列出了使用钢丝清刷辊在热粗轧机和热精轧机上轧制不同合金清刷辊压靠力参考值。一般而言,清刷辊压靠力随合金强度的增加是递增的,在生产表面质量要求高且宽度大的板材时须采用高的压靠力,但为保护轧辊表面,清刷辊高压力状态下旋转不宜长时间使用。

表4-18 热粗轧机和热精轧机生产不同合金的清刷辊压靠力 (MPa)

合金	热粗轧机	热精轧机
1000系	30~40	40~50
3000系	40~50	50~60
5000系、2000系	>60	70~80

清刷辊在工作时应对清刷辊喷射一定量的乳液,主要目的是冷却和清洗清刷辊钢丝,乳液流量为乳液总流量的3%~5%,喷射压力为0.15~0.3 MPa。

4.2.3 铝热连轧技术

铝热连轧技术是目前铝热轧的核心,其控制因素多,技术难度大。

4.2.3.1 连轧常数

在热连轧过程中,各机架间秒流量、机架间轧件运动速度和机架间张力具有一定的规律。机架间秒流量相等,即 $BhV=C=$ 常数;前机架的轧件出辊速度等于后机架的轧件入辊速度,即 $V_{hi}=V_{hi+1}=V=$ 常数;前机架的前张力等于后机架的后张力,即 $q_{hi}=q_{hi+1}=q=$ 常数。以上三个常数统称为连轧常数,这三个常数的表达式就是连轧过程处于平衡状态下的基本方程式。它们是设计连轧工艺的主要依据,尤其是对各个机架的速度进行匹配时,显得更为重要。

A 机架间秒流量相等

连轧时,保持正常的轧制条件是轧件在轧制线上每一机架的秒流量维持不变,即有下面几种表达式:

(1)用轧件宽度、厚度和水平速度表示:

$$B_1h_1V_1=B_2h_2V_2=\cdots=B_nh_nV_n \text{ 或者 } BhV=C=\text{常数} \quad (4-30)$$

式中 B、h、v——分别为轧件宽度、厚度和水平速度。

(2) 用轧件的断面积 F 和轧制速度 V 来表示(不考虑前滑):

$$F_1V_1 = F_2V_2 = \cdots = F_nV_n \tag{4-31}$$

(3) 用轧辊的线速度和轧辊转速之间的关系,可以得到:

$$F_1D_1n_1 = F_2D_2n_2 = \cdots = F_nD_nn_n \tag{4-32}$$

式中 D、n——分别为轧辊的工作直径和转速。

(4) 用 C_n 代表各机架轧件的秒流量,则

$$C_1 = C_2 = \cdots = C_n = C = 常数 \tag{4-33}$$

B 机架间轧件运动速度为常数

从轧制运动学角度来看,前一机架的轧件出辊速度应等于后一机架的轧件入辊速度,即

$$V_{hi} = V_{hi+1} = V = 常数 \tag{4-34}$$

式中 V_{hi}——第 i 机架轧件的出辊速度;

V_{hi+1}——第 $i+1$ 机架轧件的入辊速度。

C 机架间张力等于常数

从轧制力学条件来看,前机架的前张力等于后机架的后张力,机架间张力应等于常数,即

$$q_{hi} = q_{hi+1} = q = 常数 \tag{4-35}$$

式中 q_{hi}——第 i 机架的前张力;

q_{hi+1}——第 $i+1$ 机架的后张力。

式中的 q 值可为负或零,即有张力或推力,无张力或推力。

4.2.3.2 连轧中的前滑和后滑

A 前滑

轧制过程中,轧件的出辊速度大于轧辊线速度的现象称为前滑。前滑通常用前滑系数和前滑值来描述。

a 前滑系数

轧件出辊速度与轧辊线速度的比值称为前滑系数。前滑系数是一个大于1的数,即:

$$S_1 = V_{h1}/V_1, S_2 = V_{h2}/V_2, \cdots, S_n = V_{hn}/V_n \tag{4-36}$$

式中 S——前滑系数;

V_h——轧件出辊速度;

V——轧辊线速度。

b 前滑值

前滑值是轧件出辊速度和轧辊线速度差值与线速度的比值，它小于1（可用百分数表示）。人们通常所说的前滑系数指前滑值，即：

$$S_{h1}=\frac{V_{h1}-V_1}{V_1}=\frac{V_{h1}}{V_1}-1=S_1-1,S_{h2}=S_2-1,\cdots,S_{hn}=S_n-1 \tag{4-37}$$

式中 S_n——前滑值。

c 考虑前滑后的连轧常数

当前滑存在时，根据式(4-36)、式(4-37)，各机架间秒流量为：

$$F_1V_{h2}=F_2V_{h2}=\cdots=F_nV_{hn}$$

$$F_1V_1S_1=F_2V_2S_2=\cdots=F_nV_nS_n$$

$$F_1D_1n_1S_1=F_2D_2n_2S_2=\cdots=F_nD_nn_nS_n$$

则得：

$$C_1S_1=C_2S_2=\cdots=C_nS_n=C' \tag{4-38}$$

式中 C'——考虑前滑后的连轧常数。

B 后滑

轧件进入轧辊的速度小于轧辊在该点线速度的水平分量的现象称后滑。

后滑值是用轧辊入口断面轧件的速度与轧辊该点水平分速度之差的相对值表示的，即

$$S_H=\frac{V\cos\alpha-V_H}{V\cos\alpha} \tag{4-39}$$

式中 S_H——后滑值；

V——轧辊线速度；

V_H——轧件入辊速度；

α——咬入角。

C 前滑和后滑之间的关系

如果把(4-39)式写成对各个机架都适用的一般式，即

$$S_h = \frac{V_h - V}{V} = \frac{V_h}{V} - 1 \tag{4-40}$$

轧件在入辊处和出辊处秒流量相等,即:

$$F_H V_H = F_h V_h \tag{4-41}$$

式中 F_H、F_h——轧件入辊处和出辊处的断面积。

由式(4-39)、式(4-40)、式(4-41)可以得到前滑和后滑之间的关系,即:

$$S_H = 1 - \frac{\frac{V}{\mu}(1 + S_h)}{V\cos\alpha} \tag{4-42}$$

式中 μ——轧件的延伸系数。

D 前滑值的计算

在不考虑轧件宽展的条件下,前滑值可用下述公式进行计算,即:

$$S_h = \frac{R}{h}\gamma^2 \tag{4-43}$$

式中 R——轧辊半径;

h——轧件出口厚度;

γ——轧制变形区中性角。

式(4-43)中的中性角 γ 可以用西姆斯公式来确定:

$$\gamma = \sqrt{\frac{h}{R'}}\tan\left[\frac{1}{2}\tan^{-1}\sqrt{\frac{\varepsilon}{1-\varepsilon}} + \frac{\pi}{8}\ln(1-\varepsilon)\sqrt{\frac{h}{R'}}\right] \tag{4-44}$$

式中 h——轧件出口厚度;

R'——弹性压扁后的轧辊半径;

ε——轧件压下率。

E 前滑值的用途

在连轧过程中,对各机架进行速度匹配时,需要计算各机架轧件的入辊速度和出辊速度,此时前滑值是必不可少的参数。另外,前滑值也是电气自动化控制中的一个重要参数。

4.2.3.3 连轧中的推拉现象

A 推拉现象的产生

在铝热连轧过程中,当轧件在前一机架的出辊速度大于轧件在后一机架的入辊速度时,将会在机架间产生一个推力,形成所谓推力轧制;当轧件在前一机架的出辊速度小于轧件在后一机架的入辊速度时,将会在机架间产生一个拉力(张力),形成张力轧制。

B 推拉系数

$$\frac{C_2S_2}{C_1S_1}=K_1,\frac{C_3S_3}{C_2S_2}=K_2,\cdots,\frac{C_nS_n}{C_{n-1}S_{n-1}}=K_n \tag{4-45}$$

当 $K>1$ 时为张力轧制;当 $K<1$ 时为推力轧制;当 $K=1$ 时为无张力或无推力轧制。

C 推拉率

推拉率是用各机架间秒流量差和秒流量的比值表示:

$$\frac{C_2S_2-C_1S_1}{C_1S_1}=N_1,\frac{C_3S_3-C_2S_2}{C_2S_2}=N_2,\cdots,\frac{C_nS_n-C_{n-1}S_{n-1}}{C_{n-1}S_{n-1}}=N_n \tag{4-46}$$

式中 N——推拉率,常用百分数表示。

当 $N>0$ 时为张力轧制;当 $N<0$ 时为推力轧制;当 $N=0$ 时为无张力或无推力轧制。

D 推拉系数与推拉率之间的关系

由式(4-45)和式(4-46)可以得到推拉系数和推拉率之间的关系式为:$(K_n-1)\times 100=N$(百分数表示)。

值得指出的是,推拉系数和推拉率实际上反映的是机架间的秒流量差,而机架间的秒流量差又是由速度差引起的。

E 铝热连轧中的微张力轧制

在连轧生产中,要保持理论上的秒流量相等使连轧常数恒定是非常困难的,甚至是办不到的。因此,为了使轧制能顺利进行,实际生产中采用微张力轧制。

需要指出的是,在进行工艺设计时,除了保证推拉系数 $K>1$ 之外,还应当把推拉率 N 尽量选取得小一些,以确保连轧过程是在微张力条件下进行。在铝热连轧过程中,一般不允许出现推力轧制现象,连轧张力宜小不宜大。

4.2.3.4 连轧张力

A 张力的产生

张力产生的原因有两种观点。一种观点认为:张力的产生是连轧时存在流量差所致；另一种观点认为，张力的产生是由于机架间存在速度差所致。实际上秒流量差是由速度差引起的，所以，张力是由速度差引起的。当机架间存在速度差，且后机架的轧件入辊速度大于前机架的轧件出辊速度时，机架间便产生张力。

B 张力表达式

设机架间距为 L；机架间存在速度差且后机架的轧件入辊速度 V_{hi+1}，大于前机架的轧件出辊速度 V_{hi}，根据虎克定律，可得张力的微分式为：

$$\frac{\mathrm{d}q}{\mathrm{d}t}=\frac{E(V_{hi+1}-V_{hi})}{L} \tag{4-47}$$

故张力的表达式为：

$$q=\int\frac{E(V_{hi+1}-V_{hi})}{L}\mathrm{d}t \tag{4-48}$$

式中 q——张力；

E——轧件弹性模量；

L——机架间距；

t——时间。

(4-47)式或(4-48)式是连轧过程自动化控制中一个很重要的函数。当机架间张力发生变化时，自动控制系统将根据张力变化量，用(4-47)式或(4-48)式计算出各机架速度的调整量，对各机架速度进行调整，从而使连轧过程处于稳定状态。

C 张力的作用

(1) 在连轧生产中，各机架同时通过一个轧件而相互联系成为一个整体，张力在机架间起着传递能量的作用。

(2) 当轧制参数发生变化引起速度差导致张力增加，而张力增加又使前滑发生变化，使张力增加变缓，一定时间后，轧制过程又在一定张力条件下达到新的平衡，这就是张力的“自动调节”作用。但张力的“调节”范围是有限的。

D 卷取张力的确定

a 确定卷取张力的方法

确定卷取张力的基本原则是卷取张应力应小于卷取带材的屈服强

度。这个基本原则对热连轧、板带箔材的冷轧过程均适用。由于卷取张力难以精确的计算，一般都采用经验方法来确定。对于铝及铝合金的轧制来说，卷取张应力在屈服强度 0.3 ~0.7 的范围内选取比较恰当。

b 卷取张力的确定

热连轧中，带材的卷取温度一般都在金属的再结晶温度以上，大部分属于热加工的范畴，用板带材冷轧时确定卷取张力的方法来确定热连轧中的卷取张力，不太合适。到目前为止，铝热连轧中的卷取张力仍采取经验方法来确定。表 4-19 是日本 4 条“1 +3”、“1 +4”铝热连轧生产线中卷取张力的数据。

由表 4-19 可见，铝热连轧中的卷取张应力在 5 ~10 MPa 的范围。很显然，当带材的最大终轧厚度减小一半时，即为 2 ~6 mm 时，卷取张应力在 10 ~20 MPa 的范围内。

表 4-19 日本 4 条铝热连轧生产线中的卷材参数、卷取张力等数据

名　称	最大规格（厚度×宽度）/mm×mm	最大卷径/mm	最大卷重/t	最大卷取张力/t	最大卷取张应力/MPa
神户制钢	(2.0~12.5)×(750~2600)	1900	16.0	26.5	8.1
住友轻金属	(2.0~12.5)×(750~2100)	1950	17.0	23	8.8
古河铝（日光）	(2.5~12.0)×1750	1800	8.0	12.0	5.7
古河铝（福井）	(2.5~12.0)×(750~2650)	2540	22.0	22.0	6.9

c 连轧张力的确定

连轧张力就是机架间的张力，机架间张力的确定比较困难。根据铝热连轧的基本规律可知，机架间应保持小张力轧制。通常机架间的张应力范围为 5 ~15 MPa。

E 连轧张力的控制

a 连轧张力的控制原理

由(4-48)式、(4-49)式可知，任一时刻，机架间张力的变化都是由机架间的速度差引起的，要想使机架间的张力保持不变，就必须对机架间的速度差进行调控，这就是连轧张力控制的基本原理。

b 连轧张力的控制过程

机架间张力的控制过程如图 4-34 所示。图中 h_1 和 h_2 为厚度设定值，V_1 和 V_2 为速度设定值，t_1 为机架间张力设定值，H_1、H_2 和 h_1、h_2 分别为带材轧前及轧后厚度，M 为主电机，TM 为张力检测辊，AGC 为厚度自动控制系统，ASR 为速度自动调节系统，ATC 为张力偏差补偿系统，MFC 为带材厚度偏差补偿系统。

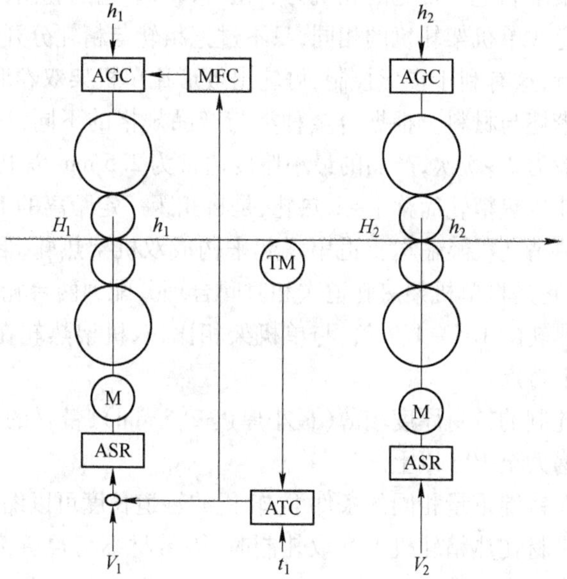

图 4-34 机架间张力控制过程

在连轧过程中，由于某种原因导致机架间的张力产生波动时，张力检测辊 TM 将检测到的张力输入到 ATC 系统，与设定的张力 t_1 进行比较，比较后的张力偏差信号由 ATC 系统输入到速度自动调节 ASR 系统，速度自动调节系统将根据张力偏差信号调节轧机的速度，改变机架间的速度差，从而使机架间的张力保持稳定。另一方面，由于机架间张力的波动会导致机架间带材厚度的波动，所以 ATC 系统还要将张力偏差信号送往厚度偏差补偿 MFC 系统，MFC 系统将张力偏差信号转变为厚度偏差信号后，输入到 AGC 厚度自动控制系统，厚度自动控制系统将根据厚度偏差信号调整压下，使机架间带材厚度保持不变。由上述分析可知，在连轧张力控制过程中，既要保持机架间张力稳定，又要保持机架间带材厚度不变。

4.2.4 常规热轧工艺的制定

4.2.4.1 概述

热轧工艺的制定是根据现有设备能力、铝合金产品特性以及生产效率等因素来制定。常见的轧机为热粗/精轧机，它的轧制工艺与单机架四辊可逆式单机架轧机的相同，只不过把粗轧与精轧分开，不在同一轧机上进行，这有利于辊形控制，可轧出板形比单机架双卷取轧机的产品更精的带坯与材料。根据合金种类与产品规格的不同，精轧机的轧制道次一般为 3 ~5 次，产品的最小厚度通常为 2.5 mm 以上。

热粗轧 + 热精轧简称 1 +1 热轧，是将相距一定距离的 1 台热粗轧机和 1 台热精轧机经输送辊道串联起来构成双机架热轧，形成了热连轧的雏形，它是将单机架热轧道次和时间合理分配到两台轧机上，其产能是单架热轧的 1.5 ~1.7 倍，与单机架相比，双机架热轧在轧制工艺上具有以下特点。

(1) 轧制的带材厚度较薄(最小厚度 2.5 mm)，带材的长度增加，铸锭重量增大至 10 t 以上。

(2) 在铸锭重量相同的条件下，轧机的辊道长度可以缩短。

(3) 带材在热精轧机上卷取轧制时，因带材不与辊道接触可以避免机械损伤。

(4) 卷材在精轧时带张力轧制，可使轧出的带材平整，产品质量得到有效提高。

基于双机架热轧机的显著特点，本节重点讨论双机架热轧机的热轧工艺的制定。

4.2.4.2 热粗轧—热精轧轧制规程的制定

A 轧制表的制定原则

轧制表制定的总原则是充分考虑热粗轧机和热精轧机在生产时间上的平衡，以追求最大的生产效率为目标。在轧制表中设定压下值时，对于 1 ××× 系、3 ××× 系等软铝合金以咬入条件为边界条件，追求高效稳定的生产；对 2 ××× 系、5 ××× 系、7 ××× 系等硬铝合金以轧机的最大载荷为边界条件，同样以追求高效稳定生产为目标。

B 热精轧坯料厚度的确定

热粗轧供热精轧坯料厚度的确定应综合考虑以下几个因素：

(1) 根据材料特性确定坯料厚度、合金品种、带材宽度、热精轧终轧成品厚度不同，坯料厚度也不一致，合金强度越高、带材宽度越宽、成品厚度越薄，坯料厚度设计越薄；反之，坯料厚度设计越厚。

(2) 适宜于轧制过程温度的管理，若坯料厚度设计太薄，热粗轧机轧制时间过长，带材温降损失大，不利于后续正常轧制。

(3) 充分考虑设备的能力，如热精轧机的载荷能力、运输辊道的长度等。

(4) 以最大限度地提高生产效率为目标，考虑热精轧与热粗轧在时间上的平衡。

(5) 坯料厚度的设计要适应热精轧与热粗轧板形及表面质量的控制。

C 热精轧机压下量的分配

热精轧机压下量的设计按等压下率原则分配各道次压下量，等压下率计算方法如下式：

$$T_0 = T_N \times (1 - R)^N \tag{4-49}$$

即

$$R = 1 - \left(\frac{T_0}{T_N}\right)^{1/N} \tag{4-50}$$

式中 T_0——精轧机终轧成品厚度；

T_N——精轧坯料厚度；

N——压延道次；

R——压下率。

已知坯料厚度、终轧成品厚度、压延道次数，按(4-50)式即可计算出压下率，代入式(4-49)即可计算出各道次压下量分配。

D 轧制方式

结合工厂条件和产品规格选择轧制方式，热粗轧轧制方式较为复杂，主要是纵轧、横轧、横纵轧和斜轧四种轧制方式。由于市场对产品宽度规格的要求是千变万化的，仅靠铸锭几种甚至几十种规格也不能完全满足市场的要求，在热粗轧机上对铸锭进行宽展轧制是获得非标准规格板材产品的重要手段。在热粗轧机上实现宽展有两种方法：横轧宽展和斜轧宽展。

纵轧是采用顺铸锭长度方向进行轧制的方式，这种轧制方式是最为简单的一种，当铸锭宽度余量满足成品宽度时，采用这种轧制方式。

横轧是按铸锭宽度方向进行轧制的方式，这种轧制方式适用于成品宽度比铸锭宽度大得多的产品，一般铸锭宽度超过成品宽度 400 mm 时，就采用这种方式。

横纵轧即先进行横轧，然后转向 90°进行纵轧的一种轧制方式，这种轧制方式适用于铸锭宽度达不到成品宽度，但宽度差异不到 400 mm 时采用，由于有纵轧方式，这种轧制方式一般不用在软合金上，而只用于高合金化产品轧制。

斜轧即铸锭长度与轧制方向成一定角度进入轧机进行开坯，当轧件宽度满足制品要求时，再进行纵轧的生产方式。由于软合金道次变形大、温度高，特别适合于这种轧制方式，以解决横轧带来的铸锭小、成材率低的问题。

a 横轧宽展

将铸锭在回转升降台转动 90°，沿宽度方向进入轧机轧制，宽展至所需宽度后，再将铸锭转向 90°，进行纵向轧制。根据体积不变原理，宽展压下量的设定按下式计算：

$$h = B \cdot H/b \tag{4-51}$$

式中 B——铸锭原始宽度；

H——铸锭原始厚度；

b——宽展轧制目标宽度；

h——宽展轧制后厚度。

b 斜轧宽展

斜轧是将铸锭中心线与轧制中心线形成一定角度 α（$0° < \alpha < 90°$）而进行的轧制，如图 4-35 所示。按金属在轧制变形区内的流动规律，绝大部分金属沿轧制方向流动，而极少部分沿横向流动。沿轧制方向流动的金属沿铸锭长度方向和宽度方向分解，斜轧产生沿宽度方向的流动分量而达到宽展的目的。如图 4-36 所示，在斜轧变形区内任一单元体的金属都将沿轧制方向产生一位移 a，此位移沿铸锭长度方向和宽度方向分解为 a_1 和 a_2，即 $a = a_1 + a_2$，a_2 位移产生铸锭的横向宽展。

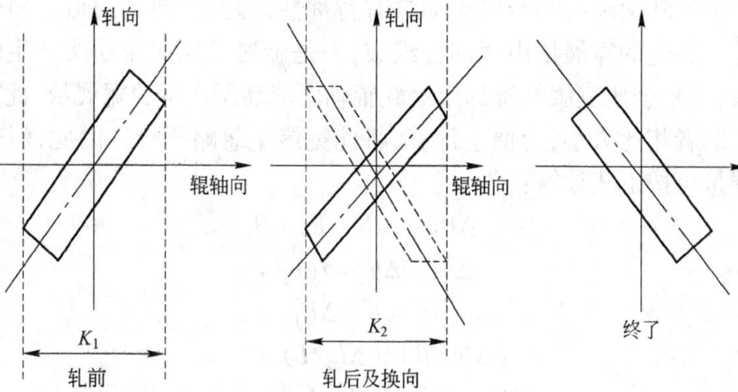

图 4-35 斜轧基本过程示意图

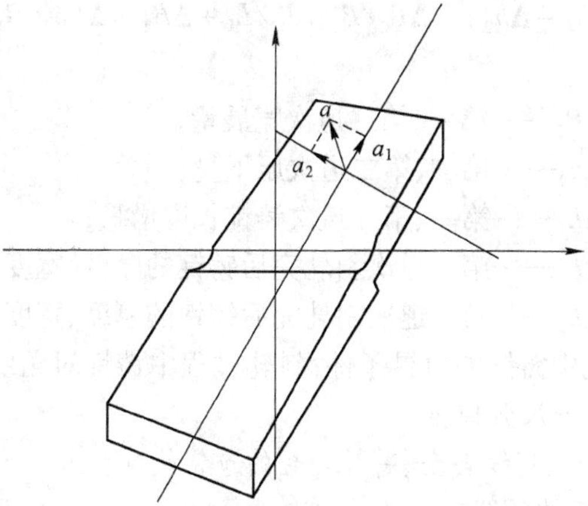

图 4-36 斜轧变形区金属流动示意图

铸锭中心线与轧制中心线的夹角称为斜轧角，斜轧角的大小按式(4-52)计算。显然，斜轧角的大小可以通过调整导尺开口度的大小来控制。

$$\alpha = 90° - \arcsin(B/\sqrt{B+L}) - \arccos(K/\sqrt{B+L}) \quad (4-52)$$

式中 α——斜轧角；

B——铸锭宽度；

K——导尺开口度；

L——铸锭长度。

由图 4-35 可知，斜轧的基本过程由两个道次的斜压组成，从理论上要求斜轧两道次间金属流动具有对称性，即换向前后两道次斜轧角相等。斜轧的宽展量由两部分组成，一是金属沿轧向流动所产生的宽展量；二是金属克服轧辊约束沿轧辊轴向流动所产生的宽展量，此宽展量与前者相比太小，为便于计算，将此宽展量忽略不计。因此，斜轧的宽展量可按下式计算：

$$
\begin{gathered}
\Delta B_1 + \Delta B_2 = B_2 - B \\
\Delta h_1 + \Delta h_2 = H - h_2 \\
B_1 = B + \Delta B_1 \\
(\Delta B_1 / B)/(\Delta L_1 / L) = \tan\alpha \\
(\Delta B_2 / B_1)/(\Delta L_2 / L_1) = \tan\alpha \\
\Delta h_1 / (H - \Delta h_1) = \Delta B_1 / B + L_1 / L + \Delta B_1 \cdot \Delta L_1 / (B \cdot L) \\
\Delta h_2 / (H_1 - \Delta h_2) = \Delta B_2 / B_1 + L_2 / L_1 + \Delta B_2 \cdot \Delta L_2 / (B_1 \cdot L_1)
\end{gathered}
\tag{4-53}
$$

式中 ΔB_1、ΔB_2——第一、第二道次宽展量；

Δh_1、Δh_2——第一、第二道次压下量；

ΔL_1、ΔL_2——第一、第二道次铸锭长度增量；

H_1、B_1、L_1——第一道次斜轧完后铸锭的厚度、宽度、长度；

H_2、B_2、L_2——第二道次斜轧完后铸锭的厚度、宽度、长度。

斜轧过程中铸锭的边界条件：斜轧过程中铸锭对角线的轴向投影长度不能大于导尺开口度。

E 硬合金、高镁合金、高锌合金的包铝轧制

a 包铝板的放置

包铝板正确地与基体金属固定在一起是确保热轧有效焊合和轧后包覆层均匀的基础，常见的固定方式有两种，一是捆扎的方式，即将包铝板上下对称地放置在基体金属的上下表面，并且包铝板在基体金属上长度方向对称、宽度方向对称，然后用钢带沿宽度方向将包铝板与基体金属固定。二是焊接的方式，即将包铝板边沿与基体金属边沿焊在一起。

b 包铝板的焊合轧制

包铝板的焊合轧制是在热粗轧机上完成的，包铝铸锭从加热炉出炉后将钢带去掉，通过运输辊道进入热粗轧机。为防止包铝板的错动，采用“静压”轧制方法焊合包铝板。为了保证设备安全，在静压下必须

采用低速压下方式，例如，在轧制铸锭规格为430 mm（基体+包铝板）×1320 mm×4000 mm的2024合金时，首先将辊缝设置为450 mm左右，然后将铸锭沿长度方向的中心位置摆放于辊缝，静压8~10 mm，在该压下量恒定不变的情况下，可逆轧制2~3道次，即可实现包铝板与基体合金的良好焊合，然后再进行正常的轧制。

4.2.4.3 热轧轧制规程举例

A 1100合金热轧轧制规程（见表4-20）

铸锭规格： 480 mm×1260 mm×5000 mm

热粗轧开轧温度： 465℃ ±15℃

热粗轧终轧目标厚度： 23.0 mm

热粗轧终轧温度： 370℃ ±10℃

热精轧终轧目标厚度： 5.0 mm

热精轧终轧目标温度： 250℃ ±15℃

表4-20 1100合金热轧轧制规程

轧制道次	厚度/mm	压下量/mm	变形率/%	备 注
1	465	15		
2	450	15		
3	425	25		
4	400	25		
5	365	35		
6	330	35		
7	295	35		
8	260	35		辊边两道次
9	225	35		
10	190	35		
11	155	35		
12	120	35		
13	100	20		中间切头尾
14	75	25	25.0	
15	55	20	26.7	
16	35	20	36.4	
17	23	12	34.3	
热精轧				
1	13.8	9.2	40.0	
2	8.3	5.5	39.8	
3	5.0	3.3	39.8	（切边）

B 3104 合金热轧轧制规程(见表4-21)

铸锭规格: 465 mm ×1320 mm ×5000 mm

热粗轧开轧温度: 500℃ ±15℃

热粗轧终轧目标厚度: 16.0 mm

热粗轧终轧温度: 390℃ ±10℃

热精轧终轧目标厚度: 2.5 mm

热精轧终轧目标温度: 270℃ ±15℃

表4-21 3104合金热轧轧制规程

轧制道次	厚度/mm	压下量/mm	变形率/%	备 注
1	450	15		
2	435	15		
3	410	25		
4	385	25		
5	355	30		
6	325	30		辊边两道次
7	290	35		
8	255	35		辊边两道次
9	220	35		
10	185	35		
11	150	35		
12	115	35		
13	90	25		中间切头尾
14	70	20	24.4	
15	48	22	31.4	
16	26	20	41.6	
17	16	10	38.5	
热 精 轧				
1	8.62	7.38	46.2	
2	4.64	3.98	46.2	
3	2.5	2.14	46.1	(切边)

C 5083/5182 合金热轧轧制规程(见表4-22)

铸锭规格: 465 mm×1320 mm×5000 mm

热粗轧开轧温度: 470℃ ±10℃

热粗轧终轧目标厚度: 15.0 mm

热粗轧终轧温度: 370℃ ±15℃

热精轧终轧目标厚度: 3.0 mm

热精轧终轧目标温度: 265℃ ±15℃

表4-22 5083/5182 合金热轧轧制规程

轧制道次	厚度/mm	压下量/mm	变形率/%	备 注
1	450	15		
2	435	15		
3	415	20		
4	395	20		辊边两道次
5	370	25		
6	345	25		
7	317	28		
8	289	28		辊边两道次
9	261	28		
10	231	30		
11	200	31		
12	170	30		
13	140	30		
14	110	30		
15	80	30		中间切头尾
16	55	25	37.5	
17	35	20	36.3	
18	23	12	34.3	
19	15	8	34.8	
热 精 轧				
1	8.77	6.23	41.5	
2	5.13	3.64	41.5	
3	3.0	2.13	41.5	(切边)

D 2024 合金热轧轧制规程(见表 4-23)

铸锭规格: 400 mm ×1320 mm ×4000 mm

铣面包铝后铸锭厚度: 430 mm ×1320 mm ×4000 mm

热粗轧开轧温度: 400℃ ±15℃

热粗轧终轧目标厚度: 15.0 mm

热粗轧终轧温度: ≥370℃

热精轧终轧目标厚度: 4.0 mm

热精轧终轧目标温度: ≥250℃

焊合包铝板轧制: 两道次,每道次压下量 10 mm

表 4-23 2024 合金热轧轧制规程

轧制道次	厚度/mm	压下量/mm	变形率/%	备 注
1	395	15		
2	379	16		
3	359	20		
4	339	20		辊边两道次
5	311	28		
6	288	28		
7	251	32		
8	219	32		辊边两道次
9	187	32		
10	155	32		
11	125	30		
12	100	25		
13	80	20		中间切头尾
14	55	25	31.3	
15	35	20	36.4	
16	23	12	34.3	
17	15	8	34.7	
热 精 轧				
1	9.65	5.35	35.6	
2	6.22	3.43	35.5	
3	4.0	2.22	35.7	(切边)

4.2.4.4 热轧方式及生产工艺

A 单机架单卷取热轧机

在一台可逆热轧机上，铸锭经过往复轧制，最后一道次实现卷取，最小厚度7 mm，产能可达150 kt/a，其特点是热粗轧、热精轧共用一台设备。由于带材卷取轧制前坯料厚度较薄（10 mm左右），轧制温度较低，带材的板形难于控制；同时，轧制带材的长度受辊道长度限制。因而，其铸锭重量不能过大，一般在1～3 t。此类热轧机有两种型式，一种是二辊可逆式热轧机；另一种是四辊可逆式热轧机。二辊可逆式热轧机一般都用于生产民用1000系、3000系、8000系及个别5000系软合金板、带材。四辊可逆式单机架热轧机的产品有两种，一种专业化程度较高，产品专一，用于几种软合金产品的轧制；另一种是万能式的，用于轧制所有变形铝合金板带材产品。

表4-24列出了在ϕ720 mm×1500 mm二辊可逆式单卷取热轧机上（最大轧制力6000 kN，主电机功率1500 kW）轧制1000系合金的轧制工艺（轧制道次分配），表4-25列出了在ϕ700 mm/1250 mm×2000 mm四辊可逆式单卷取热轧机上（最大轧制力19600 kN，主电机功率3600 kW）轧制3000系合金的轧制工艺（轧制道次分配）。

表4-24 ϕ720 mm×1500 mm二辊可逆式单卷取热轧机1000系合金轧制工艺

轧制道次	开始厚度H/mm	终了厚度h/mm	加工率ε/%	压下量/mm
1	250	230	8.00	20
2	230	200	13.04	30
3	200	170	15.00	30
4	170	140	17.65	30
5	140	110	27.27	30
6	110	85	22.73	25
7	85	60	29.41	25
8	60	43	28.33	17
9	43	28	34.88	15
10	28	18	35.71	10
11	18	12	33.33	6
12	12	9.5	20.83	2.5
13	9.5	7	26.32	2.5
总加工率/%			97.20	

注：锭坯尺寸：250 mm×1250 mm×2400 mm。

表 4-25 ϕ700 mm/1250 mm × 2000 mm 四辊可逆式单卷取热轧机 3000 系合金轧制工艺

轧制道次	开始厚度 H/mm	终了厚度 h/mm	加工率 ε/%	压下量/mm
1	290	275	8.00	15
2	275	255	13.04	20
3	255	230	15.00	25
4	230	200	17.65	30
5	200	170	27.27	30
6	170	140	22.73	30
7	140	115	29.41	25
8	115	90	28.33	25
9	90	65	34.88	25
10	65	40	35.71	25
11	40	25	33.33	15
12	25	14	20.83	11
13	14	7	26.32	7
总加工率/%			97.20	

注：锭坯尺寸：290 mm × 1250 mm × 2500 mm。

B 单机架双卷取热轧机

单机架双卷取热轧机，即在轧机入口和出口各带一台卷取机的可逆式热轧机，既作热粗轧机，又作热精轧机使用。经加热的铸锭在辊道上通过多道次可逆轧制，轧至 18 ~ 25 mm 厚度，然后进行双卷取可逆式精轧，经过 3 ~ 5 道次轧制，最小厚度可达到 2.5 mm。生产能力可达 150 kt/a。这种配置为热轧机最佳配置方案，除生产罐料技术尚不成熟外，能生产各种合金板带材。

该类轧机在操作工艺和轧制工艺方面要求需非常有经验。因为：(1) 工作辊的选择不仅要考虑到热粗轧机的压下量，同时也要考虑轧制的最大厚度；(2) 清刷辊工艺必须适用于工作辊在整体轧制过程中的轧辊表面质量要求，以确保板带材表面质量；(3) 冷轧喷射、乳液质量和集中润滑必须适合于热粗轧和热精轧，既要满足头几道次的压下量，又要满足最终产品的表面质量；(4) 卷取机结构设计必须适合于轧制过程中的张力控制，在可逆轧制期间，不得损伤带材表面质量。

表4-26、表4-27、表4-28、表4-29列出了ϕ930 mm/1500 mm × 2250 mm四辊可逆式单机架双卷取热轧机的基本参数以及几种合金的轧制规程。

表4-26 1145合金厚板制品轧制规程

轧制道次	厚度/mm	压下量/mm	变形率/%	备注
1	560	40	6.7	
2	510	40	8.9	
3	460	50	9.8	
4	410	50	10.9	
5	360	50	12.2	
6	310	50	13.9	
7	260	50	16.1	
8	210	50	19.2	
9	160	50	23.8	
10	110	50	31.3	
11	66	44	40.0	
12	34	32	48.5	
13	18	16	47.1	
14	12.5	5.5	33.3	
15	9.0	3.5	25.0	

注：铸锭规格：600 mm × 2040 mm × 5000 mm；产品规格：9.0 mm × 2000 mm × 4000 mm。

表4-27 3003合金3.0 mm厚卷材轧制规程

轧制道次	厚度/mm	压下量/mm	变形率/%	备注
1	560	40	5.8	
2	520	40	8.0	
3	475	45	8.7	
4	430	45	9.5	
5	385	45	10.5	

续表 4-27

轧制道次	厚度/mm	压下量/mm	变形率/%	备 注
6	340	45	11.7	
7	295	45	13.2	
8	250	45	15.3	
9	205	45	18.0	
10	160	45	22.0	
11	125	35	21.9	
12	95	30	24.0	
13	73	22	23.2	
14	54	19	26.0	
15	38	16	29.6	
16	25	13	34.2	
17	13.5	11.5	46.0	卷取轧制
18	6.5	6.5	51.9	卷取轧制
19	3.0	2.5	59.8	卷取轧制

注：铸锭规格:600 mm × 2060 mm × 5000 mm;产品规格:3.0 mm × 2000 mm × 卷。

表 4-28 5128 合金 3.0 mm 厚卷材轧制规程

轧制道次	厚度/mm	压下量/mm	变形率/%	备 注
1	580	20	3.3	
2	555	25	4.3	
3	525	30	5.4	
4	495	30	5.7	
5	464	31	6.3	
6	432	32	6.9	
7	399	33	7.6	
8	365	24	8.5	
9	329	36	9.9	
10	291	38	11.6	
11	251	40	13.7	

续表 4-28

轧制道次	厚度/mm	压下量/mm	变形率/%	备 注
12	210	41	16.3	
13	175	45	16.7	
14	140	35	20.0	
15	105	35	25.0	
16	80	25	23.8	
17	58	22	27.5	
18	42	26	27.6	
19	28	14	33.3	
20	18	10	35.7	
21	11	7	38.9	卷取轧制
22	5.75	5.25	47.7	卷取轧制
23	3.00	2.75	47.8	卷取轧制

注：铸锭规格:600 mm×1800 mm×5000 mm;产品规格:3.0 mm×1700 mm×卷。

表 4-29 5083 合金厚板制品轧制规程

轧制道次	厚度/mm	压下量/mm	变形率/%	备 注
1	585	15	2.5	
2	564	21	3.6	
3	542	22	3.9	
4	520	22	4.1	
5	498	22	4.2	
6	476	22	4.4	
7	454	22	4.6	
8	431	22	5.1	
9	407	24	5.6	
10	382	25	6.1	
11	356	26	6.8	
12	329	27	7.6	
13	301	28	8.5	

续表 4-29

轧制道次	厚度/mm	压下量/mm	变形率/%	备　注
14	272	29	9.6	
15	242	30	11.0	
16	211	31	12.8	
17	180	31	14.7	
18	149	31	17.2	
19	118	31	20.8	
20	95	23	19.5	
21	75	20	21.1	

注：铸锭规格:600 mm×1800 mm×5000 mm;产品规格:75 mm×1700 mm×6000 mm。

C　多机架热连轧机

由 1~2 台可逆式热粗轧机和 3~6 台不可逆热精轧机串联起来构成多机架热连轧生产线。具有生产工艺稳定、工序少、产量大、生产效率高、生产成本低等特点;同时,所生产的热轧带材具有厚度小,厚度精度、凸度精度控制高,板形优良等优点。特别适用于大规模生产市场需求量很大的制罐料、PS 版基、铝箔毛料等高精尖产品。能生产从 1000 系至 8000 系的所有铝及铝合金板带材。

多机架热连轧机一般都配有清刷辊,以改善带材表面质量;配有液压弯辊和液压 AGC,以改善板形和提高带材厚度控制精度;在轧机前后和连轧机之间配有乳化液冷却喷淋装置,控制带材温度;在精轧机上还配有 CVC、DSR、TP 等辊型控制方式,单点或多点扫描板凸度仪以及非接触式温度检测仪,同时还配有收集、监测、显示各种参数的自动管理系统。热粗轧机开口度不小于 600 mm,供热精轧板坯厚度为 30~50 mm;热精轧可轧最小厚度为 2.0 mm,厚度公差为 ±1%;板凸度为 0.2%~0.8%;终轧温度为 250~360℃,温差为 ±10℃。

热连轧三种典型产品轧制工艺示范:表 4-30、表 4-31 和表 4-32 是锭厚 610 mm,锭宽 1850 mm 的三种典型产品 1060、3104、5182 轧制工艺。

表 4-30 AA1060 铝合金热轧制工艺

道 次	热 粗 轧			
	厚度/mm	压下量/mm	压下率/%	轧速/m · min^{-1}
1	570	40	6.6	96
2	520	50	8.8	150
3	480	40	7.7	150
4	430	50	10.4	150
5	390	40	9.3	150
6	340	50	12.8	150
7	300	40	11.8	180
8	250	50	13.9	180
9	210	40	16.0	180
10	160	50	23.8	180
11	120	40	25.0	210
12	80	40	33.3	210
13	45	35	43.8	228
热 精 轧				
1	21.6	23.4	52.0	58
2	10.6	11.0	51.0	119
3	5.4	5.2	49.0	233
4	3.0	2.4	44.4	420

表 4-31 AA3104 铝合金热轧制工艺

道 次	热 粗 轧			
	厚度/mm	压下量/mm	压下率/%	轧速/m · min^{-1}
1	582	28	4.6	96
2	551	31	5.3	96
3	519	32	5.8	96
4	486	33	6.4	96
5	453	33	6.8	96
6	419	34	7.5	96

续表 4-31

道 次	热 粗 轧			
	厚度/mm	压下量/mm	压下率/%	轧速/m · min^{-1}
7	384	35	8.4	96
8	348	36	9.4	96
9	311	37	10.6	96
10	271	40	12.9	96
11	229	42	15.5	96
12	183	46	20.1	96
13	141	42	23.0	96
14	104	37	26.2	96
15	75	29	27.9	132
16	52	23	30.7	158
17	35	17	32.7	180
热 精 轧				
1	15.8	19.2	54.9	63
2	7.6	8.2	51.9	131
3	3.8	3.8	50.0	262
4	2.4	1.6	42.1	450

表 4-32 AA5182 铝合金热轧制工艺

道 次	热 粗 轧			
	厚度/mm	压下量/mm	压下率/%	轧速/m · min^{-1}
1	594	16	2.6	96
2	575	19	3.2	96
3	556	19	3.3	96
4	537	19	3.4	96
5	518	19	3.5	96
6	499	19	3.7	96
7	480	19	3.8	96

续表 4-32

道次	热粗轧			
	厚度/mm	压下量/mm	压下率/%	轧速/m · min $^{-1}$
8	460	20	4.2	96
9	440	20	4.3	96
10	420	29	4.5	96
11	399	21	5.0	96
12	379	20	5.0	96
13	358	21	5.5	96
14	337	21	5.9	96
15	316	21	6.2	96
16	294	21	7.0	96
17	270	24	8.2	96
18	246	24	8.9	96
19	220	26	10.6	96
20	192	28	12.7	96
21	162	30	15.6	96
22	130	32	19.8	96
23	100	30	23.1	98
24	78	22	22.0	120
25	58	20	25.6	126
26	43	15	25.9	144
27	33	10	23.3	150
	热精轧			
1	15.8	17.2	52.1	48
2	7.8	8.0	50.6	97
3	4.3	3.5	44.9	177
4	2.8	1.5	34.9	270

5 铝合金热轧产品的质量控制

热轧质量控制是热轧产品生产的重点,热轧过程中首先要确保过程的正常进行,防止因裂边、表面裂纹等引起的断带;其次要确保生产出的产品满足后部工序的需要,后部工序要求包括:尺寸符合要求(厚度、宽度、长度或卷径),板形符合要求(中凸度、楔形率、波浪),表面质量符合要求,性能符合要求(纵向、横向和高向)等。为了能正常连续稳定的生产出合格的产品,热轧机配置有一些专用的控制系统,主要包括厚度控制系统、板形与板凸度控制系统、温度控制系统、乳液控制系统等。

5.1 厚度控制

铝板带材厚度精度是铝热轧过程控制的重要指标之一。带材的厚度及偏差控制主要通过自动厚度控制系统(AGC)来实现,自动厚度控制系统利用的基本方程是弹跳方程和辊缝方程,由于影响轧机弹跳和辊缝形状改变的因素很多,特别是工艺参数、轧机参数、化学成分的变化等,现代化铝热轧机通过输入实际成分值来实现成分以及不同温度合金收缩率自动补偿,而工艺参数和轧机参数的变化引起的厚差则通过 MMC、GM-AGC、ABS-AGC、M-AGC、RE-AGC 以及前后张力补偿、弯辊力补偿、加速度补偿、尾部补偿等手段来调控,因此,带材厚度及偏差的控制手段与技术,特别是与其设备配置相适应的工艺模型的准确率非常重要,它将影响预设定和调控的准确率,从而影响带卷全长范围内的厚度稳定性及均匀性。

5.1.1 热粗轧厚度控制系统

热粗轧厚度精度和厚度在板坯长度方向上的均匀性十分重要,它将在一定程度上影响热精轧机成品厚度的控制精度。传统的热粗轧采用电动压下装置,这种方式在粗轧大压下、长行程时运行速度较快,如

图 5-1 所示，但电动压下装置控制反应速度慢、控制精度低，不能生产高尺寸精度要求的热轧铝板带材；现代化的热粗轧采用电动压下快速预设辊缝值并结合高精度液压 AGC 推上缸调节系统，来提高对板厚的控制速度和精度。

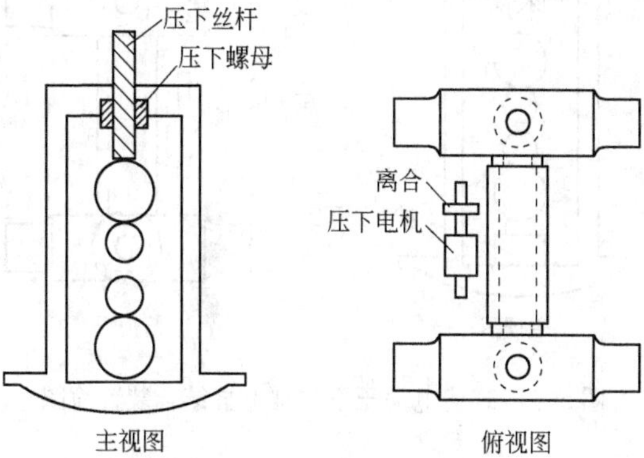

图 5-1 传统电动压下装置简图

5.1.1.1 传统电动压下装置

电动压下装置包括压下丝杆、压下螺母、传动电机和变向减速机构四大主要部分。传统电动压下装置简图如图 5-1 所示。电机带动变向减速机构使压下丝杆旋转，分别置于传动侧和操作侧的静态螺母通过压下丝杆的旋转实现其上下运行，传动侧与操作侧的压下丝杆可通过带离合装置的同一电机传动，可单独对操作侧或传动侧压下丝杆进行上下调节，实现轧辊倾斜控制，两侧压下丝杆也可同步上下运行。

5.1.1.2 现代电动压下与推上缸结合装置

现代压下装置与传统型类似，传动侧与操作侧的压下丝杆由同一电机传动，为保证压下丝杆上下运动较高的同步性和控制精度，不配置离合装置，在设备安装时先将下丝杆进行调平，既保证上部辊系同步运行，也能保证其水平，所以其控制精度较传统型更高。现代电动压下与推上缸结合装置简图如图 5-2 所示。压下丝杆一般设计为“无负荷”条件下运行（压下力仅大于上工作辊和支承辊平衡缸的力），所以只能用于预设定辊缝值，不能在轧制时调节辊缝，由于两根压下丝杆都配备有高精度位移传感器，压下丝杆的控制精度得到大大提升。某现代化热连轧机粗轧压下丝杆参数如表5-1所示。

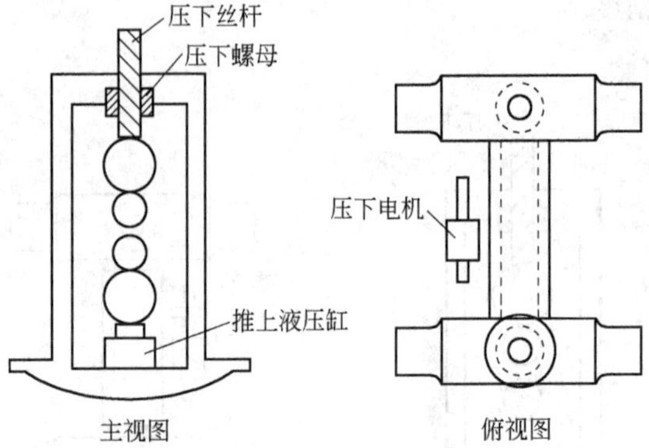

图5-2 现代电动压下与推上缸结合装置简图

表5-1 压下装置参数表

丝杆直径/mm	515
螺距/mm	36
最大行程/mm	765
运行速度/mm·s^{-1}	30
蜗轮比	12.476:1
压下电机功率	1×0/350 kW,0/620 r/min
位置精度/mm	±0.5
压磁头承载能力/MN	2×20

由于压下丝杆无法实现辊缝精确定位和倾斜调节，所以在机架下方配置液压推上AGC系统。传动侧与操作侧分别配置液压推上缸，它置于下支承辊轴承箱下的牌坊中央，用作辊缝精确设定、辊缝倾斜调整和轧线高度调节。系统每个推上液压缸均安装高精度位移传感器，定位精度可达0.005 mm。某现代化热连轧机粗轧液压推上缸参数如表5-2所示。

表 5-2 推上缸参数

柱塞直径/mm	850
最大行程/mm	185
运行最大速度/mm · s^{-1}	2.5
卸压速度/mm · s^{-1}	6
工作压力/MPa	25
最大承载能力/kN	35000

下面介绍某现代化热粗轧机自动厚度控制的实现过程,铸锭出加热炉后,根据炉内铸锭 PDI 数据和炉前测温数据,二级计算机将调用相应的计算模型,根据板坯的厚度、宽度、温度、成分特性以及道次压下量参数预计轧制力,再根据轧机弹跳值、不同合金成分和厚度的热膨胀特性等因素进行计算,然后自动分配各道次压下量以及预设辊缝值,粗轧每道次在轧制之前将辊缝值设定完成。推上缸将根据下工作辊和下支承辊的直径以及道次压下量来调整轧线高度(下工作辊的上端高度),轧线高度高出辊道高度的量为不小于道次压下量的一半。由于其为往复轧制,且无测厚仪器,粗轧最终厚度只能通过预测控制,所以在设备试生产时,要做大量的生产测量工作。根据不同合金、宽度、厚度、轧制力、温度等参数分组,利用所得到的数据去校正预测数学模型。收集数据越丰富,修正次数越多,生产出的板坯越趋近于设定值。

粗轧厚度电气控制程序如图 5-3 所示。

粗轧板坯厚度计算公式如下:

$$h_{\mathrm{gm}} = S_{\mathrm{SET}}^{ACT} + S_{\mathrm{m}} + S_{\mathrm{GMC}} - \Delta S_{\mathrm{RH}} - S_{\mathrm{ZSET}} \tag{5-1}$$

$$S_{\mathrm{SMC}} = S_{\mathrm{Z}} + S_{\mathrm{RH}} + S_{\mathrm{WRC}} + Z_{\mathrm{BS}} \tag{5-2}$$

$$S_{\mathrm{M}} = \frac{1}{C_2} \times \left(-C_1 + \sqrt{C_1^2 + 2C_2 \times \frac{P^{ACT}}{K_{\mathrm{B}}}} \right) \tag{5-3}$$

$$\Delta S_{\mathrm{RH}} = (S_{\mathrm{RH}} - S_{\mathrm{RHO}}) G_{\mathrm{RH}} \tag{5-4}$$

式中 h_{gm}——板坯厚度,mm;

S_{SET}^{ACT}——实际辊缝设定值,mm;

S_{m}——轧机弹跳,mm;

S_{Z}——标定辊缝值,mm;

S_{GMC}——辊缝常数,mm;

ΔS_{RH}——工作辊热膨胀补偿系数,mm;

S_{RH}——工作辊热膨胀量,mm;

S_{RHO}——工作辊自动跟踪热膨胀量,mm;

S_{ZSET}——标定时显示设定值,mm;

Z_{BS}——道次与道次学习值,mm;

S_{WRC}——工作辊原始凸度,mm;

P^{ACT}——实际轧制力,kN;

C_1, C_2, K_B——系数;

G_{RH}——调整因子(=1.0)。

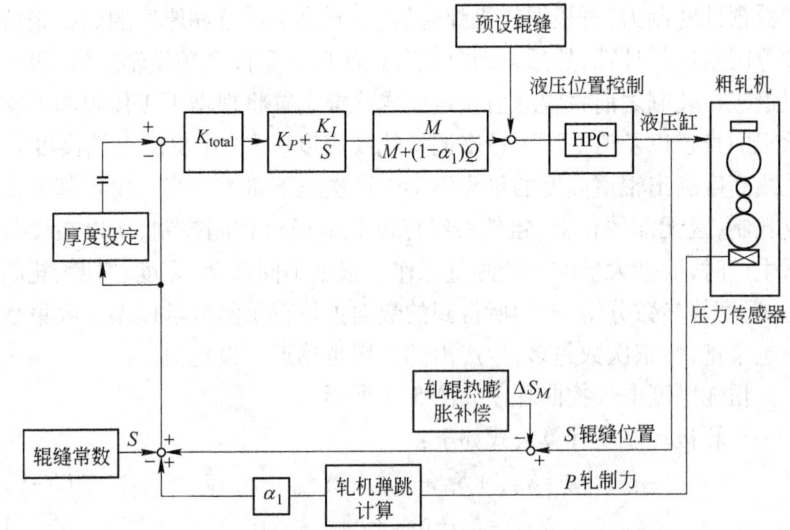

图 5-3 粗轧厚度电气控制程序框图

K_{total}—转换因子;K_P—厚度自动控制比例增益;

K_I—厚度自动控制完整增益;M—轧机刚度(kN/mm);

Q—塑性系数(kN/mm);α_1—比例因子(0.85)

5.1.2 热精轧厚度控制系统

精轧机作为热轧卷成品生产,其厚度精度和厚度在板坯长度方向上的均匀性都非常重要，它将直接影响冷轧成品厚度的控制精度和同板差。板材厚度自动控制可以通过调整辊缝、轧制速度和张力等，把轧制过程中由于各种干扰造成的厚度偏差消除，从而使实际铝带轧制厚度达到设定的目标厚度。精轧机一般采用液压 AGC 实现厚度精确控制，但传统的单一 AGC 控制已不能满足现代化生产的需要，现代化热精轧或热连轧机采用高控制精度的多种液压 AGC 系统以及多级补偿协调控制手段，其响应速度和控制精度都非常高。图 5-4 为压下液压缸配置简图。

传动侧与操作侧分别配置液压压下缸，它置于上（或下）支承辊轴承箱上（或下）的牌坊中央，用作辊缝精确设定和辊缝倾斜调整。以某现代化热连轧机为例，其压下液压缸配置方式见图 5-4，参数如表 5-2 所示。

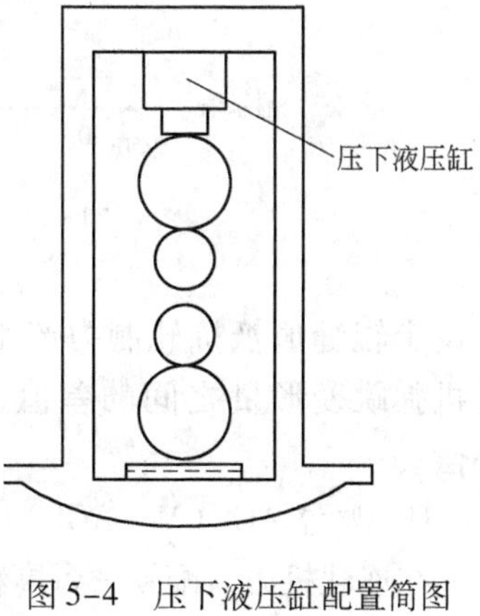

图 5-4 压下液压缸配置简图

5.1.2.1 AGC 控制模式

现代化热轧用于热精轧机的各种 AGC 控制模式，各种模式在穿带到相应机架后 0 ~ 3 s 内完全参与控制，响应速度非常快，在整个卷上各种 AGC 参与控制的长度占 98% 左右，使得带材厚度偏差受控段和控制精度大幅提高。

A 轧机模量控制（MMC）

通过获得轧机的整体系统弹性模量值来修正实际辊缝值，即 MMC 根据轧制力的变化计算产生的厚度偏差用于改变轧辊辊缝值，以此来提高辊缝真实需求值的精度，轧机弹塑性曲线如图 5-5 所示。

B 辊缝跟随 AGC（GM - AGC）

任何形式的辊缝自动控制系统都是通过辊缝方程去计算由于轧制力变化所引起的轧机弹跳量的变化。因此，辊缝误差和带材的硬度变化用作辊缝跟随 AGC 和绝对 AGC 测量负载的变化。

C 绝对 AGC 控制（ABS - AGC）

此功能操作人员可选择性使用，绝对辊缝闭环控制通过计算轧机

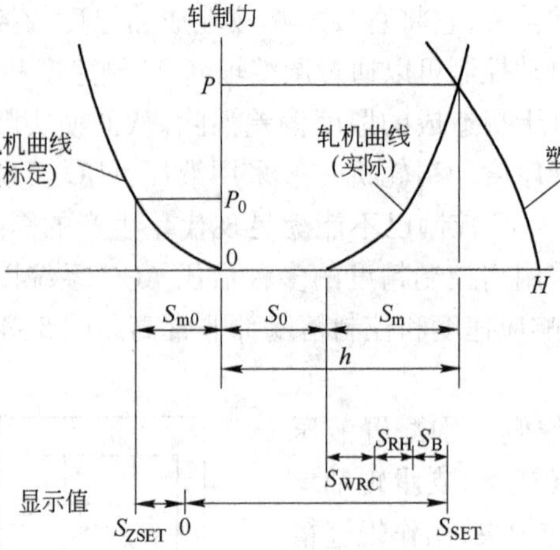

图 5-5 轧机弹塑性曲线

在设定辊缝值抵抗轧制力产生的弹性变形和在真实轧制负载时的轧机弹跳变形量之间的差值，这个反馈差值用作卷材轧制时辊缝补偿。

D 监控 AGC(M-AGC)

在连轧机出口配置一台高精度 X 射线测厚仪，它测得的厚度数据反馈到前面机架并进行辊缝校正。

E 轧辊偏心 AGC(RE-AGC)。

RE-AGC 在连轧机使用时，一般用于最后一个机架。当用 AGC 作大幅度辊缝调整时，支承辊上所产生的偏心问题将在带材上体现出来，这是因为轧机负载的变化导致支承辊压扁程度的变化，从而导致带材厚度变化。轧辊偏心补偿将给辊缝值作一个位置修正来减少偏心所产生辊缝变化。

轧辊偏心产生的频率计算公式如下：

$$\lambda = \frac{V}{\pi R_{BUR}} \tag{5-5}$$

式中 V——轧制速度；

π——圆周常数；

R_{BUR}——支承辊直径。

5.1.2.2 现代化热轧用于热精轧机的各种补偿控制模式

A 前张力补偿

前张力补偿用于减小穿带时前张力建立前后对带材厚度的影响。板材在穿带时,在前张力建立之前处于自由轧制状态,一旦前张力建立,由于张力对带材的拉伸作用,带材会有一定量的减薄,为控制因前张力建立所产生的减薄,所以采用前张力补偿。

B 后张力补偿

后张力补偿用于减小抛尾时后张力失去前后对带材厚度的影响。板材在抛尾时,在后张力失去之前处于有张力轧制状态,由于张力对带材的拉伸作用,一旦后张力失去,带材会有一定量的增厚,为控制因后张力失去所产生的增厚,所以采用后张力补偿。

C 工作辊弯辊补偿

铝带材轧制时,当实际控制弯辊力与设定弯辊力不一致,其弯辊力会对辊缝值产生影响,如:当正弯辊力大于设定值时,辊缝会由于弯辊力作用而打开一定值,辊缝就大于设定值,即生产出的产品会比设定值厚,反之亦然;当负弯辊大于设定值时,辊缝会由于弯辊力作用而压缩一定值,辊缝就小于设定值,即生产出的产品会比设定值薄,反之亦然。所以,在实际弯辊力与设定值不一致时,要利用工作辊弯辊力补偿来调节辊缝值,减小弯辊力变化对厚度的影响,以达到设定需要的成品厚度,工作辊弯辊方法如图 5-6 所示。

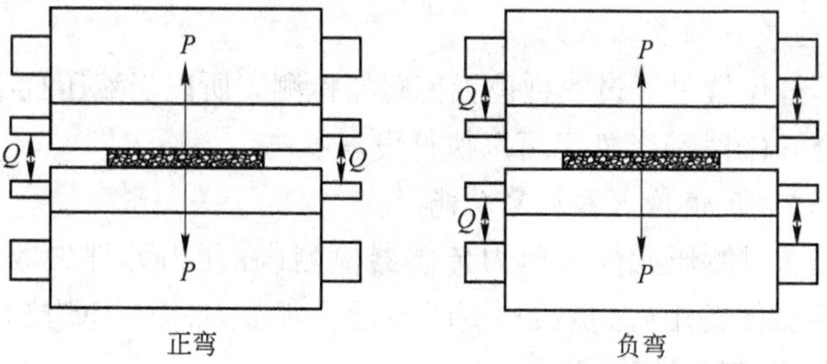

图 5-6 工作辊弯辊方法

D 加速补偿

由于速度变化会对带材厚度产生影响,即轧制时厚度的“速度效应”。由于要使卷材达到设定的终轧温度,热轧穿带完成后就要开始加速,这个阶段加速会对卷材厚度产生“减薄效应”,即此阶段厚度要小于目标厚度值。所以,通过加速补偿计算模型,控制辊缝值,减小加速阶段厚度偏差。

E 冲击降补偿

当带材头部咬入轧机时,液压缸由于冲击作用影响,带材的头尾将厚一些,冲击降补偿提供一个提前预计量,并加以控制,如图 5-7 所示。

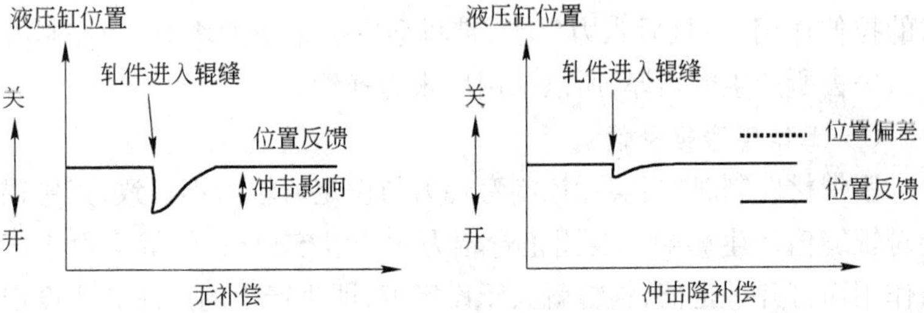

图 5-7 冲击降补偿曲线

5.1.2.3 轧机辊缝位置控制(MHGC)方式

A 位置传感器

轧机辊缝位置控制有两个位置传感器,每个位置传感器分别控制位于传动侧和操作侧的两个液压压下缸。

B 位置反馈零输入功能

液压缸位置是通过线型位置传感器检测。所以当液压缸不动条件下或者全开(卸压)条件下可以执行设定零位。

C 负载反馈输入和计算功能

负载通过测压元件或压力传感器检测(在压力元件失效情况下,压力传感器作备用)。负载检测时包括了弯辊力,而 AGC 控制采用的是轧制力,轧制力计算如下:

$$P = P_{LOS} + P_{LDS} - 2 \times (P_B - P_{BO}) \tag{5-6}$$

式中 P——轧制力，kN；

P_{LOS}，P_{LDS}——通过测压元件或压力传感器测得的操作侧负载，kN；

P_B——工作辊实际弯辊力，kN/根；

P_{BO}——工作辊平衡力，kN/根。

D 零位飘移补偿

伺服阀根据工作环境会产生一定的零位飘移，针对这个原因，两个缸同时打开时伺服阀速度不一致，零位飘移补偿自动执行。

E 速度平衡控制

速度平衡控制是让两个缸的运行速度一致。如果传动侧和操作侧出现位置错误偏差较大，控制运行速度快的缸减速和运行速度慢的缸加速。

F 自动增益控制（AFGC）

由于液压压下缸伸、缩方向的不同，负载对缸的运行速度影响不一样，自动增益控制通过获得基于缸的运动方向和负载力来消除不同速度。

G 控制模式和安全性

MHGC 有三种控制模式：位置控制模式、锁定模式和卸压模式。位置传感器和补偿功能在控制模式下工作，当检测到异常条件，控制模式转换为锁定模式；如果检测到最大负载压力，控制模式转换为卸压模式，液压缸为保证自身安全而快速打开到最大位置。

通过以上五种 AGC 手段，多级补偿协调控制以及轧机辊缝位置精确控制，这样就可以减小因来料厚度波动、硬度变化、穿带抛尾、加速等对成品厚度的影响，从而使成品厚度达到设定值并保持稳定。

5.2 板形与凸度控制

铝板带材板形和凸度是热轧控制的重要指标，由于它们具有遗传性，将直接影响后部工序冷轧的板形和凸度，优良的板形和凸度是冷轧产出高档成品的重要保证。然而，获得优良的板形和凸度是依靠精确检测和多重高效控制手段实现的。

随着智能化的板形和凸度检测技术和工艺模型等应用技术在铝热

连轧技术方面的快速发展和广泛应用,通过过程控制计算机快速准确地实施带卷板形和凸度控制已经取得了巨大进步。在铝带板形检测方面,除了普通板形仪的检测精度提高外,高分辨率的光学板形检测仪也开始用于铝热连轧,并实现了闭环反馈控制。在凸度检测方面,扫描式凸度仪正逐渐被固定式多通道凸度仪所取代,这使得带卷横断面轮廓检测更真实,更有利于快速准确地实施包括预控和在线调控在内的前馈和反馈控制。在工艺模型方面,利用神经元网络或遗传表格建立起了适应性很强的各种物理、数学模型,如:轧制力模型、轧辊热凸度模型、辊系弹性变形模型等,它们是组建板形和凸度控制模型的基础。

目前,对热轧带卷的板形和凸度控制不仅实现了本块料的反馈闭环控制,而且借助其特有的自学习自适应功能,还能实现对下一块料的前馈控制,包括对下一块料的轧制工艺和相应控制模式的优选和预设定等。因此,能更好地保证目标板形和目标凸度的实现。

一般热粗轧板坯较厚,没有配置板形和凸度检测设备。其控制主要根据操作手目测进行调整,通常有以下几种手段:调整倾斜、调整弯辊力以及乳液流量,其板形和凸度不是在极端条件下,不会有明显体现,主要有楔形、中浪和边浪。热精轧机产出热轧卷成品,其厚度较薄,板形和凸度缺陷也极容易体现,下面主要介绍热精轧机板形和凸度控制系统。

5.2.1 板形板凸度调控手段和方法

要调控带材板形和凸度,就是要调控有载辊缝实际形状,使得辊缝实际形状与目标厚度和目标凸度一致,若忽略铝带轧出后的弹性恢复,铝带出口断面形状就是轧辊辊系在板宽范围内的有载辊缝形状,它决定于辊系刚度、轧制力、弯辊力、工作辊辊型(包括轧辊原始辊型、轧辊热辊型、轧辊的磨损辊型等)以及诸如 CVC 窜辊等可控辊型等。若用 C_r 表示与带卷目标凸度一致的辊缝凸度,则

$$C_r = f(P, F, C_h, C_w, C_0, C_c) \tag{5-7}$$

式中 P——轧制力;

F——弯辊力;

C_h——轧辊热凸度;

C_w——轧辊磨损凸度；

C_0——轧辊原始凸度；

C_c——诸如CVC窜辊等可控辊型；

因此，用于调控板形和板凸度的主要手段和方法包括：

5.2.1.1 通过工作辊的横移或支承辊的形变来改变两工作辊间的辊缝形状

这主要包括：CVC工作辊横移、TP支承辊变形、DSR支承辊变形、VC支承辊变形。其中：TP辊、DSR辊、VC辊都是通过自身的形变来导致工作辊及辊缝形变的。

A CVC(Cominuously Variable Crown)工作辊横移

CVC或CVC$^+$工作辊是通过轧辊磨床按照特定磨削曲线(∽形曲线)$r=a_0+a_1x+a_2x^2+a_3x^3$或$r=a_0+a_1x+a_2x^2+a_3x^3+a_4x^4$磨削，并通过工作辊横移机构调整上下工作辊水平位置，从而改变轧辊辊缝形状，实现板形和凸度调节。如图5-8所示。

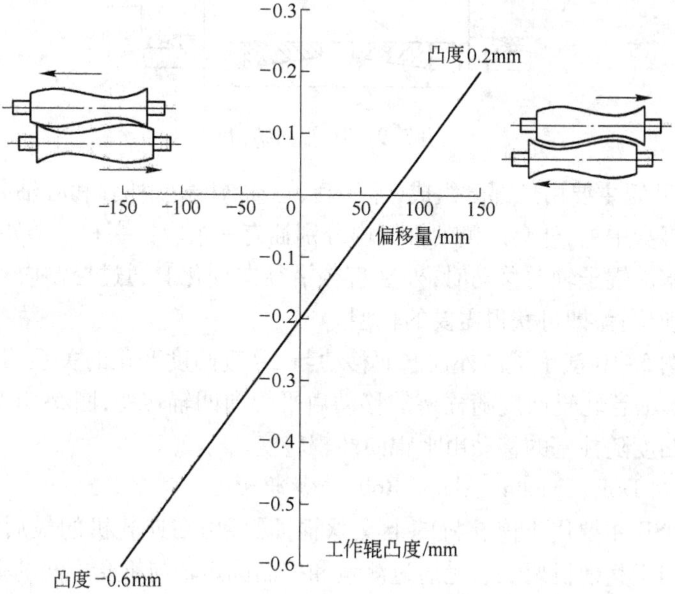

图5-8 上下工作辊的横移位置与相应工作辊凸度变化的关系

CVC 或 CVC^+ 工作辊的横移量通常设计为 ±150 mm（或者±100 mm）。随着上下工作辊的轴向横移，辊逢形状发生相应变化，通常变化范围可从 +0.200 mm 到 -0.600 mm。当然其凸度变化范围还可以根据需要通过在磨削控制系统中输入不同系数而加以改变。图 5-8示意了上下工作辊的横移位置与相应工作辊凸度变化的关系。

在轧制过程中 CVC 或 CVC^+ 工作辊一般不横移，只在轧制前预先摆置好辊逢。

B TP(Taper Piston)辊形变

TP 辊通常用于连轧机的上支承辊（用于一个机架或多个机架），也可用于下支承辊，它利用支承辊的变形来影响或改变工作辊的形状及辊缝形状。TP 辊的结构如图 5-9 所示。

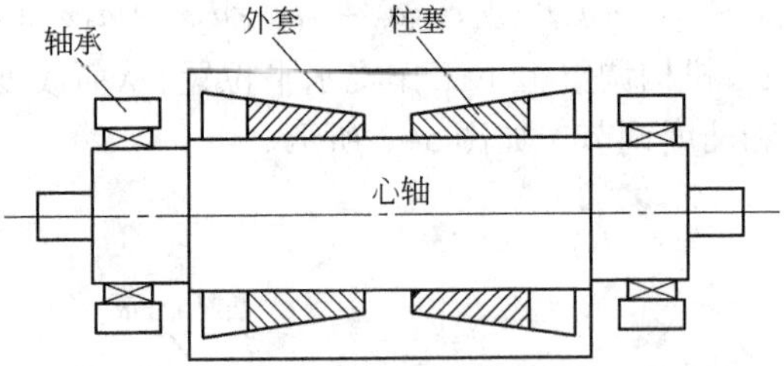

图 5-9 TP 辊的结构

TP 辊主要由三部分组成，即外套、心轴、柱塞。外套和心轴共同热装在辊身中央，外套两侧的锥筒内分别插有一个内柱塞和一个外柱塞，当柱塞沿辊子轴向移动时，外套直径沿径向变化。通过控制内外柱塞的移动位置，即可获得需要的辊型。

图 5-10 演示了内外柱塞的移动与 TP 辊凸度变化的关系，其中图 5-10*a* 示意轧辊凸度随柱塞的移动由平辊向凹辊转变，图 5-10*b* 示意轧辊凸度随柱塞的移动由平辊向凸辊转变。

C DSR(Dynamic Shape Roll)支承辊形变

DSR 主要用于连轧机的上支承辊，既可用在连轧机的最后机架，也可用于其他机架。它是通过测量和控制固定轴与钢套之间的垂直位移来改变辊型和调节辊缝的；并通过测量和控制施加在每个衬垫上的压力来调节轧制力沿辊身的分布，从而实现板形和凸度的调节。

图 5-11是 DSR 支承辊的结构图。

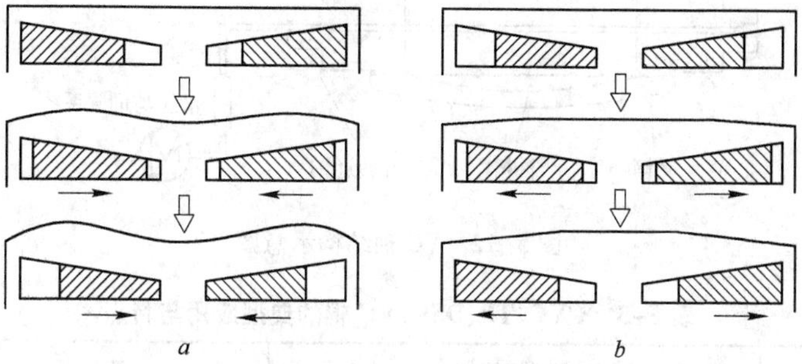

图 5-10 柱塞的移动与 TP 辊凸度变化的关系

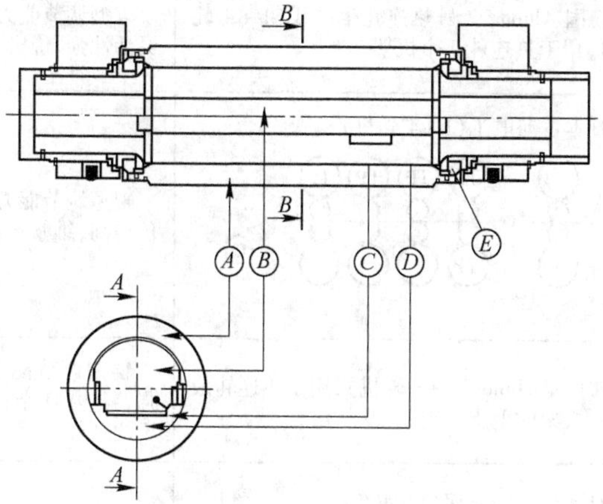

图 5-11 DSR 支承辊结构图

A—钢套;*B*—固定轴;*C*—液压缸;*D*—衬垫;*E*—滚柱轴承

D VC(Varible Crown)辊

VC 辊是一种套筒型轧辊,用作支承辊,它由套筒和心轴组成。套筒热装在心轴上,在套筒和心轴之间有一油槽,轧辊凸度的变化量或者辊缝形状的变化量取决于油槽中液压的高低。如图 5-12 所示。

E CVC、TP、DSR、VC 辊的应用与特点

表 5-3 简要列举了 CVC、TP、DSR、VC 辊的典型应用与特点,与普通辊相比,它们都有更灵活地调节辊型的能力,但相对而言 CVC 辊的使用效果和普及率最好。

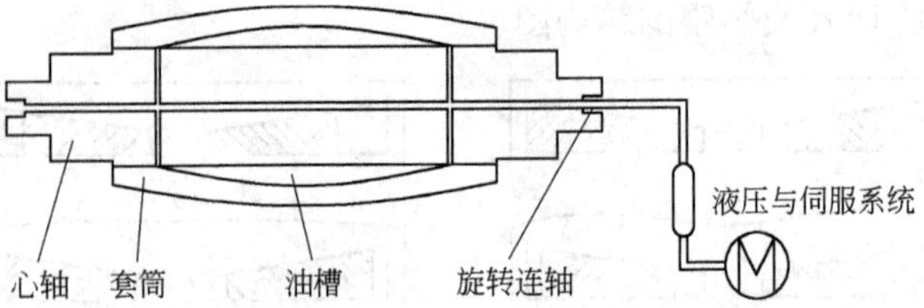

图 5-12　VC 轴结构示意图

表 5-3　CVC、TP、DSR、VC 辊的典型应用与特点

类型	典型应用	特　点
CVC 辊	德国 Alunorf 2 号热连轧生产线(1 +4 轧机),用于热连轧 4 个机架	辊型调节能力大,结构简单,灵活性强,价格适中,装卸方便
TP 辊	日本古河电工(1 +4 轧机) 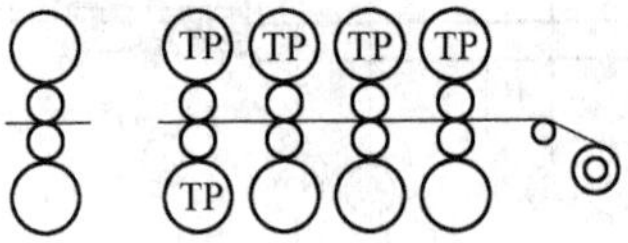	辊型调节能力大,结构复杂,价格高,维修不便
DSR 辊	法国 Pechiney(1 +3 轧机),用于热连轧最后一机架的上支承辊	辊型调节能力适中,灵活性强,结构复杂,价格高,维修不便
VC 辊	日本住友轻金属(1 +4 轧机) 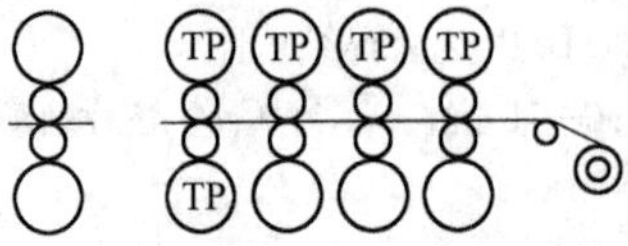	辊型调节能力适中,结构复杂,维修不便

5.2.1.2　轧制力分配或压下分配调节

对于装备普通轧辊的热连轧机而言,由于缺少 CVC、TP、DSR、VC 辊来预设或调控可控辊型,利用轧制力分配或压下分配来调控辊缝形状就显得尤为重要,通过调节轧制力分配或压下分配来调控轧辊的弹性变形程度,从而达到调控辊缝形状和板凸度的目的。现代铝热连轧机无论是否装有 CVC、TP、DSR、VC 辊,都把轧制力分配或压下分配作为板形板凸度工艺控制模型的重要组成部分。

5.2.1.3 通过液压弯辊改变工作辊及辊缝形状

由于液压弯辊能及时有效地调节工作辊弯曲变形,改变轧辊辊缝形状,因此可快速调整带卷板形和凸度。目前几乎所有的铝热精轧机都配备有液压弯辊系统,特别是正弯系统。在轧制过程中,为确保带材板形和凸度的有效控制,在整个带材长度范围内弯辊力大小可随过程控制计算机系统指令的改变而改变。图 5-13 显示了液压弯辊的三种应用方式。

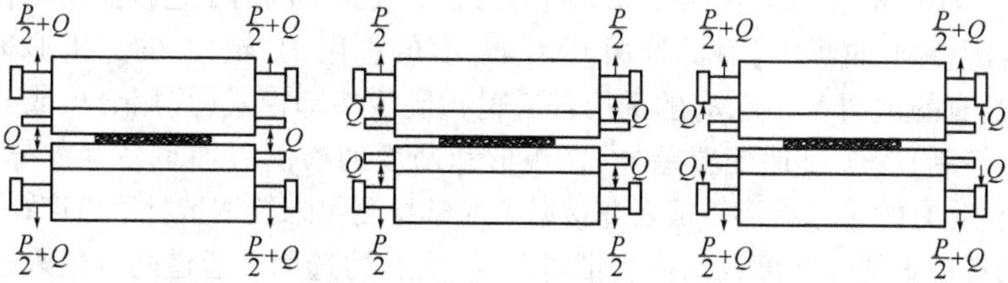

图 5-13 液压弯辊的三种应用方式

5.2.1.4 轧辊热辊型的优控

轧辊的热辊型主要是通过生产节奏和轧辊冷却喷射来实现。生产节奏越快,热辊型越大;轧辊的冷却喷射是调控板形和凸度的重要手段,然而由于品种规格的多样性,为适应不同的品种规格,并确保所有轧制带卷的板形和凸度都良好受控。

5.2.1.5 原始辊型选择

对于普通轧辊而言,由于缺少 CVC、TP、DSR、VC 辊来预设或调控可控辊型,而轧辊的弹性变形和弯曲变形又受轧制工艺和弯辊力大小的制约,且由于轧制品种和规格的多样性、为了减少调控范围和频次,保持轧制过程的稳定性,优选工作辊原始辊型就显得十分重要,通常热连轧原始辊型为 $-0.01 \sim -0.20$ mm 之间某一数值。

5.2.1.6 其他调控手段

虽然轧制温度、轧制速度、机架间张力,以及轧辊磨损等变化都对板形板凸度有一定影响,但对现代铝热连轧机而言,由于都采用了工艺模型自动化控制技术，加之其自学习自适应功能，这些变量通常只看作一般扰量，像德国 Alunorf 2 号线这样现代化的“1 +4”铝热连轧机，其轧制工艺的调节很少需要人工干预，而主要是通过动态监控系统和过程控制系统来自动完成。例如，机架间张力、轧制速度、压下分配调节等，但其调节的范围往往不大，因为带有自学习自适应功能的铝热连轧机能够保障某一品种规格的相应轧制工艺基本稳定。

5.2.2 板形和凸度控制系统与控制模式

不同的轧机配置往往有不同的控制系统和不同的工艺模型与之相匹配，除轧辊类型（有的选用 CVC 辊，有的选用 TP 辊，有的选用 DSR 辊，有的选用 VC 辊，有的选用普通辊）、乳液冷却模式（采用分段或分级控制）等明显地配置差异，在板形和凸度的检测方面也各存差异。例如，有的选用板形辊或者非接触式光学检测仪来检测带材平直度；有的选用扫描式凸度仪来检测带材凸度；而有的选用多通道凸度仪来检测整个断面的带材凸度和厚度。

图 5-14 是一种典型的针对 TP 支承辊的板形和凸度控制系统结构图，其中应用了光学式板形检测仪和扫描式凸度仪，并通过板形和凸

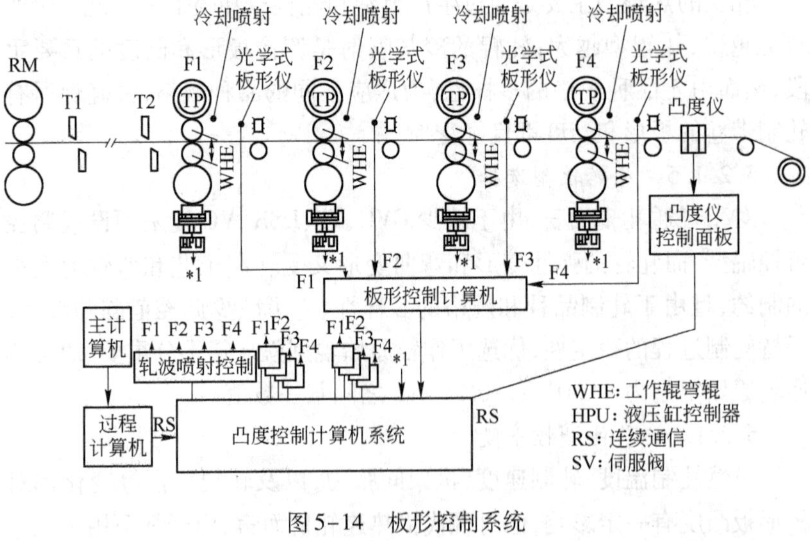

图 5-14 板形控制系统

度控制计算机系统实施自动化控制。从图中可以看出,其主要调节方式包括调整4个机架的冷却喷射模式、调整TP辊辊型凸度及调整弯辊力大小。

在板形和凸度自动化控制系统中,计算和控制好每一机架的辊缝形状是控制好带卷板形和凸度的基础,因此,板形和凸度工艺模型是该系统不可缺少的重要组成部分。虽然不同的轧机配置要求不同的工艺模型与之相匹配,但在编制板形和凸度工艺模型软件时都必须协调考虑以下4个方面:

(1) 辊系的弹性变形(包括弹性弯曲和弹性压扁);

(2) 工作辊的热凸度;

(3) 轧制力沿带宽方向的分布;

(4) 在整个带宽范围内金属的横向流动与应力分布。

无论哪种工艺模型,还是其中的任何一个子模型,都必须经过不断地自学习和自适应才能日趋完美。

下面以某1+4热连轧线为例,介绍铝热连轧生产线的板形和凸度工艺模型及控制模式。

它没有配置光学式板形检测仪和扫描式凸度仪,而是配置多通道凸度仪来对整个断面的带材凸度和厚度进行检测。在带宽方向每隔20 mm就有一个厚度检测点。与扫描式凸度仪相比,它能很真实地反映带材横断面形状及横向厚差分布,非常有利于板形和凸度的调节与控制。因为无论是优良板形还是不良板形(包括边浪、中间浪、二肋浪)的形成都与其前后道次或前后机架间板带断面形状或者横向厚差分布的改变存在密不可分的对应关系。把这种对应关系和金属横向流动规律应用于板形和凸度工艺模型,并通过CVC工作辊横移、弯辊力大小调节、改变轧辊冷却喷射模式或者适当调整轧制工艺参数等手段,就能实现带卷板形和凸度良好受控。

该铝热连轧生产线的板形和凸度工艺模型的主要任务是计算热精轧各机架工作辊的弯辊力和乳液喷射的预设定值,以及确定一级控制系统的控制参数。它接受来自二级计算机的初始数据和轧制表计算值,包括带卷的目标凸度和各机架的预冷却模式。此模型由多个物理模型和数学模型组成,例如,轧辊热凸度模型、金属变形模型、轧辊弹性变形模型等。但所有模型都基于轧制过程的物理学原理,并借助其特有的自学习、自适应系统不断优化和完善各类模型,不断提高预设定的准确率,使动态监控系统和过程控制系统能更快更准确地实施目标凸度和目标平直度的调控。图 5-15 是该铝热连轧生产线的板形和凸度控制模式结构图。

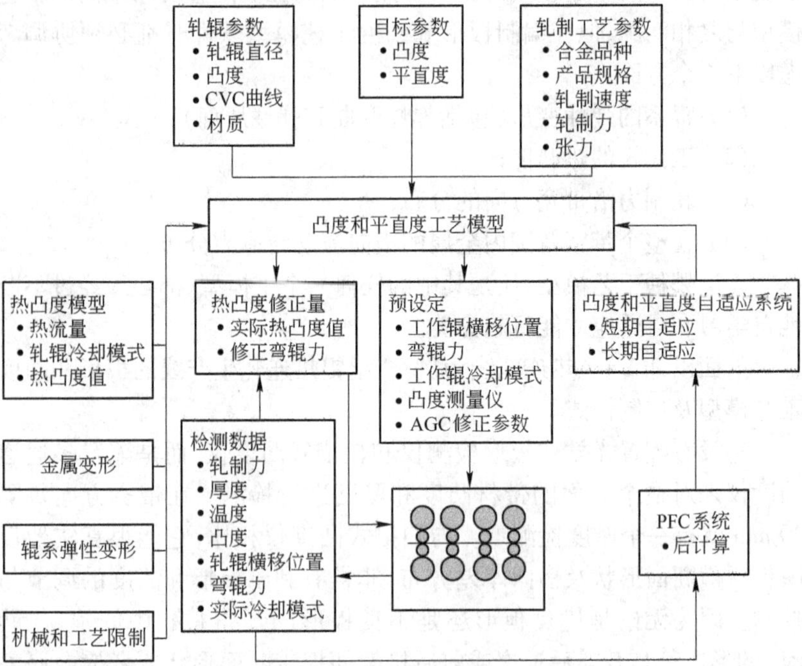

图 5-15 板形和凸度控制模式结构图

5.2.3 板形和凸度控制技术的发展方向

虽然铝热连轧带卷板形和凸度控制技术已日趋完善,但在目标凸度和目标平直度的控制精度、工艺模型的完整性和准确性,以及在换辊或者更换品种规格等特殊工况下的短期自适应能力不强等方面还有待进一步发展和提高。因此,今后板形和凸度控制技术的发展需进一步完善带卷板形和凸度的检测及控制手段,完善板形和凸度工艺模型,提高预设定的准确率;提高短期和长期自学习自适应能力,特别是提高在换辊后、更换品种规格、升减速阶段等特殊工况下的自学习自适应能力;进一步在全长范围内稳定带卷凸度和缩小与目标凸度的偏差值。

现代化的热精轧机较多采用多通道测厚仪,它既可以检测厚度,又可以实现板形和凸度在线检测,具有高精度、良好的适应性、不损伤带材和设备等特点。

5.3 温度控制

轧制温度是铝带热轧过程中的重要参数,它不仅影响金属的变形抗力、塑性和变形性能参数的大小,而且它还通过金属的组织结构影响轧后产品的组织性能。热轧温度控制主要控制开轧温度、过程温度和终轧温度,而终轧温度是热轧温度控制的重点。

传统热轧采用手持式热电偶对铸锭、中间板坯和热轧卷进行温度测量,对卷材温度的测量方式采取事后测量(用作温度检查),对控制不起作用。随着非接触式高温计的发展,在线高精度温度实时检测系统的应用,由以前的事后检查变为温度反馈控制,使得在整个热轧卷长度方向上的温度都处于受控状态,实现了热轧卷温度在线控制,其控制精度小于8℃,为获得稳定的带材性能提供了保证。

以某现代化热连轧机为例,介绍生产线上各测温点的布置和功能。5 处测温点分别为:炉前测温、厚剪前测温、薄剪前测温、连轧机出口测温和卷材测温,如图 5-16 所示。

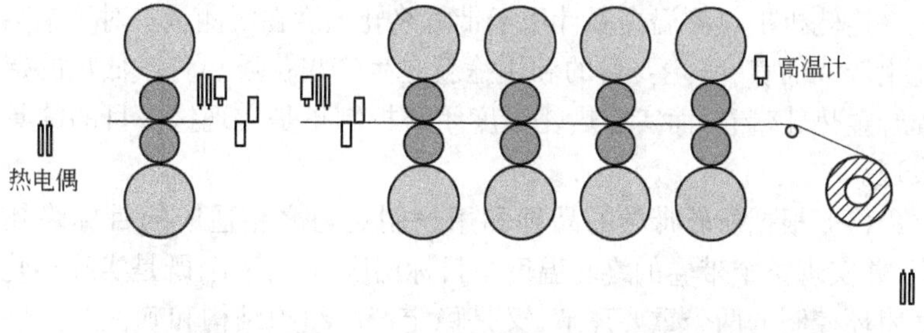

图 5-16 某现代化热连轧机热电偶配置示意图

5.3.1 炉前测温与控制

炉前测温采用两组接触式热电偶,自动液压控制模式,测温数据直接传至二级计算机。炉前测温测量铸锭出炉后粗轧开轧前的温度,温度用作粗轧轧制表设定和连轧轧制表预设定,它是各道次压下量、轧制力以及电机扭矩等的计算参数之一,温度的变化直接导致轧制时实际参数的变化。

5.3.2 厚剪前测温与控制

厚剪前测温采用两组接触式热电偶和在线高温计两种测温方式,生产时用高温计进行温度测量以节省生产辅助时间,定期采用接触式热电偶对高温计测得的数据进行校正。厚剪测温主要用于粗轧切头尾后温度检测,测得的温度用于控制切头尾的轧制道次,以保证粗轧目标终轧温度,并对连轧轧制表进行第二次预设定。

5.3.3 薄剪前测温与控制

薄剪前测温采用两组接触式热电偶和在线高温计两种测温方式,生产时用高温计进行温度测量以节省生产辅助时间,定期采用接触式热电偶对高温计测得的数据进行校正。薄剪前测温主要用于连轧轧制表计算和设定,是控制轧制速度、乳液喷射和轧制力等的重要参数。

5.3.4 连轧机出口测温与控制

连轧机出口测温高温计用于带材终轧温度在线测量。对于铝热连轧生产线而言,其主要目的和用途就是生产出优质、高效、低耗的铝及铝合金热轧带卷,而实施热轧温度闭环控制正是实现这一目的的具体表现。

(1) 根据所轧带卷的品种和用途制定与之相适应的目标终轧温度,并实现整个带卷的终轧温度与目标温度偏离最小,既是实施热轧温度闭环控制的两个重要环节,又是稳定产品组织结构和确保产品性能稳定的前提。如果目标温度设定不合理或者带卷实际温度与目标温度的偏差太大都可能对最终产品的质量造成不良影响。例如,制罐用3104热轧大卷坯料,当终轧温度分别是330℃和280℃时其组织结构就大不一样,前者可不经中间退火而直接冷轧,而后者冷轧前需经中间退火,否则,其最终产品性能就会大相径庭,并难以满足冲罐要求。由此可见,实施热轧温度闭环控制不仅有利于轧制工艺的稳定,而且也有利于生产工序的简化和产品质量的稳定。

(2) 位于热精轧机第一机架前的预冷却系统和位于机架间的带材预冷却系统既是调控终轧温度的重要手段,也是提高轧制速度、加快生产节奏、保障轧机高效率的重要手段。利用热轧带卷温度控制模型可以实现轧制工艺与带材冷却模式的最优化配置,避免终轧温度过高或者轧制速度过低,并在优质与高效中找到平衡。

(3) 实施热连轧温度闭环控制还能减少不合格的头尾带材长度,提高成材率。因为其前馈和反馈控制系统能够根据精轧入口带材温度和出口目标温度优选穿带速度、加速度、轧制速度、带材冷却模式等,并及时进行动态补偿,最大限度减少头尾带材温差和超差部分长度,从而提高热轧带卷的成材率。

对于某一具体的合金品种而言,虽然热精轧出口带卷温度与粗轧来料温度及精轧轧制工艺和带材的冷却模式等关系密切,但在正常自动化轧制条件下还可进行调控,调控带卷温度主要有两种方式:一是合理选用带材预冷却方式;二是重新分配精轧各机架的轧制速度。但在人工干预情况下,还可以对整个粗、精轧的轧制工艺进行重新调整,如调整粗轧来料厚度和重新分配精轧的道次压下量等。

掌握轧制过程中板坯或带坯的温度变化随合金品种、变形量、轧制温度、轧制速度、冷却模式、冷却时间等的变化规律,并建立相应的工艺模型是建立热轧温度模型和实施热精轧温度前馈和反馈控制的前提,如:空气冷却模型、机前预冷却模型、机架间预冷却模型和轧制变形温度模型等,它们都是进行轧机设定计算不可缺少的依据来源。

A 带材入口温度及出口温度

由于热连轧采用多机架连续轧制生产方式,精轧机入口(F1前)带材的速度往往较低,特别是四连轧以上(含四连轧)的精轧机,其F1机架的轧制速度通常不到 60 m/min。但连轧一卷料的轧制时间通常约 3～4 min,这就是说:热粗轧坯料的料头和料尾分别进入 F1 机架的时差约 3 min,而在自然冷却状态下,它可能造成料头和料尾在 F1 入口处的温降达 15～25℃。如果关闭出口温度控制系统,即保持各机架的轧制速度和带材冷却模式不变,则势必造成带卷纵向温度越来越低,甚至可能出现带卷终轧温度在很大部分带材长度上低于允许目标温度。图 5-17显示了四机架热精轧机入口带材温度随时间变化规律(FET 曲线),以及在关闭出口温度控制系统的情况下出口带材的温度变化规律(FDT 曲线)。图 5-18 则显示了相应的出口带材温度与目标温度(310℃)的偏离情况。

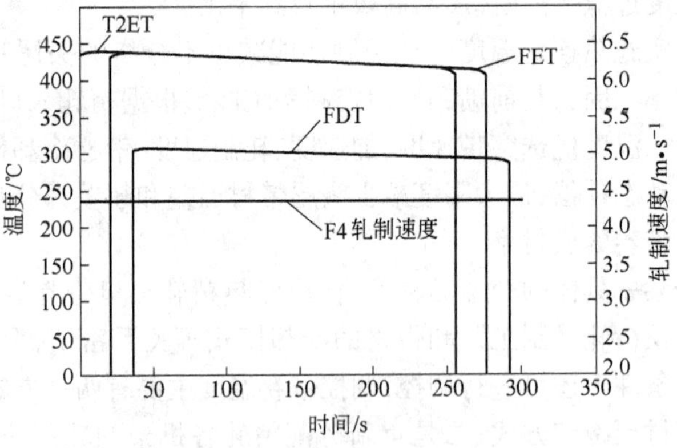

图 5-17 FET 与 FDT 曲线

T2ET—带材在薄剪入口处温度;FET—带材在精轧入口处温度;

FDT—带材在精轧出口处温度

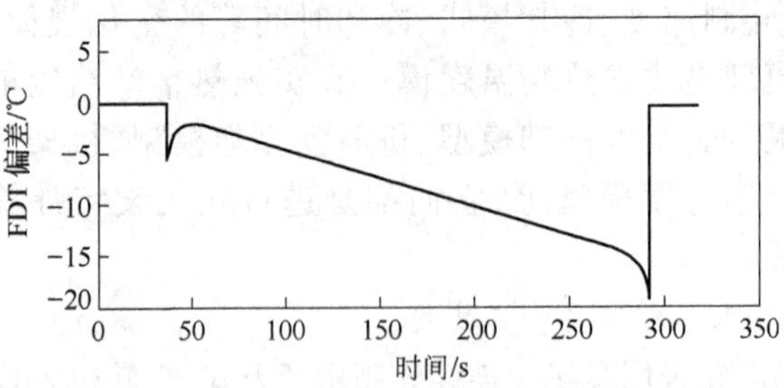

图 5-18 出口带材温度与目标温度的偏离情况

B 轧制速度与带卷终轧温度

连轧机轧制速度是动态调控带卷终轧温度的最主要方式。从图5-17可以看出,如果采用恒速轧制,即使在稳定轧制条件下,带卷纵向温差也高达15℃左右,且相当部分带长出口温度严重偏离目标温度允许范围。作为生产工艺要求,除少量带头带尾外,要求整个带身长度的带材温度尽可能恒定,显然,恒速轧制工艺不太适合终轧温度范围要求非常严格的大扁锭薄卷生产。图5-18表明,随着精轧入口带材温度的逐渐降低,只要逐渐提高轧制速度就能保证出口带材温度基本稳定,且严格控制在目标温度允许的温差范围内。通常连轧机的轧制速度是指最后一个机架的轧制速度,各机架的轧制速度由速度分配器自动调节。

为了在穿带后尽快实现带材温度达到目标温度范围,带材穿带速度往往较高,通常设定在150~250 m/min。此外,穿带后或者抛尾时的升(减)速率也要求较高,目的是尽量减少温度超差的带材头尾长度。

C 机前和机架间带材预冷却

带材预冷却分精轧机机前预冷却和机架间预冷却,其冷却总量通常在6000~8000 L/min。不同的厂情有不同的配置,有的只有机前预冷却而没有机架间预冷却;有的不仅有机前预冷却还有机架间预冷却。机架间预冷却有的设置在前两机架间或者前三机架间,有的则在四个机架间。不同的配置方式可以形成不同的组合模式,因此会产生不同的冷却效果。但轧制过程中究竟选用何种冷却模式,则需根据来料温度、目标温度、轧制工艺等由温控模型进行模拟计算后设定,并由专门的程序控制机来完成。

图5-19是一种典型的温度控制系统图,它包含前馈和反馈控制。其中前馈控制主要进行设定计算和实施预设定,即根据带坯在薄剪和精轧入口的检测温度以及轧制工艺通过对精轧出口温度进行评估计算,然后确定机前和机架间乳液预冷却模式和冷却流量,以及穿带速度、加速度和轧制速度;而反馈控制则是根据精轧出口带材温度与设定目标温度的偏差值对轧制速度进行动态补偿和对机架间的冷却流量进行补偿,图5-20是其温度反馈控制结构简图。

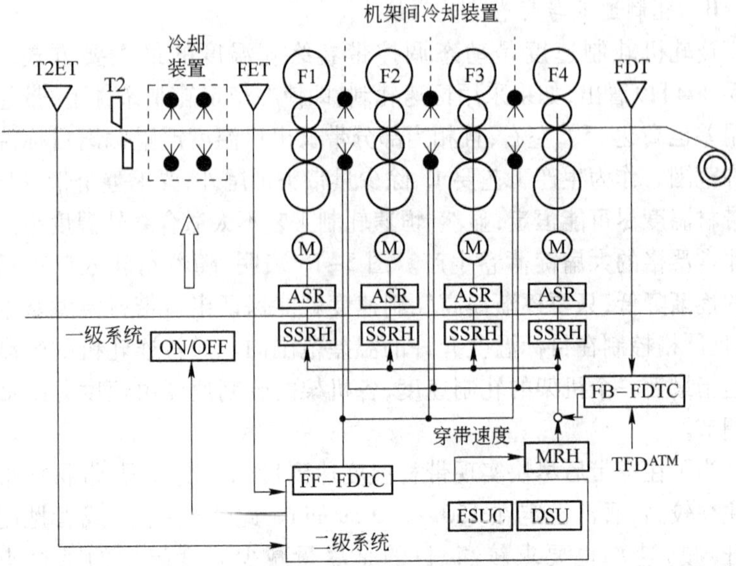

图 5-19 热连轧温度控制系统图

T2ET—带材在薄剪入口处温度；FET—带材在精轧入口处温度；
FDT—精轧出口温度；FSUC—精轧设定计算；DSU—动态设定；
MRH—主令控制器；SSRH—机架速度分配器；ASR—自动速度调节器；
$TFDA^{ATM}$—精轧出口目标温度；FF－FDTC—精轧出口温度前馈控制；
FB－FDTC—精轧出口温度反馈控制

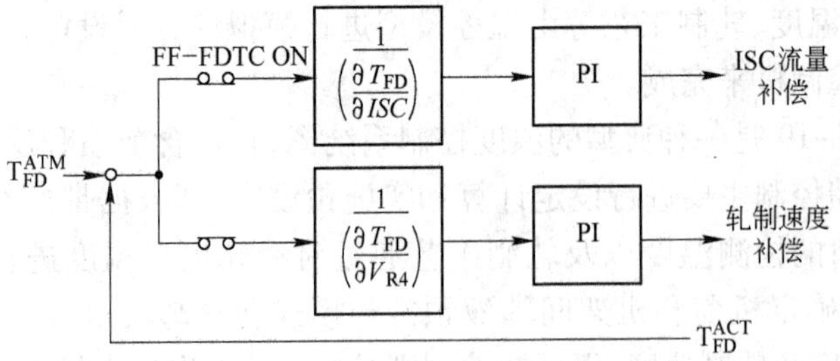

图 5-20 热连轧温度反馈控制结构简图

TFD_{FD}^{ATM}—带材出口目标温度；TFD_{FD}^{ACT}—带材出口实际温度；ISC—机架间冷却

5.3.5 卷材测温与控制

卷材测温是采用两组接触式热电偶,测温数据直接传至二级计算机,用于校正连轧机出口测温高温计。根据校正结果修正热轧工艺。

5.4 乳液控制

铝热轧是轧件与轧辊处于高温、高压以及高摩擦条件下的轧制过程。铝热轧通常是用乳液进行润滑和冷却。乳化液是控制铝及铝合金板材咬入、板形和粘铝、色差等表面质量的关键因素。为实现板材在轧制时的良好咬入,在热粗轧要有良好的冷却稳定性能,通过控制乳液喷射量控制轧辊温度在一定范围内;现代化热连轧机组乳液多采用乳液分段分级控制,根据板带材板形需要控制相应的辊型;乳液的冷却性能和均匀性是控制轧辊粘铝和色差产生的重要因素。同时,乳液也用作辊道润滑,铸锭入口清洗、剪刀润滑等,这些功能的实现,就要建立一套符合上述要求的乳液控制系统来完成。

乳液对工作辊、支承辊、辊缝处的喷射冷却的连续性、均匀性和可控性是至关重要的,它直接影响轧辊粘铝状态、咬入状态以及板材表面质量等。

5.4.1 工作辊冷却与辊型控制

A 工作辊冷却

工作辊冷却是控制轧辊温度和表面质量的重要手段。工作辊冷却通常是由乳液喷嘴按一定间距排列而成的乳液喷射装置。喷射长度、喷嘴间距、喷射量的具体要求如下:

(1) 喷射长度。根据工作辊辊面宽度和轧机所能轧制的最大轧件宽度确定乳液喷嘴的工作宽度,通常最外侧两个喷嘴的间距比最大轧件宽度大 100 ~ 200 mm,既不能小于轧件的最大宽度也不能大于轧辊辊面长度。如果小于轧件的最大宽度,在轧制最大轧件宽度的坯料时,边部冷却量不够或者没有冷却,轧辊温度会上升,从而形成粘铝;如果大于轧辊辊面宽度,全部喷嘴工作时,乳液会喷射到轧机外。

(2) 喷嘴间距。乳液喷嘴喷射出的乳液呈圆锥状,喷嘴与喷嘴之间乳液达到工作辊表面时在轧辊长度方向要相互重叠，形成相互覆盖，否则在轧辊表面就会形成局部无冷却润滑的状态，从而在无冷却润滑处工作辊温度上升，热凸度增加，在轧辊上形成粘铝，影响轧件板形和表面质量，所以喷嘴之间的间距非常重要，影响乳液喷射重叠的因素有喷嘴喷射的圆锥角度和喷嘴与工作辊之间的距离。由于轧机机架空间的限制，导致喷嘴与工作辊的距离比较近，所以喷嘴间距比较小，一般在 50 ~ 80 mm。

而在轧辊圆周方向形成三条带状冷却带，如图 5-21 所示，由于轧辊处于旋转状态，所以对整个轧辊表面冷却是均匀的，从冷却效果上，不重叠会比重叠的冷却效果更好。

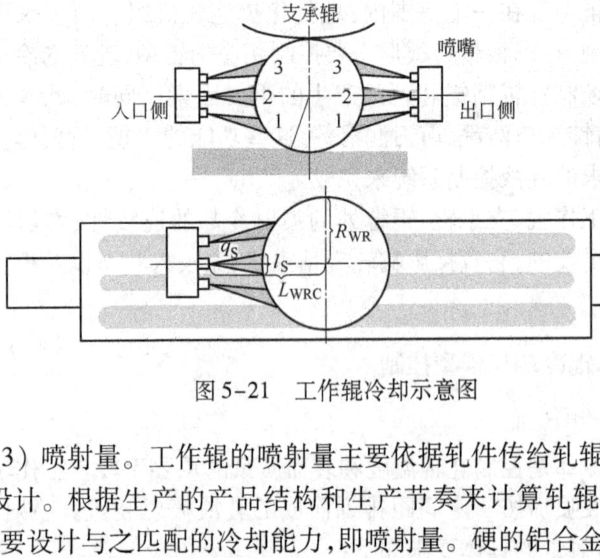

图 5-21 工作辊冷却示意图

（3）喷射量。工作辊的喷射量主要依据轧件传给轧辊的热量的大小来设计。根据生产的产品结构和生产节奏来计算轧辊的热量接收量，就要设计与之匹配的冷却能力，即喷射量。硬的铝合金轧件其由于变形热大，轧制温度高，需要较大的乳液流量来实现工作辊的有效冷却；而较软的纯铝，由于其变形热少，轧制温度较低，反之需要较少的乳液流量就可以实现工作辊的有效冷却。

B 辊型控制

工作辊乳液分段分级控制是工作辊辊型控制的重要手段之一。乳液控制辊型的特点是：控制灵活，可以实现轧辊辊面上任意区段的辊型控制，可加强可减弱；乳液控制辊型的缺点是：控制幅度有限，不能对辊型做大范围调整,且乳液对辊型控制的速度没有弯辊力快。由于工作辊乳液喷嘴能实现每一组单独控制,所以在轧辊辊面上可以实现不同量的乳液喷射,一般采用入口侧同一等级模式来控制轧辊辊型的均匀性,而出口侧则采用抛物线形式来控制轧辊的热凸度,特别在轧制较硬的铝合金料,乳液抛物线喷射配合工作辊正弯共同实现轧辊凸度控制。在连轧机出口配备有板形、板凸度检测系统,当检测到板形出现局部波浪和局部超厚时,由于弯辊与轧辊倾斜等无法控制此类板形缺陷,只有通过检测数据反馈给乳液喷射。当局部出现波浪时,说明对应轧辊位置的辊径过大,采用加强该处乳液冷却来控制轧辊热凸度,从而实现消除此类板形缺陷;当局部出现超厚时,说明对应轧辊位置的辊径过小,采用减少该处乳液冷却来控制轧辊热凸度,从而实现消除此类板形缺陷。

5.4.2 工作辊咬入润滑

工作辊咬入润滑是通过咬入侧上下各一排乳液喷嘴实现的,喷射以充分、均匀和有利于进入辊缝为原则。

工作辊咬入润滑是实现轧辊和轧件通过一层油膜间接接触而不是轧件与轧辊直接接触的有效方式,它将直接影响轧件在变形时表面质量的好坏。

以某现代化 1 +4 热连轧为例,工作辊长度为 2100 mm,上下工作辊的入口和出口侧分别配置有一组三排乳液喷嘴(精轧出口为两排,如图 5-22 所示),每排 32 个,每个间隔 60 mm(如图 5-23 所示),上支承辊入口侧配置有一排共 20 个喷嘴(下支承辊无单独冷却装置),在轧机上下的出口和入口配置有一排咬入喷嘴(精轧无出口咬入喷射),乳液喷射工作压力 0.3 ~0.6 MPa(3 ~6 Bar)。为了有效控制乳液喷嘴的开关,通常采用电动压缩空气机对喷嘴进行控制,工作压力大于1 MPa(10 Bar)。喷嘴是一种电磁阀,由电信号激发,由于压缩空气压力大于乳液系统压力,它推开喷嘴膜片实现乳液喷射。

喷嘴喷射流量采用脉冲模式调节,通过控制软件可以作 11 个等级流量喷射,如表 5-4 所示。

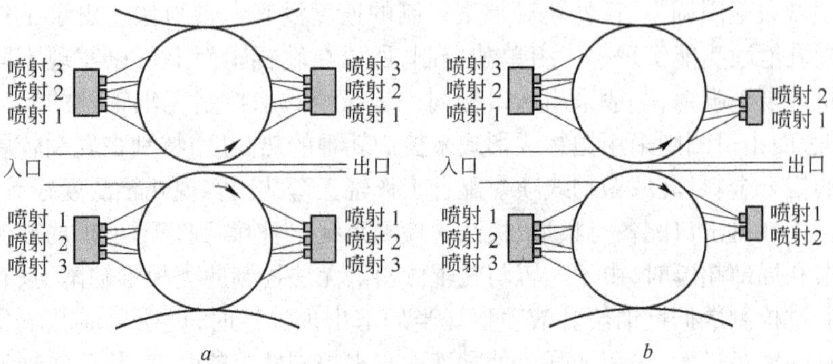

图 5-22 某现代化 1 +4 热连轧粗、精轧工作乳液喷射示意图

a—粗轧；b—精轧

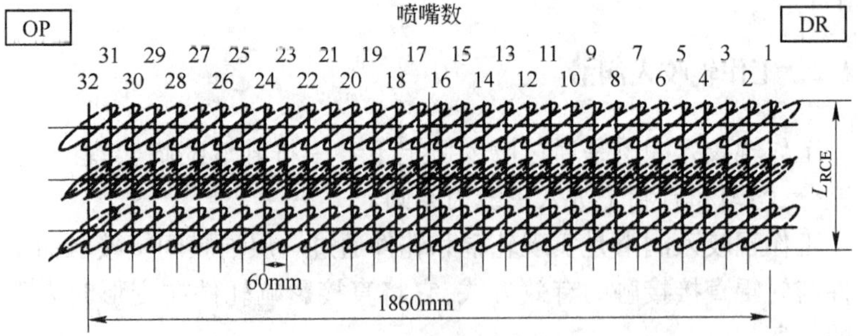

图 5-23 工作辊乳液喷嘴布置图

表 5-4 喷嘴流量等级控制

等 级	0	1	2	3	4	5	6	7	8	9	10
喷嘴流量率/%	0	10	20	30	40	50	60	70	80	90	100

（1）粗轧。在轧制时根据铸锭宽度，自动关闭两侧乳液喷嘴，粗轧每个道次相对应的入口为同一等级喷射，而出口则采用抛物线形模式喷射，以控制轧辊的热凸度和辊型；咬入喷射在入口侧上下喷射辊缝，出口侧关闭；支承辊喷射在轧制阶段喷射。

（2）精轧。在轧制时根据板坯宽度，自动关闭两侧乳液喷嘴，精轧每个机架的入口为同一等级喷射，而出口则采用抛物线形模式喷射，以控制轧辊的热凸度和辊型。

5.4.3 轧制中的工艺润滑

在铝及铝合金板带的轧制过程中，实施有效的工艺润滑，不仅是改善产品表面质量的需要，而且是实现稳定、高效和高速轧制生产的需要。

轧制是靠摩擦力将坯料咬入一对旋转的轧辊而使轧件厚度变薄的塑性变形过程。轧件与轧辊之间的摩擦不仅对轧制压力、能耗和轧件变形均匀性有显著影响，而且对产品表面质量的好坏至关重要。铝材轧制时，为了控制或减少轧辊之间的摩擦与粘着，必须进行工艺润滑。工艺润滑的好坏不仅对轧件表面质量的重要影响，而且制约着轧辊与轧件的磨损。

铝材在轧制变形过程中主要由轧件、轧辊和润滑剂构成了铝材轧制的摩擦学系统，铝材轧制的摩擦学系统如图 5-24 所示。根据摩擦学系统方法其相关摩擦学内容包括 4 个部分：

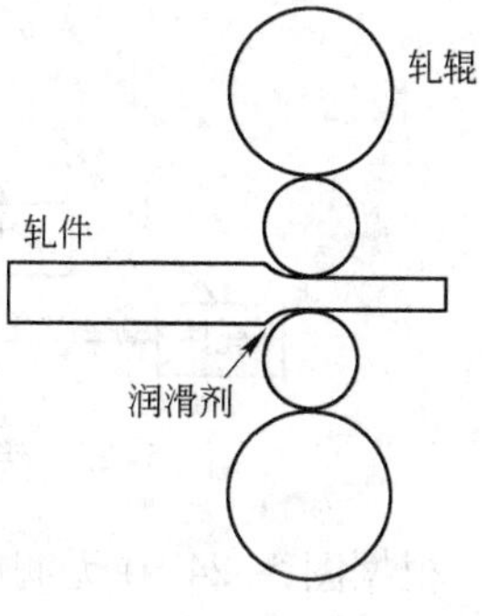

图 5-24 铝材轧制的摩擦学系统示意图

(1) 系统的技术功能。轧件塑性变形(即轧件产生几何形状、尺寸、性能和显微组织、表面状况的变化)

(2) 系统的工作变量。轧件与轧辊界面上运动形式(平动/转动)；轧件和轧辊的相对运动速度；热力学条件，包括轧制速度、轧制温度和轧制压下量；变形与力能参量，包括变形速度、轧制压力、前滑和前后张力。

(3) 系统的结构。

组元：轧件、轧辊、润滑剂、周围大气；

组元性能：轧件的成分(整体、表面、反应产物、吸附膜)、宏观几何尺寸、微观几何尺寸(粗糙度、方向性)，力学性能；

轧辊的成分、宏观几何尺寸、微观几何尺寸、表面力学性能；

润滑剂的类型、化学成分、黏度、黏－温和黏－压特性；

大气的成分、湿度。

轧辊与轧件界面上的摩擦学过程,接触变形过程,润滑过程和磨损过程。

(4) 摩擦学输出特征。轧件表面状态变化(表面扩展、新生表面、对辊面的复印效果);摩擦引起的能耗和热效应;轧辊磨损与轧件辊印。

在铝材轧制摩擦学过程中,过程变量的多重相互作用决定着其润滑机制,并能支配摩擦大小、磨损的产生及其程度,而最关键的则是轧制产品的质量(尤其是表面质量)。图 5-25 所示是铝材轧制时摩擦学相互作用三角关系图。

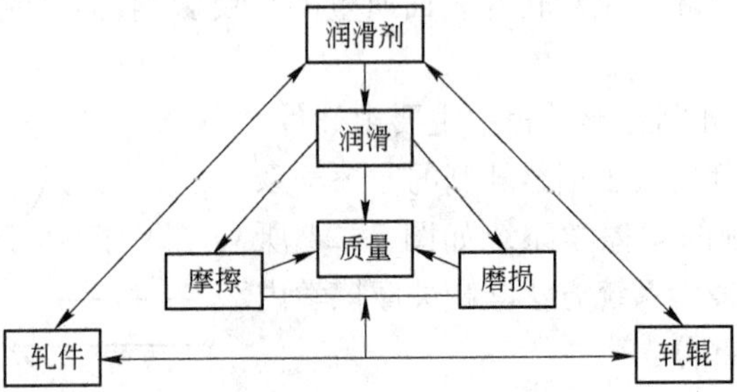

图 5-25 铝材轧制时摩擦学相互作用关系图

根据图 5-24,在无润滑剂的轧制过程中,轧件与轧辊直接接触,铝轧件与钢轧辊产生极强的粘着性,摩擦增大并产生严重的粘着磨损。若施加工艺润滑剂,在轧件与轧辊之间形成连续的润滑油膜隔开两者而实现工艺润滑,可以有效防止轧辊粘铝,降低摩擦与磨损,进而改善产品质量(尤其是表面质量)。

A 铝材在乳液润滑状态下的轧制摩擦形式

铝材在乳液润滑状态下轧制时存在的摩擦形式有液体摩擦、边界摩擦、混合摩擦等。铝材轧制的润滑模型如图 5-26 所示。

a 液体摩擦

当采用工艺润滑时,在适当条件下,轧辊与轧件表面间可由一定厚度(一般在 1.5 ~ 2 μm 以上)的润滑油膜隔开,依靠润滑油的压力来平衡外载荷;在润滑油膜中的分子大部分不受金属表面力场的作用,而可以自由地移动,这种状态称为流体润滑。在流体润滑时呈现的摩擦现

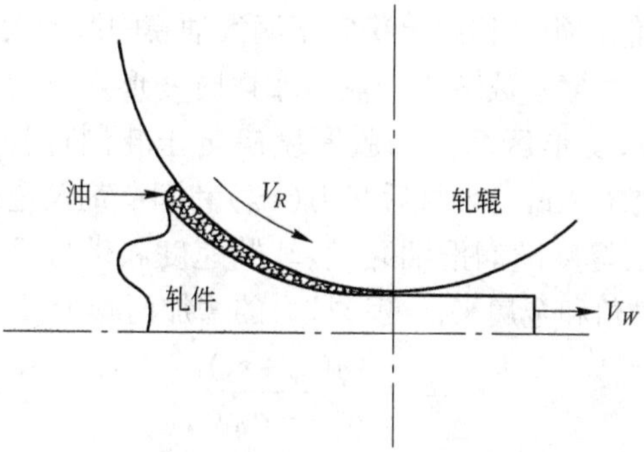

图 5-26 轧制铝板时的润滑模型

象称为流体摩擦,一般也叫液体摩擦。此时,由于两摩擦表面不直接接触,所产生的摩擦是在液体分子之间发生的,所以它是液体的内摩擦。在此种情况下,摩擦系数很小,通常为 0.001 ~0.008。

流体润滑可分为流体动压润滑和流体静压润滑两大类。流体动压润滑是由摩擦表面间形成收敛油楔和相对运动,而由黏性流体产生油膜压力以平衡外载。流体静压润滑是由外部供油系统供给一定压力的润滑油,借助油的静压力平衡外载荷。

形成流体动压润滑的基本条件在于油楔必须收敛,即沿运动方向上油膜厚度应逐渐减小。此时,如运动副之间具有一定的相对运动速度和润滑油具有一定的黏度,就会产生压力油膜,从而具有平衡外载荷的能力。

轧制时动压润滑油膜的形成:在变形区入口,轧辊和轧件表面形成楔形缝隙,润滑剂充填其间,结果建立具有一定承载能力的油楔。由流体动力学基本原理知道,当固体表面运动时,由于液体分子与固体表面之间的附着力作用,与其连接的液体层将被带动以相同速度运动,即固体和液体接触层之间不产生滑动。因此旋转的轧辊表面和轧制带材表面应使润滑剂增压进入楔形的前区(接近变形区的入口)缝隙。越接近楔顶(越接近变形区的入口平面),润滑楔内产生的压力也越大,此压力平衡外载荷。假如在润滑楔顶的压力达到塑性变形压力(金属屈服极限),则一定厚度的润滑层将进入变形区。此外,在咬入时带材和轧辊表面的粗糙度也有利于润滑剂进入变形区。

摩擦力数值在很大程度上决定于润滑油膜的厚度大小。随着润滑层厚度的增大,摩擦系数减小。液体摩擦时变形入口润滑油膜厚度符合公式(5－8),变形区润滑油膜厚度决定于轧制过程几何参数(α、Δh)和速度参数(v_r、v_0),带材后张力(σ_0)和润滑剂及金属的流变性质(k、η)。润滑层厚度随润滑油黏度、轧制速度和带材后张力的增加而增加,并随接触角和金属平面变形抗力的增加而减少。

$$\xi_0 = \frac{3\eta(v_r + v_0)}{\alpha(k - \sigma_0)} \tag{5-8}$$

式中 ξ_0——变形入口区油膜厚度,μm;

η——润滑剂的动力黏度;

k——金属平面变形抗力,MPa;

σ_0——带材后张力,MPa;

v_r——轧辊线速度,m/min;

v_0——轧件入口速度,m/min;

b 边界摩擦

边界摩擦又称边界润滑,它是相对运动两表面被极薄的润滑剂吸附层隔开,而此吸附层不服从流体动力学定律,而且两表面之间的摩擦不是取决于润滑剂的黏度,而是主要取决于两表面的性质和润滑剂的化学特性。在边界润滑状态下,摩擦面间存在着一种厚度在0.1 μm以下的吸附膜,能够起到降低摩擦和减少磨损的作用。

边界摩擦易出现于高压、低速和润滑剂黏度较小的情况下。与干摩擦相比,边界摩擦具有较低的摩擦系数,一般在0.05～0.15范围;由于表面不直接接触,可防止金属粘着和减少工具磨损;能大幅度提高承载能力,扩大使用范围。此外,由于边界吸附膜很薄,靠光滑工具表面的“压烫”作用,可获得表面质量较高的产品。所以在塑性加工时往往期望出现这种摩擦状态。

根据边界膜的结构形式和性质,可分为吸附膜和反应膜。吸附膜又可分为物理吸附膜和化学吸附膜。物理吸附膜分为非极性分子的物理吸附膜和极性分子的物理吸附膜两种。

吸附膜是指在边界摩擦状态下,润滑剂的极性分子吸附在摩擦表面上所形成的边界膜。

非极性分子的物理吸附膜：一般矿物油（如机油、锭子油、汽缸油等）为非极性的烃类有机物。当它们与金属表面接触时，由于本身没有永久偶极，只在分子内部由于电子和原子核的不对称运动而产生瞬时偶极，就靠这种瞬时偶极形成的色散力使矿物油分子吸附于金属表面，构成边界润滑膜。在这种情况下，由于金属对润滑油分子的吸附力很弱，并且润滑油分子本身的内聚力也很弱，所以膜的强度很低，基本上不具备边界润滑的能力。

极性分子的物理吸附膜：在塑性加工中经常采用另一类润滑剂为极性化合物，如脂肪酸、脂肪酸皂、动植物油脂以及高级醇类等。这类物质的分子内部一端为非极性的烃基，另一端为极性基团。由于极性基团的存在，分子本身具有永久偶极，属于极性化合物。具有永久偶极的分子与金属表面接触时，永久偶极带负电一端吸引金属原子的原子核而排斥其电子，从而使金属原子的正负电荷中心不重合，产生诱导偶极。永久偶极与诱导偶极互相吸引，于是极性分子的极性端与金属表面吸附，非极性端朝外，定向地排列在金属表面上。

极性分子在金属表面上的定向作用，不但形成一层定向排列的分子，还因为极性分子的相互吸引，而形成多层的定向排列，使吸附层延伸得更远一些，成为几个分子厚的边界润滑膜。

由于极性基团存在，分子间内聚力增强，以及实际变形金属的高表面活性，使得极性分子的物理吸附膜比非极性分子的物理吸附膜的强度和润滑能力强得多。

但总的来说，物理吸附由于它并未改变吸附层的分子或电子分布，其吸附能力还较弱。它是一种可逆吸附，对温度很敏感，常温下吸附，温度升高则解吸附。物理吸附膜强度较低，高压将发生破裂。因此物理吸附形成的边界润滑膜，只适用于常温、低速、轻载条件下的工艺润滑。

化学吸附膜：在一定条件下，极性分子与金属表面发生化学反应，形成一层单分子膜。如脂肪酸与金属表面的氧化膜（只需很薄一层氧化膜）发生化学反应，生成脂肪酸盐。这种脂肪酸盐是由于在金属表面发生化学反应而生成的，故称为化学吸附膜。化学吸附膜与金属间的吸附力强，其强度和稳定性较高。由化学吸附形成的边界润滑膜，适用于中温、中速、中载条件下的工艺润滑。

化学反应膜：对于变形抗力很大的高碳钢、合金钢以及不锈钢等材料，在冷加工的极压（高压、高速）条件下，上述各种边界膜都可能破裂。为了增强边界膜的润滑能力，防止其破裂，需要在润滑油中加入某些极压添加剂（如氯化石蜡、硫化棉子油或油酸、磷酸酯以及烷基硫代磷酸盐等）。

润滑油中所含的硫、磷、氯等类添加剂，在常温下一般并不产生效果，但当温度升到一定程度，则与金属表面发生化学反应，二者之间的价电子相互交换，形成一种新的化合物膜——无机盐膜，称为化学反应膜。化学反应膜和金属表面的结合强度比物理吸附膜和化学吸附膜要高得多。化学反应膜可适用于较高温度、速度、载荷条件下的工艺润滑。

各种边界润滑膜都只能在一定的温度范围内使用，超过此范围边界膜将发生失向、散乱、解吸附或熔化，使其润滑作用失效，这一温度通常称为边界膜的临界温度。图 5-27 表示温度对不同边界膜摩擦系数的影响，它反映了在不同温度下各类添加剂的效果。

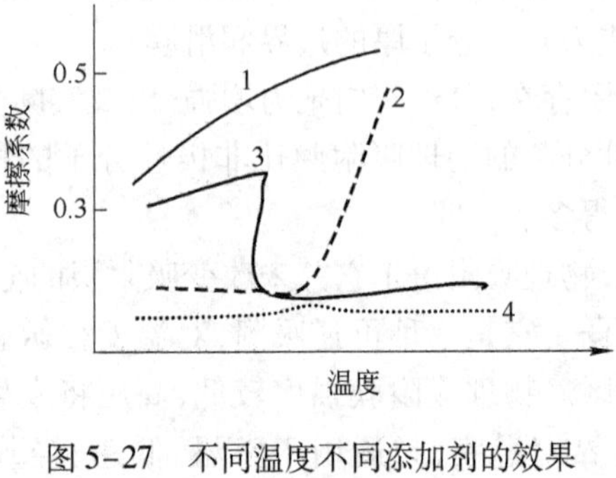

图 5-27 不同温度不同添加剂的效果

1—矿物油；2—脂肪酸添加剂；

3—极压添加剂；4—脂肪酸添加剂 + 极压添加剂

c 混合摩擦

由于轧辊和金属表面具有一定的显微起伏，因此连接接触表面的润滑层的厚度很不均匀，既有大量润滑剂富集区，也有表面最接近的区域。如果润滑剂中有能形成牢固边界膜的活性物质,则在表面最近各点仍能保持极薄的隔离润滑层。在此种情况下,整个接触区将由交替的边界摩擦区和液体摩擦区组成。如果压力很大,当表面滑动时边界层可能局部破裂,结果产生金属表面直接接触,在此种情况下,混合摩擦包括液体摩擦、边界摩擦和干摩擦三部分。在混合摩擦条件下,润滑剂的化学成分对决定极薄层的结构和强度具有重要意义。

润滑油膜的厚度决定摩擦的形态。变形区内存在着出现液体摩擦的润滑层厚度临界值,在此时润滑油中表面活性添加剂的作用实际趋于零。轧制时当润滑油膜的厚度近似等于摩擦表面粗糙度的高度值时就能进入到液体摩擦。

B 润滑剂的控制

对工艺润滑剂的要求如下:

(1) 对工具与变形金属表面有较强的黏附能力和耐压性能,在高压下,润滑膜仍能吸附于接触表面上,保持润滑效果。

(2) 要有适当的黏度,既能保证润滑层有一定的厚度,有较小的流动剪切应力,又能获得较光滑的制品表面。

(3) 对工具及变形金属要有一定的化学稳定性,燃烧后的残物少,以免腐蚀工具的产品表面,并保证产品不出现各种斑痕、脏化表面。

(4) 有适当的闪点及着火点,避免在塑性加工中过快地挥发或烧掉,丧失润滑效果,同时也是为了保证安全生产。

(5) 要有良好的冷却性能,以利于对工具起冷却、调节与控制(如辊型)作用。

(6) 润滑剂本身及其产物(如气体),不应对人体有害(无毒性、没有难闻气味),环境污染最小和废水净化处理简单。

(7) 应保证使用与清理方便,例如对于轧制过程,润滑剂应便于连续喷涂到轧辊或金属表面上。

(8) 成本低廉,资源丰富。

以上是对润滑剂的一些基本要求,不存在能完全满足上述要求并适合于各种塑性加工过程或条件的润滑剂。对于不同类型和不同用途的塑性加工过程,应采用不同的润滑剂,它们的化学成分与物理状态可能很不相同。

5.5 热轧常见缺陷与控制

5.5.1 尺寸缺陷与控制

5.5.1.1 厚度缺陷与控制

A 常见厚差缺陷

(1) 厚差不合格现象:

1) 厚度中心点漂移——整体偏厚与偏薄;

2) 厚度波动——有规律的周期性波动与无规律的上下波动。

(2) 原因分析:

1) 产生厚度中心点漂移的原因是由于厚度反馈控制中的出口测厚仪测量数据不真实和操作人员对厚度中心点设定不恰当所致。影响出口测厚仪测量准确性的因素有:

用于校核测厚仪的标准板厚度不准确引起厚度中心点设定不正确以及测厚仪厚度补偿系数不准确;放射源发出的射线被其他物件所挡;测厚仪厚度补偿系数不准确;测厚仪自动清零功能不稳定。

2) 产生厚度波动的原因:有规律的周期性波动的产生原因主要是由于轧辊磨削精度不高所致,轧辊在径向上的尺寸精度在厚控上表现出很强的遗传性;无规则上下波动的原因,一是由于生产过程中频繁加减速和其他工艺参数的变化;二是厚控调节机构中产生振荡;三是测厚仪相关部位产生了松动或电离室漏气等。

B 解决途径与办法

(1) 定期对轧机测厚仪进行标定、修正和维护,提高测厚仪的精度和准确性。

1) 制作一套高精度的标准板,使测量数据真实可靠。

因测厚仪工作环境差,对测量精度有很大影响。随着时间的加长,精度降低,因此需要经常使用高精度的标准板对系统进行标定以此来消除误差。其精度应达到 0.5 μm,用这样的标准板标定测厚仪后,使测厚仪的测量数据误差可以控制在 1 μm 以内,从而提高测量数据的可靠性和测量精度。

2) 修定出口侧补偿系数 Slope 值(同位素测厚仪)。轧机使用的同位素测厚仪每个传感器有一个基本的标准曲线，其斜率值为1.0000，偏值为0.000，如图5-28中成45°的斜线，每种合金参考这个基本的校准曲线有唯一的斜率值和偏值。

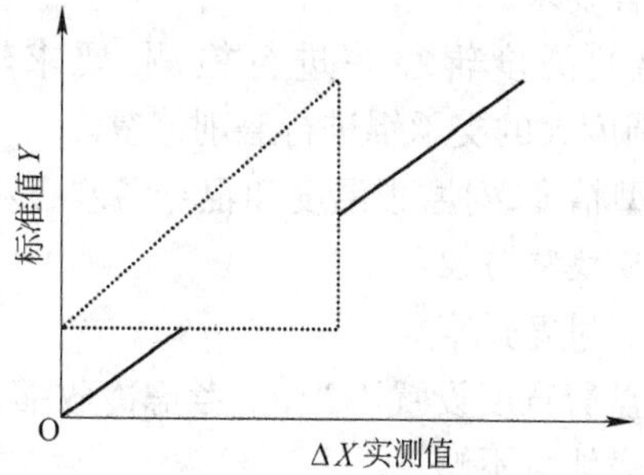

图5-28 测厚仪 slope 标准曲线

其标定和修正方法如下：

① 设置当前合金代码为“1”；

② 进行零点标准化工作；

③ 用不同合金不同厚度的标准板进行测试，记下实际值，每种厚度共作三组，记下三组实测值；

④ 用记下的三组值（同一厚度的），求出平均值 ΔX；

⑤ 设标准板的厚度为 Y；

⑥ 用公式 slope = $Y/\Delta X$ 就可求出某一合金当前的实际斜率值，然后在系统中对 slope 值进行修改。使用以上方法就可求出其他所有合金的 slope 值，从而就完成了对测厚仪的标定和修正。

（2）对厚控系统的定期维护工作。定期清洁测厚仪射线检测器窗口以及测厚仪相关元件，保持整个测厚仪密封的完整性；检查测厚仪供气压力，保持压力正常；检查放射源打开/关闭动作保证正常可靠；检查测厚仪供电电压保证正常，保证系统可靠运行；检查测厚仪进/出限位开关，保证其位置准确。

（3）提高磨削操作技能，规范工作辊和支承辊的管理。根据厚控原理，轧辊在径向上的尺寸精度在厚控上表现出强的遗传性，因此提高轧辊的磨削精度就显得尤为重要。

1）加强轧辊管理，所有的轧辊磨完后都必须用千分表检测圆跳动，小于3 μm方可投入生产。

2）定期对轧机工作辊进行磨削基准检测，对基准圆跳动大的轧辊进行修磨，使之符合要求。

3）对支承辊的圆度辊径等进行检测，要求辊颈辊身圆跳动≤3 μm。对辊颈圆度大的支承辊进行磨削修复。

4）为保证辊型精度，对磨辊温度和辊身温差必须严格规定。

5.5.1.2 宽度缺陷与控制

（1）宽度缺陷：过宽过窄。

（2）原因：圆盘剪宽度设置不当；未考虑冷收缩量；热粗轧滚边量控制不当；斜轧或横轧量不够。

（3）措施：建立不同合金的热胀冷缩经验数据或数理模型，切边预留冷收缩量；加强责任心认真执行规范。

5.5.2 板形缺陷与控制

（1）板形不良形式。中凸度不合格、楔形率超标、波浪（边浪、中浪等）、镰刀弯等。

（2）原因。根本原因在于辊缝形状和铸锭横向厚差。

影响辊缝形状的因素：轧辊原始辊型（凸度、锥度、辊型曲线）、轧制工艺、辊型调节手段（弯辊、倾斜、乳液冷却）的合理运用。

影响铸锭横向厚差的因素：铣面时铸锭的位置与角度。

（3）解决措施。出现板形缺陷按以下顺序进行调节或查找问题。

首先利用设备配置的板形调节手段（弯辊、倾斜、分段冷却及其他调节手段）进行调节，出现两边部波浪时加大正弯或减小负弯、加大边部乳液冷却；出现单边浪时进行对应边部辊缝加大，出现中间波浪时加大中间乳液流量、加大负弯或减少正弯。

调节轧制工艺（轧制速度、道次变形量），出现边部波浪时可减少变形量或加快轧制速度。

抽出轧辊，检查轧辊原始凸度，轧辊原始凸度太小或负的太多，容易出现轧后板材中凸度太大或出现边浪，反之容易出现轧后板材产生负凸度。检查轧辊锥度，锥度大容易出现单边浪。

检查乳液喷嘴是否有堵塞,否则容易出现局部位置的成串波浪。

检查凸度检查仪是否有异常。

检查铸锭横向厚差,若厚差大容易产生镰刀弯(侧向弯)。

修改或完善工艺,包括生产前轧辊预热规范、生产顺序、轧辊原始凸度的优化、生产前设备检查制度等。

5.5.3 组织性能缺陷与控制

(1) 性能不合格主要是 H112 的强度,组织不合格主要是厚板心部组织变形不充分、带材头尾与中部的差异。

(2) 热轧原因:轧制温度(主要是终轧温度)、轧制速度、道次变形量和总加工率。

(3) 解决措施:

预排轧制道次分配表,计算各道次变形区形状系数,确保最后 2 ~ 4 个道次心部变形比表层更容易。

根据成品厚度计算铸锭厚度,总变形率应不少于 70%,否则应对铸锭质量提出更高要求。

做热塑性模拟试验,利用试验结果结合工厂设备实际状况计算轧制速度和道次变形量。

建立不同终轧温度情况下材料力学性能的数据库。

5.5.4 表面缺陷与控制

表面缺陷种类很多,下面只就一些典型缺陷进行说明。

5.5.4.1 非金属压入(见图 5-29)

(1) 缺陷定义及特征:非金属杂物压入板、带表面;表面呈明显的点状或长条状黄黑色缺陷。

(2) 产生原因:

1) 轧制工序设备条件不清洁;

2) 轧制工艺润滑剂不清洁;

3) 工艺润滑剂喷射压力不足;

4) 板坯表面有擦划伤。

5.5.4.2 金属压入(见图 5-30)

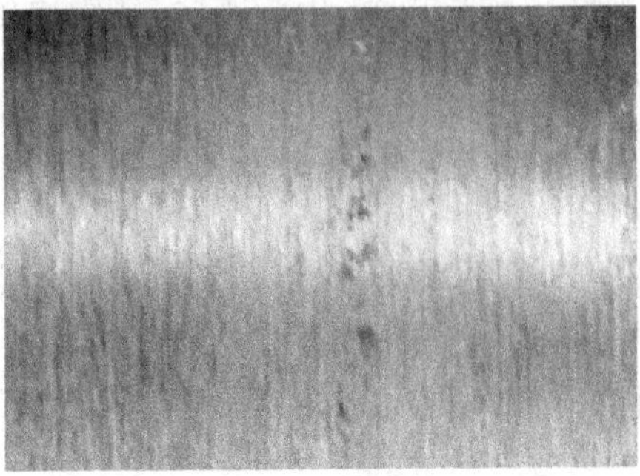

图 5-29 非金属压入

图 5-30 金属压入

(1) 缺陷定义及特征:金属屑或金属碎片压入板、带表面;压入物刮掉后呈大小不等的凹陷,破坏了板、带表面的连续性。

(2) 产生原因:

1) 热轧时辊边道次少,裂边的金属屑、条掉在板坯表面后压入;

2) 圆盘剪切边工序质量差,产生毛刺掉在带坯上经轧制后压入;

3) 轧辊粘铝后,其粘铝又被压在板坯上;

4) 热轧导尺夹得过紧,带下来的碎屑掉在板坯上后被压入。

5.5.4.3 表面气泡(见图 5-31)

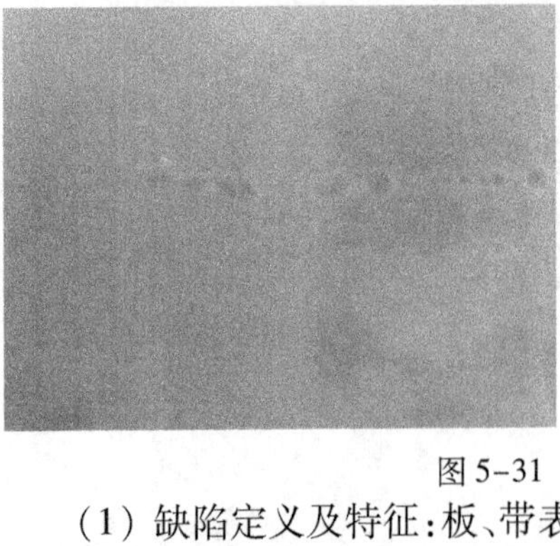

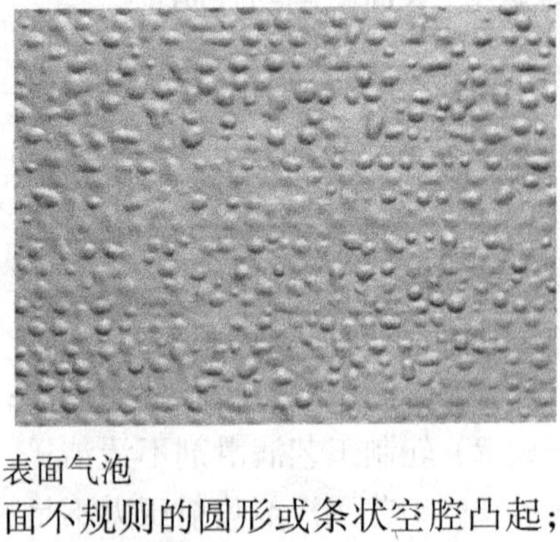

图 5-31 表面气泡

(1) 缺陷定义及特征:板、带表面不规则的圆形或条状空腔凸起;凸起的边缘圆滑、板片上下不对称,分布无规律。

(2) 产生原因:

1) 铸块氢含量过高;

2) 铣面量小,表面有缺陷或有印痕或刀痕较深;

3) 乳液进入包铝板与铸块间;

4) 铸块加热温度过高或时间过长。

5.5.4.4 乳液痕迹(见图 5-32)

图 5-32 乳液痕迹

(1) 缺陷定义及特征:板、带表面残留的呈乳白色或灰黑色点状、条状痕迹。

(2) 产生原因:终轧温度低,乳液不能挥发,吹扫有故障。

5.5.4.5 贯穿气孔(见图 5-33)

(1) 缺陷定义及特征:板材表面呈现出一种表面及边缘圆滑的圆形或长条形的贯穿板材整个厚度的空腔凸起,具有对称性。这种凸起分布是无规则的。

(2) 产生原因:铸锭质量不好,含氢量过高,有集中气孔。

5.5.4.6 起皮

(1) 缺陷定义及特征:板材表面的局部起层。成层较薄,破裂翻起。

图 5-33 贯穿气孔

（2）产生原因：

1）铸锭表面平整度差或铣面不彻底；

2）加热时间长，表面严重氧化。

5.5.4.7 小黑条（见图 5-34）

图 5-34 小黑条

（1）缺陷定义及特征：板、带表面沿轧制方向分布的细小黑色线条状缺陷。

（2）产生原因：

1）工艺润滑不良；

2）工艺润滑剂不干净；

3）板带表面有擦划伤；

4）板带通过的导路不干净；

5）铸轧带表面偏析或热轧用铸块铣面不彻底；

6）金属中有夹杂；

7）7××系合金开坯轧制时，产生大量氧化铝粉，并压入金属，进一步轧制产生小黑条。

5.5.4.8 表面裂纹(见图5-35)

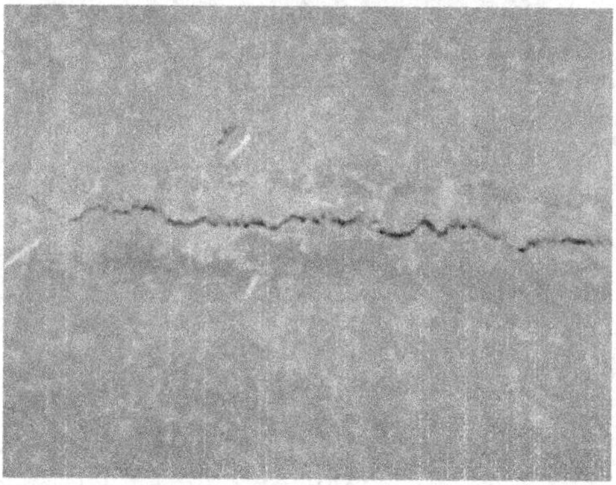

图5-35 裂纹(表面裂纹)

(1) 缺陷定义及特征：板、带表面与压延方向有成直角的裂口。

(2) 产生原因：

1）铸锭加热温度过高；

2）道次压下量过大；

3）铸锭表面质量差。

5.5.5 其他缺陷与控制

5.5.5.1 裂边(见图5-36)

(1) 缺陷定义及特征：板、带边部破裂，严重时呈锯齿状。

(2) 产生原因：

1）热轧铸锭温度低，金属塑性差；

2）辊型控制不当，使板、带边部出现拉应力；

3）剪切送料偏斜，一边没切掉；

4）均火不充分；

5）轧制率过大。

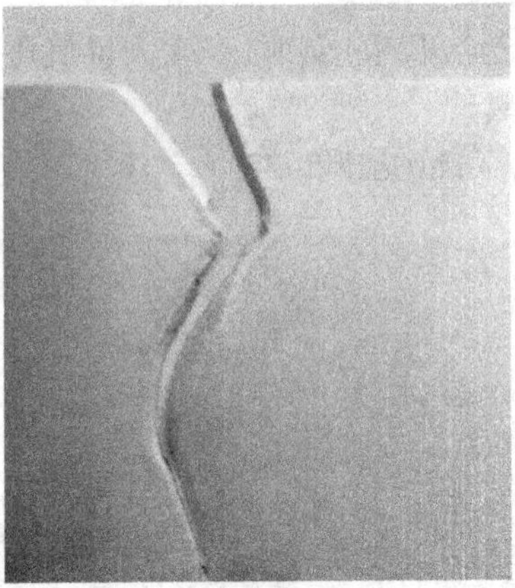

图5-36 裂边

5.5.5.2 分层(见图5-37)

图5-37 分层

（1）缺陷定义及特征：由于变形不均，在板材端部及边部中心产生的与板材表面平行的层裂。

（2）产生原因：

1）热轧道次压下量分配不当，压下量过大；

2）铸锭加热不均匀或加热温度过高或过低。

5.5.5.3　夹渣分层（见图5-38）

图5-38　夹渣分层

（1）缺陷定义及特征：板材的横截面上产生与板材表面平行的条状裂纹，沿压延方向延伸，分布无规律。

（2）产生原因：

1）铸锭质量差，含有非金属夹杂；

2）含气量高，疏松严重。

5.5.6　剪切质量控制

5.5.6.1　金属的剪切过程

金属的剪切过程可以分为以下几个阶段：刀片弹性压入金属阶段；刀片塑性压入金属阶段；金属塑性滑移阶段；金属内裂纹萌生和扩展阶段；金属内裂纹失稳扩展和断裂阶段。一般可粗略地分为两个阶段：金属塑性滑移阶段和金属断裂阶段，即剪切区和断裂区。金属的剪切过程如图5-39所示。

带材经过剪切区时，剪刀将带材边部剪切为光滑整齐的平面即剪切平面。随着刀片进刀量的不断增大，带材逐渐分离，当带材错开到一定位置时，带材将在刀片切应力的作用下发生撕裂，撕裂后在带材边部将出现不光滑的撕裂面即无光撕裂面。

5.5.6.2　单位剪切阻力曲线与剪切力

A　单位剪切阻力曲线

试验研究表明，剪切区域的应力分布是三维应力状态，然而工程应用时一般要求简单方便，所以只按一维剪切应力计算。

又因在剪切过程中，剩余的被剪金属面积不断减少，从而在这些面

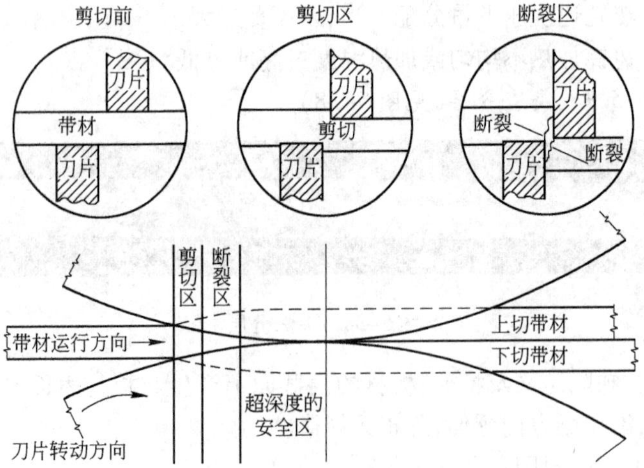

图 5-39 剪切过程简图

积上产生的剪切应力也在不断变化。为了做出每种金属抵抗剪切变形的能力估价,并使实验测试工作简易可行,所以建立单位剪切阻力或单位剪切抗力的概念。

将金属剪切过程中任一瞬时的剪切力 P,除以该试件原始断面面积 F,其商即为单位(面积)剪切阻力。

显然,单位剪切阻力并不是产生于被剪切金属剩余面积上的剪切应力。

将整个剪切过程中各瞬时的剪切阻力 τ,都分别与一个相对切入深度 ε 对应,它们的关系式 $\tau=f(\varepsilon)$ 被称为单位剪切阻力曲线。

每种金属的单位剪切阻力曲线,是剪切该金属时计算剪切力的主要依据。它除决定于被剪金属本身的性能外,还与剪切温度、剪切变形速度等因素有关。

图 5-40 表示了某些有色金属在常温下的单位剪切曲线。

由图 5-40 可见,在剪切时,材料强度极限 σ_b 愈高,材料的剪切过程延续时间愈短,会很快的达到最大剪应力。剪切的延续过程可用材料在完全剪断时的相对切入深度 ε_0 来表示。ε_0 称为断裂时的相对切入深度,它表征了金属塑性的好坏。ε_0 值愈大材料塑性越好,剪切时的剪切区越大。所以硬状态卷材易于剪切,而半硬状态卷材较难剪切,对于退火料不容易剪切。

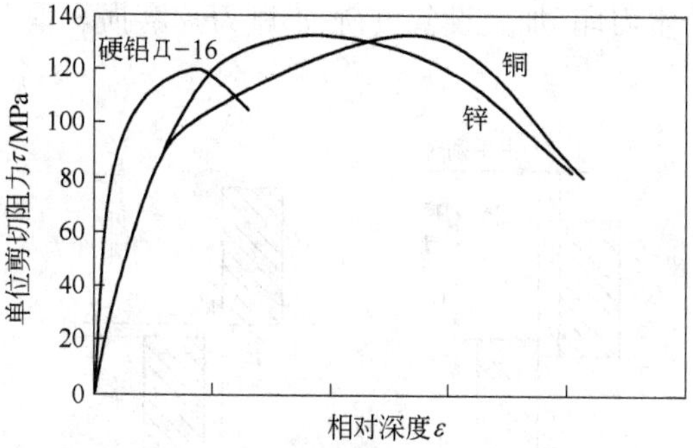

图 5-40 单位剪切阻力曲线

B 剪切力 P

最大剪切力要根据剪切材料的截面积尺寸来确定,即来料的厚度和宽度,剪切力 P 可按下式计算:

$$P = K\tau F \tag{5-9}$$

式中 F——被剪卷材的断面面积,mm^2

τ——被剪卷材的单位剪切阻力,MPa;

K——考虑由于刀刃磨钝,刀片间隙增大而使剪切力提高的系数;通常为 1.4 剪切时的最大剪切力可按下式计算:

$$P_{max} = 0.45K\sigma_b tF \tag{5-10}$$

式中 σ_b——被剪卷材的强度限,MPa;

t——带材厚度;

F——剪切面积。

载荷随材料强度极限的不同而变化,从图 5-41 可以看出剪切面积 F 近似可以认为是半弧形 ABC 的面积,剪刀直径越大,弧形 ABC 的面积越大,剪切力也越高。

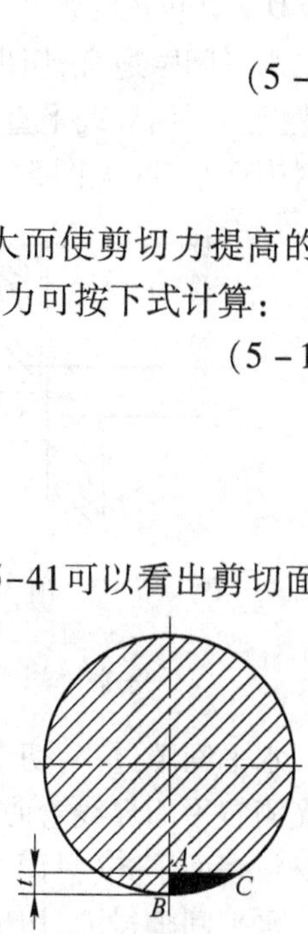

图 5-41 剪切面积示意图

C 配刀

配刀时首先注意选用合适的刀具,刀具的表面一定要光滑。配刀的水平间隙如图 5-42所示,某一特定材料的最佳刀片间隙一般靠经验来掌握。刀片的垂直间隙也是通过实践经验获得的，垂直间隙小容易产生刀印，加大设备负荷，加剧刀片磨损。垂直间隙太大不能正常剪切。

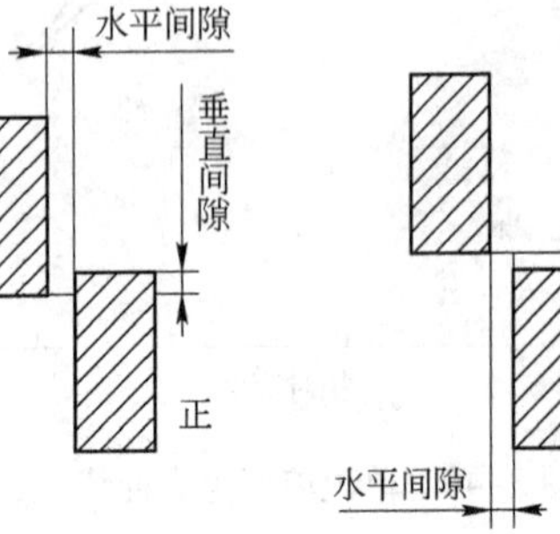

图 5-42 剪刀间隙

D 剪切边的识别

水平间隙适宜，切出的产品边部截面状况是光滑平直的，剪切面与无光撕裂平面界线平直，剪切面和无光撕裂平面的外边界线平直且与材料表面平齐（见图 5-43）。

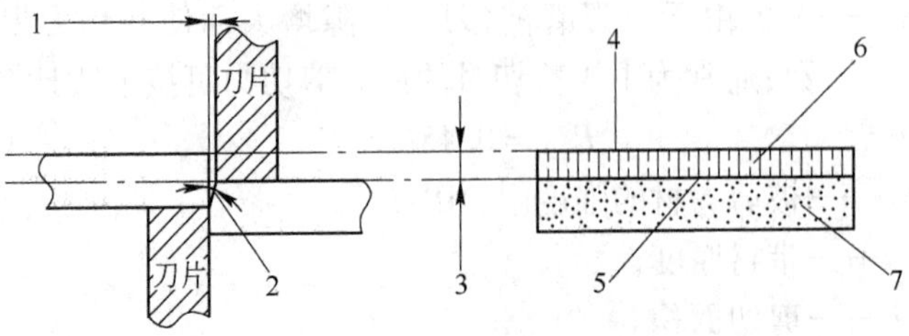

图 5-43 水平间隙适宜时的剪切边

1—理想刀片间隙；2—撕裂角（7°～12°）；3—进刀区；
4—剪切表面；5—分裂面；6—剪切平面；7—无光撕裂平面

水平间隙过小，切出的产品边部截面状况是光滑平直的，剪切面与无光撕裂平面界线弯曲并且剪切面和无光撕裂平面的外边界线平直且与材料表面平齐（见图 5-44）。剪切时设备负荷大容易损伤刀片。

水平间隙过大，切出的产品边部截面状况是光滑平直的，剪切面与无光撕裂平面界线弯曲并且剪切面和无光撕裂平面的外边界线弯曲，

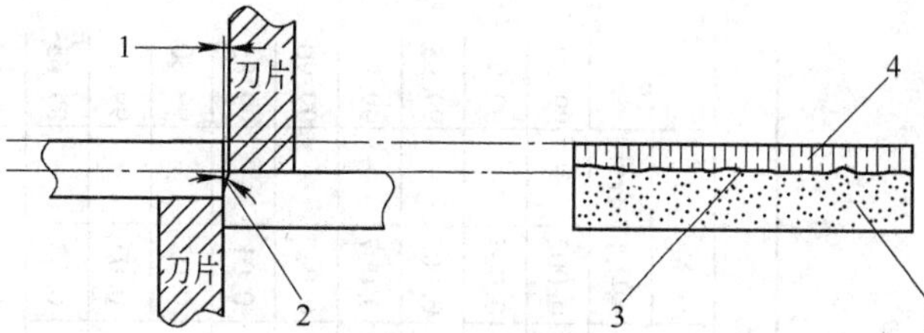

图 5-44 水平间隙过小时的剪切边

1—刀片间隙过小;2—撕裂角(7°~12°);

3—参差不齐的分裂面;4—剪切面 5—无光撕裂平面

无光撕裂平面边界产生毛刺(见图 5-45)。

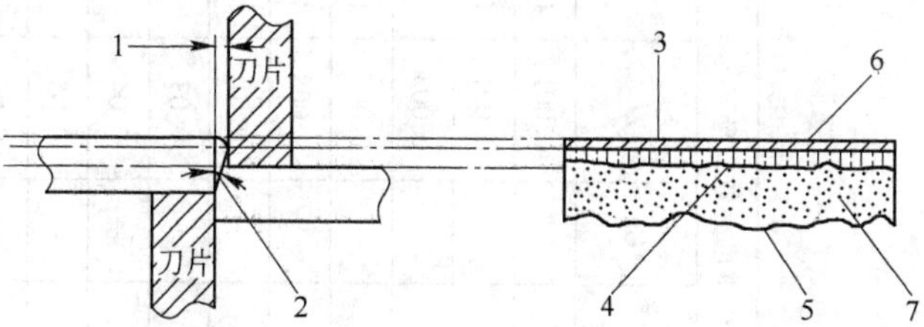

图 5-45 水平间隙过大时的剪切边

1—刀片间隙过大;2—撕裂角(7°~12°);3—轧制区;

4—参差不齐的分裂面;5—毛刺;6—剪切面;7—无光撕裂平面

附 录

1. 变形铝及铝合金化学成分表

序号	牌号	化学成分(质量分数)/%									杂质		
		Si	Fe	Cu	Mn	Mg	Cr	Zn	Ti	其他	单个	合计	Al
1	1A99	0.003	0.003	0.003	—	—	—	0.001	0.002	—	0.002	—	99.99
2	1A97	0.015	0.015	0.005	—	—	—	0.001	0.002	—	0.005	—	99.97
3	1A95	0.030	0.030	0.010	—	—	—	0.003	0.008	—	0.005	—	99.95
4	1A93	0.040	0.040	0.010	—	—	—	0.005	0.010	—	0.007	—	99.93
5	1A90	0.060	0.060	0.010	—	—	—	0.008	0.015	—	0.010	—	99.90
6	1A85	0.08	0.10	0.01	—	—	—	0.01	0.01	—	0.01	—	99.85
7	1A80	0.15	0.15	0.03	0.02	0.02	—	0.03	0.03	Ca0.3,v0.05	0.02	—	99.80
8	1070	0.20	0.25	0.04	0.03	0.03	—	0.04	0.03	V0.05	0.03	—	99.70
9	1065	0.25	0.30	0.05	0.03	0.03	—	0.05	0.03	V0.05	0.03	—	99.65
10	1060	0.25	0.35	0.05	0.03	0.03	—	0.05	0.03	V0.05	0.03	—	99.60
11	1050	0.25	0.40	0.05	0.05	0.05	—	0.05	0.03	V0.05	0.03	—	99.50

续表

序号	牌号	化学成分(质量分数)/%											
		Si	Fe	Cu	Mn	Mg	Cr	Zn	Ti	其他	杂质		Al
											单个	合计	
12	1045	0.30	0.45	0.10	0.05	0.05	—	0.05	0.03	V0.05	0.03	—	99.45
13	1145	Si + Fe0.55		0.05	0.05	0.05	—	0.05	0.03	V0.06	0.03	—	99.45
14	1040	0.30	0.50	0.10	0.05	0.05	—	0.10	0.03	V0.05	0.03	—	99.40
15	1035	0.35	0.60	0.10	0.05	0.05	—	0.10	0.03	V0.05	0.03	—	99.35
16	1235	Si + Fe0.65		0.05	0.05	0.05	—	0.10	0.06	V0.05	0.03	—	99.35
17	1A30	0.10 ~ 0.2	0.15 ~ 0.3	0.05	0.01	0.01	—	0.02	0.02	Ni0.01	0.03	—	99.30
18	1120	0.1	0.4	0.05 ~ 0.35	0.01	0.20	0.01	0.05	—	Ga0.03, B0.05, V + Ti0.02	0.03	0.10	99.20
19	1100	Si + Fe0.95		0.05 ~ 0.2	0.05	—	—	0.10	—	—	0.05	0.15	99.00
20	1200	Si + Fe1.0		0.05	0.05	—	—	0.10	0.05	—	0.05	0.15	99.00
21	2A01	0.50	0.50	2.2 ~ 3.0	0.2	0.20 ~ 0.5	—	0.10	0.15	—	0.05	0.10	余量
22	2A02	0.30	0.30	2.6 ~ 3.2	0.45 ~ 0.7	2.0 ~ 2.4	—	0.10	0.15	—	0.05	0.10	余量
23	2A04	0.30	0.30	3.2 ~ 3.7	0.50 ~ 0.8	2.1 ~ 2.6	—	0.10	0.05 ~ 0.4	Be0.001 ~ 0.01	0.05	0.10	余量
24	2A06	0.50	0.50	3.8 ~ 4.3	0.50 ~ 1.0	1.7 ~ 2.3	—	0.10	0.03 ~ 0.15	Be0.001 ~ 0.005	0.05	0.10	余量
25	2A10	0.25	0.20	3.9 ~ 4.5	0.30 ~ 0.5	0.15 ~ 0.3	—	0.10	0.15	—	0.05	0.10	余量

续表

序号	牌号	化学成分(质量分数)/%									杂质		
		Si	Fe	Cu	Mn	Mg	Cr	Zn	Ti	其他	单个	合计	Al
26	2A11	0.70	0.70	3.8~4.8	0.40~0.8	0.40~0.8	—	0.30	0.15	Ni0.01，Fe+Ni0.70	0.05	0.10	余量
27	2B11	0.50	0.50	3.80~4.5	0.40~0.8	0.40~0.8	—	0.10	0.15	—	0.05	0.10	余量
28	2A12	0.50	0.50	3.8~4.9	0.30~0.9	1.20~1.8	—	0.30	0.15	Ni0.01，Fe+Ni0.50	0.05	0.10	余量
29	2B12	0.50	0.50	3.80~4.5	0.30~0.7	1.20~1.6	—	0.10	0.15	—	0.05	0.10	余量
30	2A13	0.7	0.6	4.0~5.0	—	0.30~0.5	—	0.60	0.15	—	0.05	0.10	余量
31	2A14	0.60~1.2	0.7	3.90~4.8	0.40~1.0	0.40~0.8	—	0.30	0.15	Ni0.01	0.05	0.10	余量
32	2A16	0.3	0.3	6.0~7.0	0.40~0.80	0.05	—	0.10	0.10~0.20	Zr0.20	0.05	0.10	余量
33	2A17	0.3	0.3	6.0~7.0	0.40~0.8	0.25~0.45	—	0.10	0.10~0.20	—	0.05	0.10	余量
34	2A20	0.2	0.3	5.80~6.8	—	0.02	—	0.10	0.07~0.16	V0.05~0.15，B0.001~0.01	0.05	0.15	余量
35	2A21	0.2	0.20~0.60	3.0~4.0	0.05	0.80~1.20	—	0.20	0.05	Ni1.80~2.30	0.05	0.15	余量
36	2A23	0.05	0.06	1.80~2.8	0.20~0.6	0.60~1.2	—	0.15	0.15	Li0.30~0.90，Zr0.06~0.16	0.10	0.15	余量
37	2A24	0.20	0.30	3.80~4.8	0.60~0.9	1.20~1.8	0.10	0.25	—	Zr0.08~0.12，Ti+Zr0.20	0.05	0.15	余量

续表

序号	牌号	化学成分(质量分数)/%											
		Si	Fe	Cu	Mn	Mg	Cr	Zn	Ti	其 他	杂质 单个	杂质 合计	Al
38	2A25	0.06	0.06	3.60~4.2	0.50~0.7	1.0~1.5	—	—	—	Ni0.06	0.05	0.10	余量
39	2B25	0.05	0.15	3.10~4.0	0.20~0.8	1.20~1.8	—	0.10	0.03~0.07	Ni0.06,Zr0.08~0.25,Be0.0003~0.0008	0.05	0.10	余量
40	2A39	0.05	0.06	3.40~5.0	0.30~0.8	0.30~0.8	—	0.30	0.15	Ag0.30~0.60,Zr0.10~0.25	0.10	0.15	余量
41	2A40	0.25	0.35	4.50~5.2	0.40~0.6	0.50~1.0	0.10~0.2	—	0.04~0.12	Zr0.10~0.25	0.05	0.15	余量
42	2A49	0.25	0.80~1.20	3.20~3.8	0.30~0.6	1.80~2.2	—	—	0.08~0.12	Ni0.80~1.20	0.05	0.15	余量
43	2A50	0.70~1.2	0.70	1.80~2.6	0.40~0.8	0.40~0.8	—	—	0.15	Ni0.10	0.05	0.10	余量
44	2A70	0.35	0.90~1.50	1.90~2.50	0.2	1.40~1.80	—	0.30	0.02~0.10	Ni0.90~1.50	0.05	0.10	余量
45	2B70	0.25	0.90~1.4	1.80~2.7	0.2	1.20~1.8	—	0.15	0.10	Ni0.80~1.40,Pb0.05,Sn0.05,Ti+Zr0.20	0.05	0.15	余量
46	2A80	0.50~1.2	1.0~1.6	1.90~2.5	0.2	1.40~1.8	—	0.30	0.15	Ni0.90~1.50	0.05	0.10	余量
47	2A90	0.50~1.0	0.50~1.0	3.50~4.5	0.2	0.40~0.8	—	0.30	0.15	Ni1.80~2.30	0.05	0.10	余量

续表

序号	牌号	化学成分(质量分数)/%											
		Si	Fe	Cu	Mn	Mg	Cr	Zn	Ti	其他	杂质 单个	杂质 合计	Al
48	2A97	0.15	0.15	2.0~3.2	0.20~0.6	0.25~0.5	—	0.17~1.0	0.001~0.10	Be0.001~0.10,Li0.80~2.30,Zr0.08~0.20	0.05	0.15	余量
49	2004	0.20	0.20	5.50~6.5	0.1	0.5	—	0.10	0.05	Zr0.30~0.50	0.05	0.15	余量
50	2011	0.40	0.70	5.0~6.0	—	—	—	0.30	—	Bi0.20~0.60,Pb0.20~0.60	0.05	1.15	余量
51	2014	0.50~1.20	0.70	3.90~5.0	0.40~1.20	0.20~0.80	0.10	0.25	0.15	—	0.05	0.15	余量
52	2014A	0.50~0.90	0.50	3.90~5.0	0.40~1.20	0.20~0.80	0.10	0.25	0.15	Ni0.10,Zr+Ti0.20	0.05	0.15	余量
53	2214	0.50~1.20	0.30	3.90~5.0	0.40~1.20	0.20~0.80	0.10	0.25	0.15	—	0.05	0.15	余量
54	2017	0.2~0.80	0.70	3.5~4.5	0.4~1.0	0.4~0.80	0.10	0.25	0.15	—	0.05	0.15	余量
55	2017A	0.20~0.80	0.70	3.50~4.5	0.40~1.0	0.40~1.0	0.10	0.25	—	Zr+Ti0.25	0.05	0.15	余量
56	2117	0.80	0.70	2.2~3.0	0.20	0.20~0.5	0.10	0.25	—	—	0.05	0.15	余量
57	2218	0.90	1.00	3.5~4.5	0.20	1.2~1.8	0.10	0.25	—	Ni1.7~2.3	0.05	0.15	余量
58	2618	0.10~0.25	0.9~1.3	1.9~2.7	—	1.3~1.8	—	0.10	0.04~0.1	Ni0.9~1.2	0.05	0.15	余量
59	2618A	0.15~0.25	0.9~1.4	1.8~2.7	0.25	1.2~1.8	—	0.15	0.20	Ni0.8~1.4,Zr+Ti0.25	0.05	0.15	余量

续表

序号	牌号	化学成分(质量分数)/%											
		Si	Fe	Cu	Mn	Mg	Cr	Zn	Ti	其他	杂质		Al
											单个	合计	
60	2219	0. 20	0. 30	5. 8 ~6. 8	0. 2 ~0. 4	0. 02	—	0. 10	0. 02 ~0. 1	V0. 05 ~0. 15	0. 05	0. 15	余量
61	2024	0. 50	0. 50	3. 8 ~4. 9	0. 3 ~0. 9	1. 2 ~1. 8	0. 10	0. 25	0. 15	—	0. 05	0. 15	余量
62	2024A	0. 15	0. 20	3. 7 ~4. 5	0. 15 ~0. 8	1. 2 ~1. 5	0. 10	0. 25	0. 15	—	0. 05	0. 15	余量
63	2124	0. 2	0. 3	3. 8 ~4. 9	0. 30 ~0. 09	1. 2 ~1. 8	0. 1	0. 25	0. 15	—	0. 05	0. 15	余量
64	2324	0. 10	0. 12	3. 8 ~4. 4	0. 3 ~0. 9	1. 2 ~1. 8	0. 10	0. 25	0. 15	—	0. 05	0. 15	余量
65	2424	0. 10	0. 12	3. 8 ~4. 4	0. 3 ~0. 6	1. 2 ~1. 6	—	0. 20	0. 10	—	0. 05	0. 15	余量
66	2524	0. 06	0. 12	4. 0 ~4. 5	0. 45 ~0. 7	1. 2 ~1. 6	0. 05	0. 15	0. 10	—	0. 05	0. 15	余量
67	3A21	0. 60	0. 70	0. 20	1. 0 ~1. 6	0. 05	—	0. 10	0. 15	—	0. 05	0. 10	余量
68	3002	0. 08	0. 10	0. 15	0. 05 ~0. 25	0. 05 ~0. 2	—	0. 05	0. 03	V0. 05	0. 03	1. 10	余量
69	3102	0. 40	0. 70	0. 10	0. 05 ~0. 4	—	—	0. 30	0. 10	—	0. 05	0. 15	余量
70	3003	0. 60	0. 70	0. 05 ~0. 2	1. 0 ~1. 5	—	—	0. 10	—	—	0. 05	0. 15	余量
71	3103	0. 50	0. 70	0. 10	0. 9 ~1. 5	0. 30	0. 10	0. 20	—	Zr + Ti0. 10	0. 05	0. 15	余量
72	3103A	0. 50	0. 70	0. 10	0. 7 ~1. 4	0. 30	0. 10	0. 20	0. 10	Zr + Ti0. 10	0. 05	0. 15	余量
73	3203	0. 60	0. 70	0. 05	1. 0 ~1. 5	—	—	0. 10	—	—	0. 05	0. 15	余量
74	3004	0. 30	0. 70	0. 25	1. 0 ~1. 5	0. 8 ~1. 3	—	0. 25	—	—	0. 05	0. 15	余量

续表

序号	牌号	化学成分(质量分数)/%											
		Si	Fe	Cu	Mn	Mg	Cr	Zn	Ti	其他	杂质		Al
											单个	合计	
75	3104	0. 60	0. 80	0. 05 ~ 0. 25	0. 8 ~ 1. 4	0. 8 ~ 1. 3	—	0. 25	0. 10	V0. 05, Ga0. 05	0. 05	0. 15	余量
76	3005	0. 60	0. 70	0. 30	1. 0 ~ 1. 5	0. 20 ~ 0. 6	0. 10	0. 25	0. 10	—	0. 05	0. 15	余量
77	3105	0. 60	0. 70	0. 30	0. 30 ~ 0. 08	0. 20 ~ 0. 8	0. 20	0. 40	0. 10	—	0. 05	0. 15	余量
78	3006	0. 50	0. 70	0. 10 ~ 0. 30	0. 50 ~ 0. 8	0. 30 ~ 0. 6	0. 20	0. 15 ~ 0. 40	0. 10	—	0. 05	0. 15	余量
79	3007	0. 50	0. 70	0. 05 ~ 0. 30	0. 30 ~ 0. 08	0. 60	0. 20	0. 40	0. 10	—	0. 05	0. 15	余量
80	4A01	4. 5 ~ 6. 0	0. 60	0. 20	—	—	—	—	0. 15	Zn + Sn0. 10	0. 05	0. 15	余量
81	4A11	11. 5 ~ 13. 5	1. 00	0. 50 ~ 1. 3	0. 20	0. 8 ~ 1. 3	0. 10	0. 25	0. 15	Ni0. 5 ~ 1. 3	0. 05	0. 15	余量
82	4A13	6. 8 ~ 8. 2	0. 50	—	0. 50	0. 05	—	—	0. 15	Cu + Zn0. 15, Ca0. 10	0. 05	0. 15	余量
83	4A17	11. 0 ~ 12. 5	0. 50	—	0. 50	0. 05	—	—	—	Cu + Zn0. 15, Ca0. 10	0. 05	0. 15	余量
84	4A91	1. 0 ~ 4. 0	0. 70	0. 70	1. 20	1. 00	0. 20	1. 20	0. 20	Ni0. 20	0. 05	0. 15	余量
85	4004	9. 0 ~ 10. 5	0. 80	0. 25	0. 10	1. 0 ~ 2. 0	—	0. 20	—	—	0. 05	0. 15	余量
86	4032	11. 0 ~ 13. 5	1. 00	0. 50 ~ 1. 3	—	0. 8 ~ 1. 3	0. 10	0. 25	—	Ni0. 5 ~ 1. 3	0. 05	0. 15	余量
87	4043	4. 5 ~ 6. 0	0. 80	0. 30	0. 05	0. 05	—	0. 10	0. 20	—	0. 05	0. 15	余量
88	4043A	4. 5 ~ 6. 0	0. 60	0. 30	0. 15	0. 20	—	0. 10	0. 15	—	0. 05	0. 15	余量

续表

序号	牌号	化学成分(质量分数)/%											
		Si	Fe	Cu	Mn	Mg	Cr	Zn	Ti	其 他	杂质 单个	杂质 合计	Al
89	4047	11.0~13.0	0.80	0.30	0.15	0.10	—	0.20	—	—	0.05	0.15	余量
90	4047A	11.0~13.1	0.60	0.30	0.15	0.10	—	0.20	0.15	—	0.05	0.15	余量
91	5A01	Si+Fe0.40		0.10	0.30~0.7	6.0~7.0	0.10~0.2	0.25	0.15	Zr0.10~0.20	0.05	0.15	余量
92	5A02	0.40	0.40	0.10	或Cr 0.15~0.40	2.0~2.8	—	—	0.15	Si+Fe0.60	0.05	0.15	余量
93	5B02	0.40	0.40	0.10	0.20~0.6	1.8~2.6	0.05	0.20	0.10	—	0.05	0.10	余量
94	5A03	0.50~0.8	0.50	0.10	0.30~0.6	3.2~3.8	—	—	0.20	—	0.05	0.10	余量
95	5A05	0.50	0.50	0.10	0.30~0.6	4.8~5.5	—	—	0.20	—	0.05	0.10	余量
96	5B05	0.40	0.40	0.20	0.20~0.6	4.7~5.7	—	—	0.15	Si+Fe0.60	0.05	0.10	余量
97	5A06	0.40	0.40	0.10	0.50~0.8	5.8~6.8	—	0.20	0.02~0.10	Be0.0001~0.005	0.05	0.10	余量
98	5B06	0.40	0.40	0.10	0.50~0.8	5.8~6.8	—	0.20	0.1~0.3	Be0.0001~0.005	0.05	0.10	余量
99	5A12	0.30	0.30	0.05	0.40~0.8	8.3~9.6	—	0.20	0.05~0.15	Be0.005,Ni0.10,Sb0.004~0.05	0.05	0.10	余量
100	5A13	0.30	0.30	0.05	0.40~0.8	9.2~10.5	—	0.20	0.05~0.15	Be0.005,Ni0.10,Sb0.004~0.05	0.05	0.10	余量

续表

序号	牌号	化学成分(质量分数)/%										
		Si	Fe	Cu	Mn	Mg	Cr	Zn	Ti	其他	杂质 单个	杂质 合计	Al
101	5A25	0.20	0.30	—	0.05~0.5	5.0~6.3	—	—	0.10	Be0.0002~0.002, Sc0.10~0.40, Zr0.06~0.20	0.1	0.15	余量
102	5A30	Si+Fe0.40		0.10	0.50~1.0	4.7~5.5	—	0.25	0.03~0.15	Cr0.05~0.20	0.05	0.10	余量
103	5A33	0.35	0.35	0.10	0.10	6.0~7.5	—	0.50~1.5	0.05~0.15	Be0.0005~0.005	0.05	0.10	余量
104	5A41	0.40	0.40	0.10	0.30~0.6	6.0~7.0	—	0.20	0.02~0.10	—	0.05	0.10	余量
105	5A43	0.40	0.40	0.10	0.15~0.40	0.60~1.4	—	—	0.15	—	0.05	0.15	余量
106	5A56	0.15	0.20	0.10	0.30~0.4	5.5~6.5	0.10~0.20	0.50~1.0	0.10~0.18	—	0.05	0.15	余量
107	5A66	0.01	0.01	0.01	—	1.5~2.0	—	—	—	—	0.005	0.01	余量
108	5A70	0.15	0.25	0.05	0.30~0.7	5.5~6.3	—	0.05	0.02~0.05	Be0.0005~0.005, Sc0.15~0.30, Zr0.05~0.15	0.05	0.15	余量

续表

序号	牌号	化学成分(质量分数)/%											
		Si	Fe	Cu	Mn	Mg	Cr	Zn	Ti	其他	杂质		Al
											单个	合计	
109	5A71	0.20	0.30	0.05	0.30~0.7	5.8~6.8	0.10~0.20	0.05	0.05~0.15	Be0.0005~0.005, Sc0.2~0.35, Zr0.05~0.15	0.05	0.15	余量
110	5A90	0.15	0.20	0.05	—	4.5~6.0	—	—	0.10	Na0.005, Li1.9~2.3, Zr0.05~0.15	0.05	0.15	余量
111	5005	0.30	0.70	0.20	0.20	0.50~1.1	0.10	0.25	—	—	0.05	0.15	余量
112	5006	0.40	0.80	0.10	0.40~0.8	0.8~1.3	0.10	0.25	0.10	—	0.05	0.15	余量
113	5010	0.40	0.70	0.25	0.10~0.3	0.20~0.6	0.15	0.30	0.10	—	0.05	0.15	余量
114	5019	0.40	0.50	0.10	0.10~0.6	4.5~5.6	0.20	0.20	0.20	Mn+Cr0.10~0.6	0.05	0.15	余量
115	5049	0.40	0.50	0.10	0.50~1.1	1.6~2.5	0.30	0.20	0.10	—	0.05	0.15	余量
116	5050	0.40	0.70	0.20	0.10	1.1~1.8	0.10	0.25	—	—	0.05	0.15	余量
117	5051	0.40	0.70	0.25	0.20	1.7~2.2	0.10	0.25	0.10	—	0.05	0.15	余量
118	5052	0.25	0.40	0.10	0.10	2.2~2.8	0.15~0.35	0.10	—	—	0.05	0.15	余量
119	5154	0.25	0.40	0.10	0.10	3.1~3.9	0.15~0.35	0.20	0.20	—	0.05	0.15	余量

续表

序号	牌号	化学成分(质量分数)/%									杂质		Al
		Si	Fe	Cu	Mn	Mg	Cr	Zn	Ti	其他	单个	合计	
120	5454	0.25	0.40	0.10	0.50~1.0	2.4~3.0	0.05~0.20	0.25	0.20	—	0.05	0.15	余量
121	5754	0.40	0.40	0.10	0.50	2.6~3.6	0.30	0.20	0.15	Mn+Cr0.10~0.6	0.05	0.15	余量
122	5056	0.30	0.40	0.10	0.05~0.2	4.5~5.6	0.05~0.20	0.10	—	—	0.05	0.15	余量
123	5059	0.45	0.50	0.25	0.6~1.2	5.0~6.0	0.25	0.40~0.9	0.20	Zr0.05~0.25	0.05	0.15	余量
124	5082	0.20	0.35	0.15	0.15	4.0~5.0	0.15	0.25	0.10	—	0.05	0.15	余量
125	5182	0.20	0.35	0.15	0.20~0.5	4.0~5.0	0.10	0.25	0.10	—	0.05	0.15	余量
126	5083	0.40	0.40	0.10	0.4~1.0	4.0~4.9	0.05~0.25	0.25	0.15	—	0.05	0.15	余量
127	5086	0.40	0.50	0.10	0.2~0.7	3.5~4.5	0.05~0.25	0.25	0.15	—	0.05	0.15	余量
128	6A01	0.40~0.9	0.35	0.35	0.50	0.40~0.8	0.30	0.25	—	Mn+Cr0.5	0.05	0.10	余量
129	6A02	0.50~1.2	0.50	0.20~0.6	或 Cr 0.15~0.35	0.45~0.9	—	0.20	0.15	—	0.05	0.10	余量
130	6B02	0.70~1.1	0.40	0.10~0.4	0.10~0.3	0.40~0.8	—	0.15	0.01~0.04	—	0.05	0.10	余量

续表

序号	牌号	化学成分(质量分数)/%											
		Si	Fe	Cu	Mn	Mg	Cr	Zn	Ti	其他	杂质		Al
											单个	合计	
131	6A10	0.70~1.1	0.50	0.30~0.08	0.30~0.9	0.70~1.1	0.05~0.25	0.20	0.02~0.10	—	0.05	0.15	余量
132	6A51	0.50~0.7	0.50	0.15~0.35	—	0.45~0.6	—	0.25	0.01~0.04	Sn0.15~0.35	0.05	0.15	余量
133	6A60	0.70~1.1	0.30	0.60~0.8	0.50~0.7	0.70~1.0	—	0.20~0.40	0.04~0.12	Ag0.30~0.50, Zr0.10~0.20	0.05	0.15	余量
134	6101	0.30~0.7	0.50	0.10	0.03	0.35~0.8	0.03	0.10	—	B0.06	0.03	0.10	余量
135	6101A	0.30~0.7	0.40	0.05	—	0.40~0.9	—	—	—	—	0.03	0.10	余量
136	6005	0.60~0.9	0.35	0.10	0.10	0.40~0.6	0.10	0.10	0.10	—	0.05	0.15	余量
137	6005A	0.50~0.9	0.35	0.30	0.50	0.40~0.7	0.30	0.20	0.10	Mn+Cr0.12~0.5	0.05	0.15	余量
138	6106	0.30~0.6	0.35	0.25	0.05~0.20	0.40~0.8	0.20	0.10	—	—	0.05	0.10	余量
139	6009	0.60~1.0	0.50	0.15~0.6	0.20~0.8	0.40~0.8	0.10	0.25	0.10	—	0.05	0.15	余量
140	6351	0.70~1.3	0.50	0.10	0.40~0.8	0.40~0.8	0.40~0.8	0.20	0.20	—	0.05	0.15	余量
141	6060	0.30~0.6	0.10~0.30	0.10	0.10	0.35~0.6	0.05	0.15	0.10	—	0.05	0.15	余量

续表

序号	牌号	化学成分(质量分数)/%									杂质		Al
		Si	Fe	Cu	Mn	Mg	Cr	Zn	Ti	其他	单个	合计	
142	6061	0.4~0.8	0.70	0.15~0.4	0.15	0.8~1.2	0.04~0.35	0.25	0.15	—	0.05	0.15	余量
143	6063	0.20~0.6	0.35	0.10	0.10	0.45~0.9	0.10	0.10	0.10	—	0.05	0.15	余量
144	6070	1.0~1.7	0.50	0.15~0.4	0.40~1.0	0.50~1.2	0.10	0.25	0.15	—	0.05	0.15	余量
145	6181	0.8~1.2	0.45	0.10	0.15	0.6~1.0	0.10	0.20	0.10	—	0.05	0.15	余量
146	6082	0.7~1.3	0.50	0.10	0.4~1.0	0.6~1.2	0.25	0.20	0.10	—	0.05	0.15	余量
147	7A01	0.30	0.30	0.01	—	—	—	0.90~1.3	—	Si+Fe0.45	0.03	—	余量
148	7A03	0.20	0.20	1.8~2.4	0.10	1.2~1.6	0.05	6.0~6.7	0.02~0.08	—	0.05	0.10	余量
149	7A04	0.50	0.50	1.4~2.0	0.20~0.6	1.8~2.8	0.10~0.25	5.0~7.0	0.10	—	0.05	0.10	余量
150	7A05	0.25	0.25	0.20	0.15~0.4	1.1~1.7	0.05~0.15	4.4~5.0	0.02~0.06	Zr0.10~0.25	0.05	0.15	余量
151	7A09	0.50	0.50	1.2~2.0	0.15	2.0~3.0	0.16~0.3	5.1~6.1	0.10	—	0.05	0.10	余量
152	7A10	0.30	0.30	0.50~1.0	0.20~0.35	3.0~4.0	0.10~0.2	3.2~4.2	0.10	—	0.05	0.10	余量
153	7A12	0.10	0.06~0.15	0.80~1.2	0.10	1.60~2.2	0.05	6.3~7.2	0.03~0.06	Be0.0001~0.02, Zr0.10~0.18	0.05	0.10	余量

续表

序号	牌号	化学成分(质量分数)/%									杂质		
		Si	Fe	Cu	Mn	Mg	Cr	Zn	Ti	其他	单个	合计	Al
154	7A15	0.50	0.50	0.50~1.0	0.10~0.4	2.4~3.0	0.10~0.3	4.4~5.4	0.05~0.15	Be0.005~0.01	0.05	0.15	余量
155	7A19	0.30	0.40	0.08~0.3	0.30~0.5	1.3~1.9	0.10~0.2	4.5~5.3	—	Be0.0001~0.004, Zr0.08~0.20	0.05	0.15	余量
156	7A31	0.30	0.60	0.10~0.4	0.20~0.4	2.5~3.3	0.10~0.2	3.6~4.5	0.02~0.1	Be0.0001~0.001, Zr0.08~0.25	0.05	0.15	余量
157	7A33	0.25	0.30	0.25~0.55	0.05	2.2~2.7	0.10~0.2	4.6~5.4	0.05	—	0.05	0.10	余量
158	7A52	0.25	0.30	0.05~0.2	0.20~0.5	2.0~2.8	0.15~0.25	4.0~4.8	0.05~0.18	Zr0.05~0.15	0.05	0.15	余量
159	7A55	0.10	0.10	1.8~2.5	0.05	1.8~2.8	0.04	7.5~8.5	0.01~0.15	Zr0.08~0.2	0.10	0.15	余量
160	7A68	0.15	0.35	2.0~2.6	0.15~0.4	1.6~2.5	0.10~0.2	6.5~7.2	0.05~0.2	Be0.005, Zr0.05~0.2	0.05	0.15	余量
161	7A85	0.05	0.08	1.2~2.0	0.10	1.2~2.0	0.05	7.0~8.2	0.05	Zr0.08~0.16	0.05	0.15	余量
162	7A88	0.50	0.75	1.0~2.0	0.20~0.6	1.5~2.8	0.05~0.20	4.5~6.0	0.10	Ni0.20	0.10	0.20	余量

续表

序号	牌号	化学成分(质量分数)/%									杂质		Al
		Si	Fe	Cu	Mn	Mg	Cr	Zn	Ti	其他	单个	合计	
163	7001	0. 35	0. 40	1. 6 ~ 2. 6	0. 20	2. 6 ~ 3. 4	0. 18 ~ 0. 35	6. 8 ~ 8. 0	0. 20	—	0. 05	0. 15	余量
164	7003	0. 30	0. 35	0. 20	0. 30	0. 50 ~ 1. 0	0. 20	5. 0 ~ 6. 5	0. 20	Zr0. 05 ~ 0. 25	0. 05	0. 15	余量
165	7004	0. 25	0. 35	0. 05	0. 20 ~ 0. 7	1. 0 ~ 2. 0	0. 05	3. 8 ~ 4. 6	0. 05	Zr0. 10 ~ 0. 20	0. 05	0. 15	余量
166	7005	0. 35	0. 40	0. 10	0. 20 ~ 0. 7	1. 0 ~ 1. 8	0. 06 ~ 0. 20	4. 0 ~ 5. 0	0. 01 ~ 0. 06	Zr0. 08 ~ 0. 20	0. 05	0. 15	余量
167	7020	0. 35	0. 40	0. 20	0. 05 ~ 0. 50	1. 0 ~ 1. 4	0. 10 ~ 0. 35	4. 0 ~ 5. 0	—	—	0. 05	0. 15	余量
168	7021	0. 25	0. 40	0. 25	0. 10	1. 2 ~ 1. 8	0. 05	5. 0 ~ 6. 0	0. 10	Zr0. 08 ~ 0. 18	0. 05	0. 15	余量
169	7022	0. 50	0. 50	0. 50 ~ 1. 0	0. 10 ~ 0. 4	2. 6 ~ 3. 7	0. 10 ~ 0. 30	4. 3 ~ 5. 2	—	Ti + Zr0. 20	0. 05	0. 15	余量
170	7049	0. 25	0. 35	1. 2 ~ 1. 9	0. 20	2. 0 ~ 2. 9	0. 10 ~ 0. 22	7. 2 ~ 8. 2	0. 10	—	0. 05	0. 15	余量
171	7050	0. 12	0. 15	2. 0 ~ 2. 6	0. 10	1. 9 ~ 2. 6	0. 04	5. 7 ~ 6. 7	0. 06	Zr0. 08 ~ 0. 15	0. 05	0. 15	余量
172	7150	0. 12	0. 15	1. 9 ~ 2. 5	0. 10	2. 0 ~ 2. 7	0. 04	5. 9 ~ 6. 9	0. 06	Zr0. 08 ~ 0. 15	0. 05	0. 15	余量
173	7055	0. 10	0. 15	2. 0 ~ 2. 6	0. 05	1. 8 ~ 2. 3	0. 04	7. 6 ~ 8. 4	0. 06	Zr0. 08 ~ 0. 25	0. 05	0. 15	余量

续表

序号	牌号	化学成分(质量分数)/%									杂质		Al
		Si	Fe	Cu	Mn	Mg	Cr	Zn	Ti	其他	单个	合计	
174	7075	0.40	0.50	1.2~2.0	0.30	2.1~2.9	0.18~0.28	5.1~6.1	0.20	—	0.05	0.15	余量
175	7475	0.10	0.12	1.2~1.9	0.06	1.9~2.6	0.18~0.25	5.2~6.2	0.06	—	0.05	0.15	余量
176	7085	0.06	0.08	1.3~2.0	0.04	1.2~1.8	0.04	7.0~8.0	0.06	Zr0.08~0.15	0.05	0.15	余量
177	8A01	0.05~0.30	0.18~0.4	0.15~0.35	0.08~0.35	—	—	—	0.01~0.03	—	0.05	0.15	余量
178	8A06	0.55	0.50	0.10	0.10	0.10	—	0.10	—	Si+Fe1.0	0.05	0.15	余量
179	8001	0.17	0.45~0.7	0.15	—	—	—	0.05	—	Ni0.9~1.3	0.05	0.15	余量
180	8006	0.40	1.2~2.0	0.30	0.30~1.0	0.10	—	0.10	—	—	0.05	0.15	余量
181	8011	0.50~0.9	0.6~1.0	0.10	0.20	0.05	0.05	0.10	0.08	—	0.05	0.15	余量
182	8021	0.15	1.2~1.7	0.05	—	—	—	—	—	—	0.05	0.15	余量
183	8050	0.15~0.30	1.1~1.2	0.05	0.45~0.55	0.05	0.05	0.10	—	—	0.05	0.15	余量
184	8079	0.05~0.3	0.70~1.3	0.05	—	—	—	0.10	—	—	0.05	0.15	余量
185	8090	0.20	0.30	1.0~1.6	0.10	0.60~1.3	0.10	0.25	0.10	Zr0.04~0.16	0.05	0.15	余量

2. 国内主要的铝合金热轧生产线

序号	企 业	型 式	规格/mm × mm	制造国或公司	产能/万 t · a^{-1}
1	东北轻合金有限责任公司	单机架四辊	ϕ700/1250 × 2000	前苏联	8
2	西南铝业(集团)有限责任公司	(1 +1)	2800	中国	28
3	中铝西南铝板带有限公司	(1 +4)	2000	VAI	40
4	明泰铝业有限公司	(1 +4)	2000	中国	30
5	美铝渤海铝业有限公司	(1 +3)	粗 3900,精 2300	美国(二手)	35
6	南山集团铝加工总厂	(1 +4)	2350	IHI	70
7	亚洲铝业集团	(1 +5)	2540	SMS	70
8	中色万基铝加工有限公司	单机架双卷取	ϕ965/1500 × 240	中色科技	20
9	伊川电务集团铝板带项目	(1 +1)	2400	中色科技	25
10	巨科铝业有限公司	单机架双卷取	ϕ750/1450 × 185	天重	18
11	富邦精业集团铝材厂	单机架双卷取二辊	ϕ800 × 1550	一重	6
12	万江铝业有限公司	单机架双卷取二辊	ϕ700 × 1350	意大利	4
13	重庆铝制品厂	单机架二辊	ϕ700 × 1550	日本	3
14	华益铝业有限公司	二辊(二手)	ϕ700 × 1500	日本	3
15	华瑞合作铝业公司	二辊	ϕ500 × 1550	一重	3
16	哈尔滨铝加工厂	二辊	ϕ500 × 1300	陕压	2
17	新疆众和股份有限公司	单机架双卷取二辊	ϕ900 × 1300	陕压	4
18	青海西部铝业发展公司	单机架双卷取二辊	ϕ800 × 1500	洛阳院	4

续表

序号	企业	型式	规格/mm×mm	制造国或公司	产能/万 $t \cdot a^{-1}$
19	银邦铝业有限公司	单机架双卷取二辊	$\phi 800 \times 1500$	陕压	4
20	北京伟豪铝业有限公司	二辊	$\phi 720 \times 1500$	一重	2
21	广州锌片厂	二辊	$\phi 700 \times 1200$		2
22	广州铝加工厂	二辊	$\phi 700 \times 1300$		2
23	方圆铝业有限公司	二辊	$\phi 700 \times 1300$		3
24	萨帕铝热传输(上海)有限公司	单机架双卷取二辊	$\phi 650 \times 1500$	英国(二手)	3
25	关铝股份有限公司	单机架双卷取四辊	$\phi 630/1100 \times 1300$	中色科技	4
26	东阳光精箔有限公司	单机架双卷取四辊	$\phi 700/1250 \times 1650$	中色科技	6
27	常铝铝业有限公司	单机架双卷取四辊	$\phi 700/1250 \times 1850$	中色科技	8
28	运城铝业(昆山)有限公司	单机架双卷取四辊	$\phi 700/1250 \times 1650$	中色科技	6
29	三源铝业有限公司	单机架双卷取二辊	$\phi 780 \times 1500$	涿神公司	3
30	南方铝业(中国)有限公司	单机架双卷取二辊	$\phi 914 \times 2134$	美国(二手)	4
31	威尔金属有限公司	二辊			2.5
32	温州铝制品有限公司	二辊			2.5
33	其他约150家二辊块片或小带卷轧机企业				35
34	合计				458

3. 世界10大铝板带热连轧生产线

企业名称	粗轧机辊宽/mm	精轧机列/mm
美国铝业公司达文波特厂	5588	5机架,2640
美国铝业公司田纳西厂	3048	5机架,2248
美国铝业公司沃里克厂	2676	6机架,1828
美国凯撒及化学公司特伦特伍德厂	3315	5机架,2032
法国联合铝业公司诺伊斯轧制厂	3300	3机架,3050
法国普基铝业努布利扎克轧制厂	2840	4机架,2300
法国普基铝业公司伊苏瓦尔轧制厂	3400	3机架,2815
日本住友轻金属公司名古屋厂	3300	4机架,2286
日本神户钢铁公司真冈轧制厂	4000	4机架,2900
日本古河电气工业公司福井轧制厂	4300	4机架,2850

4. 四台世界大型热连轧主机设备技术参数简介

(1) 德国阿卢诺夫铝业公司“1+4”式热连轧机

德国阿卢诺夫铝业公司(Alunorf - Aluminium NorfGmbH),位于诺伊斯市(Neuss),是德国联合铝业公司(VAW)与加拿大铝业公司德国公司(Alean Deutschland GmbH)的合作企业。公司现有2条热轧生产线,1条“1+3”式的,1条“1+4”式,前者的生产能力50万t/a,后者的生产能力超过100万t/a,成为全球铝板带热轧生产能力之最。其“1+4”式热轧生产线于1994年中期投产,由德国西马克公司(SMS)建设,是一次性建成的先进“1+4”式热连轧生产线,综合能力在全世界的多机架铝板带热连轧生产线中独占鳌头。德国阿卢诺夫“1+4”式热连轧机主机技术参数如下:

粗轧机技术参数	数　值
工作辊直径/mm	1050
工作辊辊面宽度/mm	2500
支承辊直径/mm	1524
支承辊辊面宽度/mm	2400
主电机功率/kW	2×5000

续表

粗轧机技术参数	数　值
最大轧制力/t	5000
最大轧制速度/m·min^{-1}	230
锭坯质量/t	4.8～30
锭坯尺寸/mm	
厚	540～610
宽	950～2200
长	3500～8650
产品厚度	10～100
4机架热精轧机技术参数	数　值
工作辊直径/mm	780
工作辊辊面宽度/mm	2700
支承辊直径/mm	1450
支承辊辊面宽度/mm	2400
主电机功率/kW	均为5000
最大轧制力/t	4500
最大轧制速度/m·min^{-1}	522
带材厚度/mm	2～6
带材宽度/mm	760～2300
带材外径/mm	1500～2700
卷材重量/t	29.9

该"1+4"热连轧机控制系统采用计算机控制，精轧采用液压压下，AGC厚度控制、液压正负弯辊、X射线多通道测厚、CVC辊、温度控制、乳液分段控制等；卷材厚度公差±1%，平直度30～50I，板凸度率0.2%～0.8%，终轧温度250～360℃，温度偏差±10℃。其典型产品：高档3104罐料、PS1050、1235铝箔毛料。

（2）洛根轧制厂"1+3"式热连轧机

洛根轧制厂的全称为洛根铝业公司（Logan Aluminium，Inc.），是加拿大铝业公司与大西洋里奇菲尔德公司（Atlantic Richfield Corp—AR-

CO)的一个合资企业,位于美国肯塔基州(Kentucky)卢塞尔维尔(Ruselville)市威特兰兹镇(Wetlands)。洛根轧制厂仅罐料产能就达到30万 t/a左右,该厂可生产1×××系、3×××系、5×××系、8×××系等合金,其主导产品为罐料。

该轧制厂配备有一条"1+3"式热连轧生产线,由布劳-诺克斯公司(blow knox)设计制造,其主机主要参数如下:

粗轧机(四辊可逆式)	数　值
工作辊直径/mm	965
工作辊辊面宽度/mm	2290
主电机功率/kW	8952
最大轧制速度/m·min^{-1}	155
最大锭质量/t	30
3机架热精轧机列	数　值
工作辊辊面宽度/mm	2290
产品最薄厚度/mm	2
最大轧制速度/m·min^{-1}	381
产品最大宽度/mm	2134
最大卷径/mm	2743
主电机功率/kW	3×4478

(3) 日本神户钢铁公司真冈铝板带轧制厂"1+3"式热连轧机

日本神户钢铁公司真冈轧制厂隶属公司的铝—铜事业部管理,位于栃木县真冈市。该厂的"1+3"式热连轧机于1974年4月投产,年生产能力40万 t。真冈轧制厂热连轧主要为其冷轧提供罐料、计算机硬磁盘基片、小轿车板材等用热轧卷。其热轧主机技术参数如下:

粗轧机(四辊可逆式)	数　值
工作辊直径/mm	965
支承辊直径/mm	1530
工作辊辊面宽度/mm	3900
主电机功率/kW	2×2600

续表

粗轧机(四辊可逆式)	数　值
最大轧制速度/m · min^{-1}	180
最大开口度/mm	650
压下方式	电机
最大轧制力/t	3500
最大锭质量/t	29
3 机架热精轧机列	数　值
工作辊直径/mm	725
支承辊直径/mm	1530
工作辊辊面宽度/mm	2900
主电机功率/kW	3 × 3000
来料最大厚度/mm	60
产品最大宽度/mm	2600
最大卷径/mm	2300
产品最薄厚度/mm	2
压下方式	液压
最大轧制力/t	3000
最大卷重/t	26

（4）美国铝业公司达文波特厂

美国铝业公司(Alcoa)达文波特(Davenport)轧制厂位于美国依阿华州(Iowa)达文波特市。该公司于 1972 年建成投产,拥有世界上最大的铝板带热轧生产线,其轧机共有 8 台:1 台 5588 mm 四辊可逆式粗轧机,2 台中轧机(1 台 4064 mm 四辊可逆式的、1 台 3 658 mm 四辊可逆式的),5 台 2540 mm 的五机架精轧机列。该公司配备的世界上最大的热粗轧机为 ϕ1105 mm/ϕ2134 mm × 5588 mm 四辊可逆式轧机,粗轧产品最大宽度为 5334 mm,其最大开口度 660 mm,可生产厚度达 220 mm 的特厚板,产品最薄厚度 95 mm,最大轧制速度 120 m/min;第一台中轧机为 ϕ950 mm/ϕ1524 mm × 4064 mm 四辊可逆轧机,其产品厚度为 20 ~200 mm,最大轧制速度 180 m/min;第二台中轧机为 ϕ880 mm/

ϕ1499 mm × 3658 mm 四辊可逆轧机，其产品厚度为 20 ~ 200 mm，最大轧制速度 180m/min；精轧五机架连轧机为 ϕ533 mm/ϕ1422 mm × 2540 mm 四辊轧机，其产品厚度为 2 ~ 6 mm，最大轧制速度 420 m/min。

该公司可生产国民经济各个部门用的所有变形铝合金板带材，品种之多，范围之广，前所未有。目前全世界所需的特厚特宽热轧铝合金板大部分由该厂供应，例如韩国造船工业用的远洋液化天然气海轮上的巨型贮罐就是用该厂的厚板焊的，美国及欧洲航空航天工业用的宽大厚板也是该厂生产的。

参考文献

[1] 肖亚庆．铝加工技术实用手册．北京:冶金工业出版社,2005.

[2] 轻金属材料加工手册编写组．轻金属材料加工手册．北京:冶金工业出版社,1980.

[3] 付祖铸．有色金属板带生产．长沙:中南大学出版社,2000.

[4] 王廷薄．金属塑性加工学 - 轧制理论与工艺．北京,冶金工业出版社,1988.

[5] 王祝堂．田荣璋．铝合金及其加工手册(第二版)．长沙:中南大学出版社,2000.

[6] 孙建林．轧制工艺润滑原理技术与应用．北京:冶金工业出版社,2004.

[7] 魏云华．立辊轧机在铝热轧中的作用及配置特点．铝加工,2003,(3):30 ~ 32.

[8] 陈策,王京海．铝合金热轧技术的发展．轻合金加工技术,2004,(4):8 ~ 14.

[9] 王祝堂．铝合金中厚板的生产、市场与应用．轻合金加工技术,2005,(1):1 ~ 20.

[10] 黄平,周昭文．铝热连轧乳液的润滑特点及其实现．铝加工,2006,(5):17 ~ 19.

[11] 魏云华．铝热连轧中带材的张力及张力控制．轻金属,2003,(11):57 ~ 58.

[12] 魏云华．铝热轧及热连轧轧制技术．轻合金加工技术,2006,(3):24 ~ 26.

[13] 盛春磊,刘静安,朱英．我国铝及铝合金轧制设备现状与发展趋向．铝加工,2005,(5):18 ~ 23.

[14] 王祝堂,等．中国铝板带箔加工设备现状及发展方向．有色金属加工,2005,(2):13 ~ 20.

[15] 卢国梁．1 + 4 热连轧生产线的自动凸度控制系统．铝加工,2006,(5):37 ~ 42.

[16] 赵世庆．对我国铝加工产业发展战略的浅见与建议．铝加工,2006,(3):1 ~ 6.

[17] 王云禄,等．全球铝轧制工业概览系列综述之十．轻合金加工技术,2002,(4):1 ~ 7.

[18] 关云华,等．全球铝轧制工业概览系列综述之八．轻合金加工技术,2002,(2):6 ~ 10.

[19] 刘静安．浅谈中国铝及铝合金材料产业发展战略(1)．铝加工,2005,(5):1 ~ 5.

[20] 刘静安,尹晓辉．我国铝轧制工业的发展现状及与国际先进水平的差距．有色金属加工,2008,(1):1 ~ 4.

冶金工业出版社部分图书推荐

书　　名	定价(元)
铝加工技术实用手册	248.00
铝合金熔铸生产技术问答	49.00
铝合金材料的应用与技术开发	48.00
大型铝合金型材挤压技术与工模具优化设计	29.00
铝型材挤压模具设计、制造、使用及维修	43.00
镁合金制备与加工技术	128.00
半固态镁合金铸轧成形技术	26.00
铜加工技术实用手册	268.00
铜加工生产技术问答	69.00
铜水(气)管及管接件生产、使用技术	28.00
铜加工产品性能检测技术	36.00
冷凝管生产技术	29.00
铜及铜合金挤压生产技术	35.00
铜及铜合金熔炼与铸造技术	28.00
铜合金管及不锈钢管	20.00
现代铜盘管生产技术	26.00
高性能铜合金及其加工技术	29.00
薄板坯连铸连轧钢的组织性能控制	79.00
彩色涂层钢板生产工艺与装备技术	69.00
连续挤压技术及其应用	26.00
金属挤压理论与技术	25.00
金属塑性变形的实验方法	28.00
复合材料液态挤压	25.00
型钢孔型设计(第2版)	24.00
简明钣金展开系数计算手册	25.00
控制轧制控制冷却	22.00
金属塑性变形力计算基础	15.00
板带铸轧理论与技术	28.00
高精度板带轧制理论与实践	70.00
小型型钢连轧生产工艺与设备	75.00
多元渗硼技术及其应用	22.00